Christian Rode

FLY SAFE

Crew Resource Management für Privatpiloten

Motor
buch
Verlag

Einbandgestaltung: Sven Rauert

Bildnachweis:
Sofern nicht anders vermerkt stammen die Bilder vom Autor bzw. aus dessen Archiv. Manche der Abbildungen im Buch entsprechen möglicherweise nicht dem heute üblichen Standard - dies ist auf das Alter bzw. die Umstände der Entstehung der Bilder und der verwendeten Kameraausrüstung zurückzuführen.

ISBN 978-3-613-03656-7

1. Auflage 2014

Sie finden uns im Internet unter www.motorbuch-verlag.de

Lektorat: Alexander Burden
Innengestaltung: WS – WerbeService Linke, 76185 Karlsruhe
Satz: WS – WerbeService Linke, 76185 Karlsruhe
Druck: Agentur Dalvit, D85521 Ottobrunn
Printed in Italy

Inhalt

Vorwort

Im Jahr 2011 waren in der Bundesrepublik Deutschland 21.603 Luftfahrzeuge registriert. Hiervon sind ca. 7000 Kleinflugzeuge unter zwei Tonnen. Jedes Jahr verunglücken im Durchschnitt 70 Menschen tödlich bei Unfällen mit Luftfahrzeugen dieser Kategorie. Da es statistisch schwer zu erfassen ist, wie viele Flugstunden von Kleinflugzeugen erflogen werden, ist es nicht leicht, hier eine Unfallrate zu bestimmen, so wie man es in der kommerziellen oder militärischen Luftfahrt tut. Auf den ersten Blick scheint die Zahl der tödlich verunglückten Personen zu gering, um Betroffenheit zu erzeugen. Betroffenheit wird nur erzeugt, wenn man in so einem Fall selbst betroffen ist oder er durch die Medien publik gemacht wird. Erst dann werden die Fragen nach dem Was, Wie und Warum gestellt.
In Grunde genommen geht es uns Fliegern nur um das eine: Wir möchten unserer Leidenschaft, der Fliegerei, nachgehen. Sie ist viel mehr als nur ein Hobby. Die Fliegerei ist Abenteuer, Freiheit, Romantik, Sport und auch heute immer noch etwas ganz Einzigartiges für alle, die sich »Pilot« nennen können. Doch Fliegen ist noch etwas anderes:

Fliegen ist gefährlich und unter Umständen tödlich.

Kein Flugsport ist ohne Risiko. Auch in einer Zeit immer moderner werdender Technik passieren jedes Jahr tödliche Unfälle. Wer sich einmal die Zeit nimmt und Unfallberichte der Bundesstelle für Unfalluntersuchung (BFU) studiert, stellt fest, dass die Ursachen für Unfälle zu ca. 70–80% beim Piloten – beim Menschen – zu finden sind.
Um ein guter Flieger zu sein, reicht es nicht, den Checkflug zum PPL zu bestehen. Ein guter Flieger vereint verschiedene Attribute in sich. Fliegerisches Können und Disziplin z.B. in der englischen Sprache wird hierzu der Begriff der »Airmanship« verwendet. Dieses Buch soll helfen, die Bedeutung dieses Begriffes zu definieren, und aufzuzeigen, dass es sich lohnt, immer weiter an sich zu arbeiten.
Um den Luftverkehr sicherer zu machen, wurde Mitte der 70er-Jahre das sogenannte »Crew Ressource Management«-Training (CRM) in die kommerzielle Luftfahrt eingeführt. Diese Schulung sollte die Kommunikation und Kooperation der Besatzung im Flugzeug verbessern. Bis heute wurde die CRM-Ausbildung fortlaufend weiterentwickelt und auch auf die Bereiche außerhalb des Cockpits erweitert. Gemäß den EASA-Vorschriften sind Piloten, Techniker, Kabinenpersonal und sonstige am Flugbetrieb beteiligte Personen eines Luftfahrtunternehmens zur Human Factors-Weiterbildung zum Lizenzerhalt verpflichtet.
Für Privatpiloten hingegen ist eine regelmäßige CRM-Schulung nicht vorgeschrieben. Warum eigentlich nicht? Dabei lassen sich die Inhalte eines CRM-Trainings auch auf die Privatfliegerei übertragen. Dieses Buch soll auch Privatpiloten die Inhalte von Airmanship und CRM näherbringen. Am Ende wollen wir schließlich besser, und vor allen Dingen sicherer fliegen.

In diesem Sinne wünsche ich Ihnen »Hals und Beinbruch« und FLY SAFE!

Christian Rode

Kapitel 1
Einführung

Ziel dieses Buches

Das Ziel dieses Buches ist es, Piloten eine Hilfestellung zur Weiterentwicklung ihres fliegerischen Könnens zu geben. Dabei ist es völlig gleichgültig, ob hiermit der Militärpilot, der Linienpilot einer großen Fluggesellschaft oder der Hobbyflieger gemeint ist. Da die beiden erstgenannten der Gruppen allerdings aufgrund ihrer professionellen Herkunft regelmäßigen Kontakt mit den Thematiken von menschlichen Fehlern, dem Faktor Mensch und Crew Ressource Management-Schulungen haben, wollen wir uns primär auf die Gruppe der Privatpiloten konzentrieren. Zurzeit ist es in Deutschland immer noch nicht gesetzlich vorgeschrieben, dass Privatpiloten regelmäßig eine CRM-Ausbildung absolvieren müssen. »Gott sei Dank« werden Sie jetzt vielleicht sagen, »das kostet doch nur Zeit und Geld, da bin ich lieber in der Luft«. Nun, mit dieser Meinung stehen Sie nicht allein. Seit es CRM-Training gibt, haben Kritiker versucht den positiven Effekt eines CRM-Trainings abzuwerten und als sinnloses Psychotraining zu bezeichnen.

Dieses Buch soll Ihnen zeigen, dass dem nicht so ist. Es soll Ihnen nicht nur die Thematik von CRM näher bringen, sondern auch gezielte Strategien aufzeigen, die später in der Praxis angewendet werden können. Dieses Buch wird Ihnen Lösungsansätze aufzeigen, wie Sie kritische Situationen besser meistern, wie Sie sich aus Sackgassen heraus manövrieren, Stress vermeiden und Risiken besser managen können.

Dieses Ziel ist hochgesteckt. In den zahlreichen Seminaren, die ich bisher geleitet habe, konnte ich immer eines feststellen: Der Seminarteilnehmer, der das Thema CRM – oder vergleichbare Schulungen – grundsätzlich ablehnt, den werde ich nicht überzeugen können. Das Gegenteil kann sogar der Fall sein. Die Ablehnung kann sich sogar noch verstärken. Ich habe jedoch die Hoffnung, dass ich bei Ihnen erfolgreicher sein werde. Die Tatsache, dass Sie dieses Buch schon in der Hand halten und bis hierher gelesen haben, zeigt schon, dass die Einstellung stimmt.

Bevor wir beginnen in die Thematik einzusteigen, lassen sie mich noch eines sagen. Ich schreibe dieses Buch basierend auf über 20 Jahren Erfahrung in der professionellen Fliegerei. Die Human Factors-Inhalte orientieren sich an den Inhalten gem. JAR FCL oder heute dem EASA GM, allerdings angepasst an die Bedürfnisse eines »Single Pilot«, und an meinen persönlichen Erfahrungen. Ich bin kein gelernter Autor. Ich bin Pilot wie Sie. Viele Formulierungen und Aussprüche würden sie so vielleicht nicht in einem Lehrbuch finden. Ich habe versucht, dieses Buch so zu verfassen, dass es für jeden Flieger einfach und leicht verständlich ist. Hinzu kommt, dass ich meine Herkunft aus der Militärfliegerei nicht verleugnen möchte. Meiner Meinung nach findet in der Militärfliegerei eine hochwertige – wenn nicht sogar die hochwertigste – fliegerische Ausbildung statt. Warum sollten wir nicht ein paar Trainingstechniken aus der Militärfliegerei auch in den privaten Sektor übertragen können. Von Flieger zu Flieger!

»Genglisch« – die Nutzung der englischen Sprache

Bevor wir fortsetzen, müssen wir zunächst einmal einige wichtige Begriffe in einen gemeinsamen Konsens bringen.
Bei der Militärfliegerei in Deutschland wird nach einem NATO-System ausgebildet: Die Ausbildung findet zu großen Teilen in den USA statt. Die Luftwaffe bildet ihre Jetpiloten nach NATO-Vorgaben aus. Die Art und Weise wie diese Verfahren und Regularien aufgestellt sind, orientieren sich stark an der US-Luftwaffe. Das heißt auch, dass die Fliegersprache für jeden Jetpiloten der Luftwaffe Englisch ist: Das ist gut so! Dies erleichtert uns den Umgang innerhalb der NATO-Nationen, besonders bei multinationalen Übungen. Wir sprechen alle dieselbe Sprache. Das gilt aber nicht nur für die Sprache an sich. Es haben sich in unserer Art der Fliegerei zahllose Begriffe der englischen Sprache durchgesetzt, die sich so ohne Weiteres gar nicht ins Deutsche übersetzen lassen, ohne den eigentlichen Sinn arg zu verfälschen.
Deshalb beginne Ich dieses Buch mit einer kurzen Erläuterung von Begriffen, die Ihnen im Verlauf des Buches häufiger begegnen werden.

Airman/Aviator
Englische Begriffe für Pilot. Wörtlich übersetzt so viel wie: »Mann der Lüfte« oder »Flieger«. Allgemein genutzt als Bezeichnung für Piloten.

Airmanship
Ein Begriff der das Verhalten oder die Einstellung eines Piloten während der Mission/des Fluges beschreibt. Dieser Begriff gilt als der Inbegriff für das, was ein Pilot in jeder Phase des Fluges tun sollte. Mit ihm sind Dinge wie Disziplin, Können, Wahrnehmung und gute Entscheidungsfindung eng verbunden. Gute Airmanship ist einer der Grundpfeiler für gutes CRM.

Briefing
In der Militärfliegerei ist das Briefing oder auf Deutsch »die Vorflugbesprechung« einer der zentralen Punkte eines jeden Fluges. Ohne ein Briefing geht man nicht Fliegen! Auch wenn man alleine unterwegs ist, lohnt es sich durchaus, die Punkte des Briefing Guides zu studieren, um sicherzustellen dass nichts vergessen wurde.

Chairflying
Ausdruck für das mentale Trainieren von Verfahren. Wird zumeist sitzend auf einem Stuhl mit Hilfe eines Cockpitdruckes durchgeführt. Man »fliegt« also sinngemäß seinen Stuhl – eben »Chairflying«.

Common Sense
Dieser Ausdruck bezeichnet nichts anderes als unseren »gesunden Menschenverstand«. Für viele ist Common Sense eigentlich die natürliche Form von CRM.

Crew Ressource Management (CRM)
Management-System. Alle verfügbaren Ressourcen sollen optimal genutzt werden, um Sicherheit zu fördern und Effizienz zu verbessern.

Cross Check (X-Check)
Der X-Check bezeichnet den Beobachtungsablauf oder auch »Scan« der Fluginstrumente. Dieser findet (auch je nach Flugzeugmuster) in einer bestimmten Abfolge statt. Das Zentrum dieses X-Checks ist der künstliche Horizont. Als erfahrener Flieger wussten Sie das sicher schon.

De-Briefing
Die Nachflugbesprechung ist ebenso wichtig wie der eigentliche Flug. Hier findet der Großteil des Lernens für den Flugschüler statt. Auch gestandene Flieger sollten sich nach dem Flug fragen, was man falsch gemacht hat oder das nächste Mal besser machen sollte. Im Annex des Buches befinden sich jeweils eine Briefing- und eine Debriefing-Anleitung zur freien Verfügung.

Human Factors-Training (HF-Training)
Oberbegriff für alle Arten von CRM-Training. Da CRM ein spezieller Begriff, und in der Fliegerei verwurzelt ist, haben sich schon diverse Ableger von CRM entwickelt. So gibt es z.B. mittlerweile MRM (Maintenance)-, TRM (Team)-, BRM (Bridge – Schifffahrt)- und RRM (Railroad)-Schulungen. Fakt ist, HF-Training kann in allen diesen Bereichen angewendet werden. Auch in der Medizin. Der Begriff Human Factors hat sich als Oberbegriff für diese Sparten etabliert. Human Factors-Training finden heute vielfältige Anwendung in Hochrisiko- Branchen. Doch gibt es immer noch Bereiche, in welche der Gedanke von HF noch nicht vorgedrungen ist.

Pilot Ressource Management (PRM)
Siehe oben. Allerdings speziell auf die Bedürfnisse des Privatpiloten abgestimmt, der sein Flugzeug alleine fliegt. Noch keine offizielle Bezeichnung. In den USA wird dies SPRM genannt (Single Pilot Resource Management).

Proficiency
Dieser Begriff beschreibt in erster Linie, wie gut der Pilot in einer bestimmten Aufgabe ist. Oder wie oft er diese Aufgabe in letzter Zeit bewältigt hat. Im Sport würde man vielleicht sagen der Pilot ist »gut in Form«. Vielleicht am besten übersetzt mit: Handlungssicherheit.

Single Seat Pilot
Unter einem Single Seat Pilot versteht man einen Piloten, der sein Flugzeug alleine bewegt. Das kann bauartbedingt sein oder einfach nur weil man alleine im Cockpit sitzt. Diese Konstellation im Cockpit ist einerseits sehr reizvoll und für viele die einzig wahre Form des Fliegens. Allerdings ist sie auch sehr fordernd für den Piloten.

Situational Awareness (SA)
Wörtlich übersetzt: Situative Aufmerksamkeit. Hiermit wird im Allgemeinen die Übersicht über eine Situation verstanden. Zusammengesetzt aus: Was ist passiert, was wird passieren, was kann passieren.

Sound Judgement
Pilotenjargon für die Fähigkeit, zur richtigen Zeit die richtigen Entscheidungen zu treffen.

Stick and Rudder skills
Definiert in einfachen Worten die fliegerischen Fertigkeiten. Der Pilot kann mit Steuerknüppel und Ruder umgehen – Starten, Landen, Einhalten von Parametern, usw.

Sie werden diese Begriffe in diesem Buch an vielen Stellen wiederfinden. Viele Begriffe lassen sich in der deutschen Sprache einfach nicht mit derselben Prägnanz wiedergeben. Wenn wir versuchen, gängige englische Begriffe der Fliegerei ins Deutsche zu übersetzen, wird die Phraseologie zumeist sehr in die Länge gezogen. Beispiel gefällig?

»Titan 1, break midfield, report base for Runway 15«

Übersetzt ins Deutsche würde sich das in etwa so anhören:

»Titan 1, leiten sie Endanflugverzögerungskurve in der Platzmitte ein, melden sie sich am Queranflug zu Landebahn 15«.

Sie verstehen, was ich meine?

Der Traum vom Fliegen

Der Mensch hat schon immer vom Fliegen geträumt. Wie oft haben wir den Vögeln zugesehen und uns gefragt, wie das wohl ist, da oben? Wie muss sich das anfühlen, sich in der Luft bewegen zu können, und es auch kontrollieren zu können? Die Idee vom Fliegen faszinierte die Menschen von je her, auch heute noch. Ich kann mich noch gut an die Zeit erinnern, als ich mit meinem Vater jedes Jahr die ILA in Hannover besuchte, um die Flugvorführungen der Kunstflugteams zu sehen.
Leider hat der Mensch es bis heute nicht geschafft, die Fliegerei zu perfektionieren. Zugegeben, Vögel haben evolutionsabhängig einen ziemlich großen Vorsprung, was vermutlich erklärt, dass sie anscheinend nie einen Fehler machen. Oder wann haben sie das letzte Mal eine Schwalbe gesehen, die sich bei der Landung auf eine Überlandleitung verschätzt hat, einen Vogelschwarm, bei dem es in der Luft einen Zusammenstoß gegeben hat, oder einen Vogel der sich unabsichtlich in den Boden gebohrt hat? Die Lebewesen, die eine natürliche Fähigkeit zum Fliegen besitzen, haben ihre Instinkte perfekt an diese Umgebung angepasst. Ein Pilot wird dies nie erreichen können. Wir können uns sehr wohl immer weiter verbessern, aber um dies zu erreichen, müssen wir nicht nur diese neue Umgebung verstehen lernen, sondern auch all die Dinge, mit denen wir uns in dieser Umgebung bewegen und mit denen wir interagieren. Sei es das Flugzeug, Regeln und Vorschriften, unsere Wahrnehmung oder unsere körperlichen Schwächen.

Wenn wir fliegen, bewegen wir uns in einem Umfeld, für das der Mensch nicht »konstruiert« worden ist. Dieses Umfeld ist gefährlich, bis heute. Egal wie gut die Ausbildung, die Erfahrung, das Material oder das Wissen ist – den Respekt hiervor dürfen wir nie verlieren.

Der Anfang von allem – Legenden

Ich durchlief meine Jetpilotenausbildung von 1992–1993. Nach harten 13 Monaten Ausbildung durften wir in einer feierlichen Zeremonie endlich unsere eigene Fliegerschwinge in Empfang nehmen. Auf dieses Abzeichen haben alle Pilotenanwärter hingearbeitet. Umso schöner ist der Moment, wenn man sie endlich an die Brust geheftet bekommt. Man gehört nun dazu, zur Elite der Militärflieger. So erhaben dieser Moment auch ist, so wird keine Abschlussklasse des »Euro Nato Joint Jet Pilot Training Programs« (ENJJPT) in die weiterführende Ausbildung entlassen, ohne sich auf der traditionsreichen Feier noch eine Geschichte anhören zu müssen. Diese Geschichte wird abseits von der eigentlichen Feier in einem abgeschlossenen Raum, zu dem nur Piloten Zugang haben, erzählt. Vorgetragen wird sie dann vom ältesten anwesenden Offizier. Es ist eine Geschichte der griechischen Mythologie. Es ist die Geschichte von Daedalus und Ikarus. Der Erfinder und Bildhauer Daedalus wurde mit seinem Sohn Ikarus von König Minos in einem Turm auf der Insel Kreta gefangen gehalten. Zur Flucht getrieben entwarf Daedalus eine Flügelkonstruktion aus Federn und Wachs für seinen Sohn und sich. Mit dieser, so hoffte er, könnten sie von der Insel fliehen. Daedalus belehrte seinen Sohn, dass er weder zu hoch, noch zu tief fliegen dürfe, sondern mit ihm in mittlerer Höhe bleiben solle. Die Sonne würde entweder das Wachs der Flügel schmelzen, oder die Feuchtigkeit des Meeres würde die Flügel zu schwer werden lassen.

So flogen sie los in die Freiheit nach Sizilien. Doch Ikarus war schnell überwältigt von der außergewöhnlichen Schönheit und dem Gefühl der Unsterblichkeit in der Luft. So stieg er immer höher und höher. Er hörte nicht mehr auf die Warnungen seines Vaters. Dieser war sich der Gefahr der Sonne bewusst. Doch Ikarus ignorierte seinen Vater und stieg immer höher. Doch die Sonne schmolz das Wachs und zerstörte seinen Flügel. Ikarus stürzte in seinen Tod.

Daedalus konnte sich sein Versagen niemals vergeben und verfluchte seinen eigenen Erfindergeist, der für den Tod seines Sohnes verantwortlich war.

Nachdem die Geschichte erzählt und der obligatorische Schluck »Wheat«-Schnaps getrunken wurde, findet die Zeremonie ihren Abschluss, indem die neuen Piloten ihre erste »Schwinge«, das von ihnen so heißbegehrte Pilotenabzeichen, in zwei Teile brechen und eines davon an einen Kameraden weiterreichen. Beide Teile sollen nie wieder zusammenkommen. So einfach und simpel diese Tradition auf den ersten Blick scheint, so hat sie eine nicht zu unterschätzende Bedeutung. Die jungen Piloten sehen sich derselben Herausforderung wie Ikarus gegenüber. Die Zeremonie wird bis heute bei jeder Abschlussfeier durchgeführt.

Die jungen Piloten verlieren nun offiziell den Status des Schülers. Das heißt auch, dass sie nicht mehr unter den wachsamen Augen und dem Schutz ihrer Fluglehrer in ein Flugzeug steigen und nun lernen müssen, selbst Verantwortung zu übernehmen. Viele von ihnen sitzen innerhalb weniger Wochen in einem mehrere Millionen Euro teuren Kampfflugzeug. Sie sind dabei im übertragenen Sinne denselben Versuchungen ausgesetzt wie Ikarus, der seine Leichtsinnigkeit mit dem Leben bezahlte. Diese Geschichte dient dazu, die eigene Verwundbarkeit nicht vergessen zu lassen.

Vom Erfinder zum Flieger

Den Gebrüdern Wright gelang am 17. Dezember 1903 der erste motorgetriebene Flug der Menschheitsgeschichte. Obwohl in einigen Geschichtsbüchern kontrovers diskutiert wird, ob tatsächlich sie es waren, denen dieses Kunststück gelang, passen wir uns hier der am meisten verbreiteten Meinung an.

Was viele nicht wissen ist, dass die Wright Brüder ganze sieben Jahre an Vorbereitung investierten, um an jenem denkwürdigen Tag erfolgreich zu sein. Sie experimentierten lange Zeit mit Drachen und Seglern und studierten die Grundlagen der Aerodynamik. Sie kamen schnell darauf, dass sie, um den motorgetriebenen Flug erfolgreich meistern zu können, in der Lage sein mussten, das Steigen, Sinken und Kurven des Fluggerätes zu kontrollieren. Bis zum Ende des Jahres 1902 hatten sie über 700 Segelflüge absolviert. Sie entwarfen sogar einen für heutige Maßstäbe sicherlich sehr einfachen Windkanal, um Ihre Entwürfe zu testen.

Das Flugzeug, das sie am Ende entwarfen, war aerodynamisch instabil und extrem schwer zu beherrschen. Manche moderne Flugzeuge sind heute absichtlich aerodynamisch instabil gebaut (wie z.B. die F-16 oder F-22 Raptor). Der Pilot benötigt deshalb die Hilfe eines computergestützten Flugkontrollsystems, da ständige Korrekturen nötig sind, um das Flugzeug im stabilen Flugzustand zu halten.

Die Gebrüder Wright hatten diesen Luxus nicht. Dies unterstreicht umso mehr, wie viel Flugerfahrung und fliegerische Fertigkeiten die beiden besaßen, als sie am 17. Dezember 1903 den nächsten Schritt wagten.

Rückwirkend betrachtet, besaßen die Wright Brüder bereits viele der heute als Ideal angesehenen Eigenschaften eines modernen Fliegers. Sie verstanden die aerodynamischen Hintergründe, hatten ein tiefes Wissen über das Fluggerät und seine Grenzen (sie hatten es schließlich selbst konstruiert und gebaut) und sie waren ein perfekt aufeinander eingespieltes Team.

Als sie sich entschlossen, ihr Fluggerät mit einem Motor zu bestücken, hatten sie keinen Zweifel daran, dass sie erfolgreich sein würden.

Am Morgen des 14. Dezember entschied der Wurf einer Münze wem die Ehre des ersten Fluges gebührte. Wilbur gewann. Er zog die Maschine jedoch beim Start in einen Strömungsabriss und der Versuch schlug fehl. Dieser Rückschlag ließ sie aber nicht an ihrem Erfolg zweifeln. Sie analysierten vielmehr, was genau schief gelaufen war und kamen zu dem Schluss, dass einzig ihre mangelnde Erfahrung mit dem Fluggerät den Erfolg verhindert habe. Das Flugzeug sei ohne Zweifel dazu in der Lage.

Drei Tage später flog Orville in die Geschichtsbücher. Nach dem erfolgreichen Erstflug ging beide an diesem Tage noch weitere drei Mal in die Luft. Und sie lernten schnell: Erreichte Wilbur beim ersten Flug gerade einmal die Distanz von 120 Fuß, so steigerte Orville diese mit dem vierten Flug auf 852 Fuß und einer Flugzeit von fast einer Minute.

Was haben die Wright Brüder anders gemacht als Daedalus? Die Wright-Brüder verinnerlichten über einen Zeitraum von sieben Jahren die für sie wichtigsten Grundlagen für die Durchführung ihres Fluges – Wissen über das Fluggerät, die Umwelt, sich selbst als Team und Individuen. Fünf Jahre nach diesem historischen Ereignis machten die Gebrüder Wright leider am 17. September 1908 die bittere Erfahrung, dass die noch junge Technik immer noch eine sehr gefährliche war. Orville Wright saß am Steuerknüppel, als sich im Sommer 1908 der erste Unfall eines motorgetriebenen Flugzeuges mit tödlichem Ausgang ereignete. Unfallberichte der damaligen Zeit lasen sich in etwa wie folgt:

Um 16:46 Uhr wurde das Flugzeug aus der Halle zum entfernten Ende des Flugfeldes gebracht. Herr Wright und Leutnant Selfridge nahmen ihren Platz in der Maschine ein, starteten den Motor und hoben um 17:14 Uhr ab. Das Flugzeug verließ die Platzrunde wie üblich nach links. Die Maschine befand sich vier Minuten und 18 Sekunden in der Luft, hatte das Flugfeld bisher viereinhalb Mal umflogen und passierte gerade den Hangar am unteren Ende des Flugfeldes, als sich ein Teil des Propellerblattes löste und aus ca. 150 Fuß Höhe zu Boden fiel.
Das Flugzeug schien ungefähr auf eine Höhe von 75 Fuß zu segeln, dann wieder auf 200 Fuß zu steigen. An diesem Punkt schien es in der Luft stehen zu bleiben, drehte eine enge Kurve auf das Feldhospital zu, schaukelte heftig wie ein Schiff auf rauer See und stürzte die restlichen 75 Fuß senkrecht zu Boden.
Teile des Propellers wurden 200 Fuß westlich der Absturzstelle gefunden. Das Teil des rechten Propellers war zweieinhalb Fuß lang. Es zeigte Spuren vom Kontakt mit dem oberen Spanndraht, der mit dem Höhenruder verbunden war. Der Propeller traf den Draht stark genug, um ihn aus seiner Verankerung zu reißen und dabei gleichzeitig den Propeller zu zerstören.
Das Ruder schlug daraufhin nach unten. Das Flugzeug entwickelte beim Segelflug die Tendenz das Heck anzuheben bis die Kontrolle völlig verloren ging und die Maschine vertikal nach unten abstürzte. Der linke Flügel traf zuerst auf dem Boden auf. Das Fahrwerk sowie das vordere Ruder wurden völlig zerstört.
Leutnant Selfridge verstarb um 20:10 Uhr an der Folge eines Schädelbruchs über dem Auge, der zweifelsohne durch den Aufschlag seines Kopfes auf eine der Holzverstrebungen oder auch eines Drahtseils entstanden ist. Herr Wright trug zwei oder drei Rippenbrüche sowie eine Schnittwunde über dem Auge und der Lippe und einen gebrochenen Oberschenkel davon.
(1st Lt Frank P. Lahm, 1908)

Was als harmloser Orientierungsflug in Fort Meyers, Virginia, im Sommer 1908 begann, endete tödlich. Lt. Selfridge war als Passagier an Bord des Wright Flyers. Er war Teil des Komitees, das an der Entscheidung beteiligt war, den Wright Flyer für das Militär zu erwerben. Damit dieser Vertrag zustande kam, musste sichergestellt sein, dass der Wright Flyer in der Lage war, Passagiere zu befördern. Orville und Wilbur Wright hatten schon mehrfach erfolgreich Passagiere befördert. An diesem Tag ging es schief. Die noch junge Technologie hatte zurückgeschlagen. Orville und Wilbur machten für den Propellerbruch Materialermüdung verantwortlich. Orville gab hinterher an, dass er vom Propeller seltsame Geräusche vernommen hatte und wollte den Motor aus Sicherheitsgründen gerade ausschalten als das Drahtseil riss. Es gibt auch Stimmen, dass vor dem Start ein größerer Propeller verbaut wurde, um für das größere Gewicht der beiden zu kompensieren. Dieser war allerdings zu groß, so dass er das Stahlseil berührte und schließlich kappte.

Leider ist die Luftfahrtgeschichte voll von Unfallberichten wie diesem. Zweifelsfrei war Fliegen 1908 weitaus gefährlicher als heute. So ist heute die Wahrscheinlichkeit auf dem täglichen Weg zur Arbeit tödlich zu verunglücken um ein Vielfaches höher als bei einem Flugzeugabsturz ums Leben zu kommen. Trotzdem haben Luftfahrtexperten bis heute keine wirklich überzeugende Antwort auf die folgende Frage gefunden: »Warum stürzen Flugzeuge ab?«
Diese Frage ist heute vermutlich um ein Vielfaches schwerer zu beantworten als früher. Durch die immer perfekter werdende Technik ist der Mensch als Unfallursache Nummer 1 immer mehr in den Fokus gerückt. Wir werden im Verlauf des Buches versuchen zu verdeutlichen, dass nicht die Fragen nach dem »Was«, »Wie« oder »Wer« die eigentlich wichtigen sind, sondern vielmehr die Frage nach dem »Warum«.

Fliegen heute

Bis heute hat sich in der Fliegerei viel verändert. Von den Holzkisten des ersten Weltkrieges zu den modernsten Kampfflugzeugen oder Airlinern unserer Zeit sind mittlerweile über 100 Jahre vergangen. Der professionelle Pilot von heute ist nicht mehr nur der Flieger, der mit seinen »Stick and Rudder skills« die 3. Dimension beherrscht. Der moderne Pilot von heute ist mehr ein Manager eines komplexen technischen Gerätes als der unerschrockene Pionier früherer Tage. Die Art und Weise der Fliegerei hat sich verändert. Ein modernes Kampfflugzeug soll dem Piloten die eigentliche Aufgabe des Fliegens nahezu abnehmen. Computer unterstützen den Piloten, denn ohne die Hilfe einer Flugsteuerungssoftware wäre z.B. ein Eurofighter nicht im stabilen Flugzustand zu halten. Der moderne Kampfpilot ist ein Manager von unzähligen Sensoren, Systemen und nicht zuletzt auch Waffen. Um diese effektiv einsetzen zu können, liegt das Hauptaugenmerk nicht mehr auf der eigentlichen Fliegerei. Das Flugzeug muss so einfach zu beherrschen sein, dass sich die Aufmerksamkeit auf den Einsatzauftrag fokussieren kann.

T-38 Cockpit-Vergleich von 1965 gegenüber 2008.

In einem modernen Airliner ist das nicht anders. Wenn man sich einmal das Cockpit eines modernen Linienflugzeuges, wie z.B. eines Airbus A380 ansieht fällt auf, dass eigentlich keine analogen Rundinstrumente mehr vorhanden sind. Vorherrschend sind farbige Multifunktionsdisplays und Flight Management-Systeme, die eine Vielzahl von Informationen bereitstellen. Das Verarbeiten dieser Informationen in einem hochtechnisierten komplexen System ist eine der Hauptaufgaben der Piloten. Heute werden Piloten der Airlines angehalten, die Nutzung des Autopiloten zu maximieren. Ein ehemaliger Kamerad aus der Militärfliegerei wurde sogar aus diesem Grund von seinen neuen Kollegen seiner Airline ständig belächelt: »Guck mal, da kommt der, der immer von Hand fliegt!«.
In der Praxis heißt das dann: »Airborne – Fahrwerk – Klappen – Autopilot on«. Das Flugzeug folgt dann dem in das Flight Management System programmierten Flugplan und wird nur noch mit Hilfe des Autopiloten gesteuert. Anweisungen der Flugkontrolle werden über Bedienung von Knöpfen und Drehreglern umgesetzt. Mit Fliegen im »handwerklichen« Sinne hat das nicht mehr viel gemein. Die Kontrolle wird erst kurz vor der Landung in der Regel wieder von der Besatzung übernommen.
Natürlich hat die Nutzung eines Autopiloten grundsätzlich viele Vorteile: Die Besatzung kann sich neben dem Überwachen der Flugparameter auch auf andere Aufgaben konzentrieren. Gerade bei Langstreckenflügen oder Flügen unter Instrumentenflugbedingungen stellt der Autopilot eine große Entlastung dar. Allerdings gerät dadurch auch die Fertigkeit des manuellen Fliegens immer mehr in den Hintergrund. Die Piloten laufen also durchaus Gefahr, das manuelle Fliegen zu »verlernen«. Auch hat es in der Vergangenheit immer wieder Unfälle gegeben, die durch die Fehlbedienung des Autopiloten verursacht wurden. Die Einführung von automatisierten Systemen macht vieles einfacher, allerdings ist auch es eine neue Quelle für menschliche Fehler.

The Right Stuff

Schön und gut! Aber es gibt sie trotzdem noch, Piloten die immer noch auf die guten alten »Stick and Rudder skills« zurückgreifen müssen. Ob das der PPL-Flieger, der Hobby- oder Privatpilot oder der Geschäftsmann mit eigenem Flugzeug ist.
Trotz der Entwicklung immer modernerer Flugzeuge oder Avioniksysteme, wie z.B. einem Garmin G1000, haben sich die Attribute, an denen ein guter Flieger gemessen wird bis heute nicht geändert. Auch wenn es in Entwicklung der Fliegerei fortlaufend tiefgreifende Änderungen und Verbesserungen gegeben hat, so scheinen die grundlegenden Charaktereigenschaften eines guten Fliegers noch immer die gleichen zu sein wie vor 100 Jahren. Diese grundlegenden Eigenschaften sind:

- **Fliegerische Fertigkeiten (Skill)**
- **Übung (Proficiency)**
- **Disziplin (Discipline)**

Des Weiteren müssen Flieger ein gründliches Verständnis haben von:

- **dem Fluggerät**
- **der Crew/Team/Passagier(en)**
- **Umfeld/Wetter/Vorschriften**
- **sich selbst**
- **dem Risiko**

Dies brauchen sie, um in der Lage zu sein, zu jeder Zeit die richtige Entscheidung zu treffen und die Situative Aufmerksamkeit aufrechtzuerhalten. Wir werden uns im Laufe des Buches mit jedem einzelnen Begriff und seiner Bedeutung befassen. Als Flieger bewegen wir uns in einer hochdynamischen Umgebung. Dinge ändern sich unter Umständen rasend schnell. Dabei ist es auch völlig gleichgültig, ob wir uns mit 120 Knoten oder 480 Knoten Reisegeschwindigkeit fortbewegen. Unsere Aufmerksamkeit und Kapazitäten werden ständig gefordert. Ein guter Flieger weiß seine eigenen Kapazitäten und körperlichen Einschränkungen realistisch einzuschätzen. Er kennt sein Flugzeug, Wetter, Vorschriften und leitet die daraus folgenden Risiken ab. Als Fundament hierzu dienen die fliegerischen Fertigkeiten, ein guter Übungsstand und die nötige Disziplin. Der Flieger, der sich nur auf eines dieser Dinge konzentriert, wird nie ein herausragender Pilot sein. Das schließt den Flieger mit den »goldenen Händen«, der aber die Vorschriften nicht kennt, genauso mit ein, wie den regelkonformen Theoretiker, der aufgrund zu weniger Flugstunden eine harte Landung produziert.
Die oben genannten Faktoren der fliegerischen Fertigkeiten, genug Übung und Disziplin im Zusammenhang mit einem soliden Wissen über sich selbst und das Umfeld bilden eine solide Grundlage für den modernen Flieger.

Aufbau des Buches

Sicherer und besser zu fliegen ist ein hoch gestecktes Ziel. Dieses Buch soll dabei als Hilfestellung und Nachschlagewerk dienen, um diesem Ziel etwas näherzukommen. Der Aufbau des Buches ist als Step-up Approach gedacht. Das heißt: Wir werden die behandelten Themenbereiche aufeinander aufbauend vertiefen.

Kapitel 2: Airmanship
Hinter diesem uns nun bekannten Begriff verbergen sich die schon erwähnten Eigenschaften eines guten Piloten. Wir wollen die grundlegenden Eigenschaften definieren und einordnen. Aufbauend auf den Grundeigenschaften werden wir betrachten, warum das Wissen und Verständnis für alle uns beeinflussenden Faktoren eine so große Rolle spielt.

Kapitel 3: Crew Ressource Management/Human Factors-Training
In diesem Kapitel werden die Inhalte und die Bedeutung von CRM erläutert. Was ist CRM, warum gibt es CRM, und wie kann mir dieses Training helfen? Wo ist die Verbindung zur Airmanship? Ist das nicht das gleiche?
Nein, CRM und Airmanship sind nicht identisch, sie ergänzen sich. CRM-Training zielt im klassischen Sinne auf die nicht technischen Fertigkeiten ab. Unter diesen verstehen wir z.B.: Wahrnehmung, Teamverhalten, Entscheidungsfindung, Führungsverhalten und Kommunikation.
Die Berührungspunkte zum Begriff Airmanship bestehen in erster Linie in den Bereichen der Crew und uns Selbst. Im weiteren Verlauf des Buches werden diese Themenbereiche dann in Hinblick auf die Anwendung in einem Single Cockpit detaillierter betrachtet.

Kapitel 4: Human Error
Dieses Kapitel gibt einen Einblick in die Welt des menschlichen Verhaltens, insbesondere menschlichen Versagens. Warum machen Menschen Fehler, treffen schlechte Entscheidungen oder übersehen für uns im Nachhinein oft offensichtliche Dinge? Dieses Kapitel soll uns psychologische Grundlagen menschlichen Verhaltens verdeutlichen.

Kapitel 5: Situational Awareness
Was bedeutet der Begriff »SA« in der Fliegerei? Wo liegen dabei die Grenzen unseres menschlichen Leistungsvermögens? Warum nehmen wir bestimmte Dinge nicht wahr? Dieses Kapitel gibt die Antworten auf diese Fragen und erklärt die Funktionsweise und Limits menschlicher Wahrnehmung.

Kapitel 6: Entscheidungsfindung
Wie treffen wir Entscheidungen? Die Entscheidung steht in der Regel vor dem Eintreffen eines Ereignisses. Wie und warum treffe ich bestimmte Entscheidungen? Wir werden Entscheidungsfindungsmodelle kennenlernen und lernen, mit Einflussfaktoren umzugehen.

Kapitel 7: Risikomanagement
Fliegen ist ein risikoreiches Unterfangen, auch heute noch. Wie kann ich Risiken identifizieren, wie gehe ich mit Risiko um? Warum gehe ich manchmal bewusst ein Risiko ein? Dieses Kapitel soll diese Fragen beantworten. Des Weiteren soll es Strategien bereitstellen, die helfen sollen, Risiken zu identifizieren, zu mindern oder zu eliminieren.

Kapitel 8: Ermüdung/ Fatigue
Wie reagiert der menschliche Körper auf Ermüdung und Stress? Wie kann ich Ermüdung verhindern, was verursacht Ermüdung und Stress? Dieses Kapitel soll zeigen, warum »Fatigue« in der kommerziellen Luftfahrt ein sehr ernst genommenes Problem darstellt. Auch für Privatpiloten ist Ermüdung ein potenzielles Risiko.

Kapitel 9: Verhalten bei Notfällen
Niemand wünscht sich, in eine Notsituation zu geraten. Leider haben wir nicht immer eine Wahl. Falls eine solche Situation eintrifft, sollten wir vorbereitet sein. Wie bereite ich mich auf Notfallsituationen vor? Wie benutze ich meine Checkliste sinnvoll und effektiv?

In diesem Kapitel werden Hilfestellungen und Anregungen zur Bewältigung von Notsituationen in der Luft vorgestellt.

Kapitel 10: PRM-Workshop

Der PRM-Workshop ist eine Vertiefung der bisher vorgestellten CRM-Inhalte anhand eines künstlichen Szenarios. Grundstein dieses Kapitels ist die Vorstellung des 5P-Modells für Privatpiloten, die vorwiegend allein fliegen. Zu Beginn wird das 5P-Modell vorgestellt und erklärt, dann innerhalb eines fiktiven Szenarios beispielhaft genutzt.

Anhang

Der Anhang fasst sämtliche Checklisten und Hilfen nochmals zusammen und dient als schnelles Nachschlagewerk oder »Quick Reference Guide«.

Kapitel 2
Airmanship

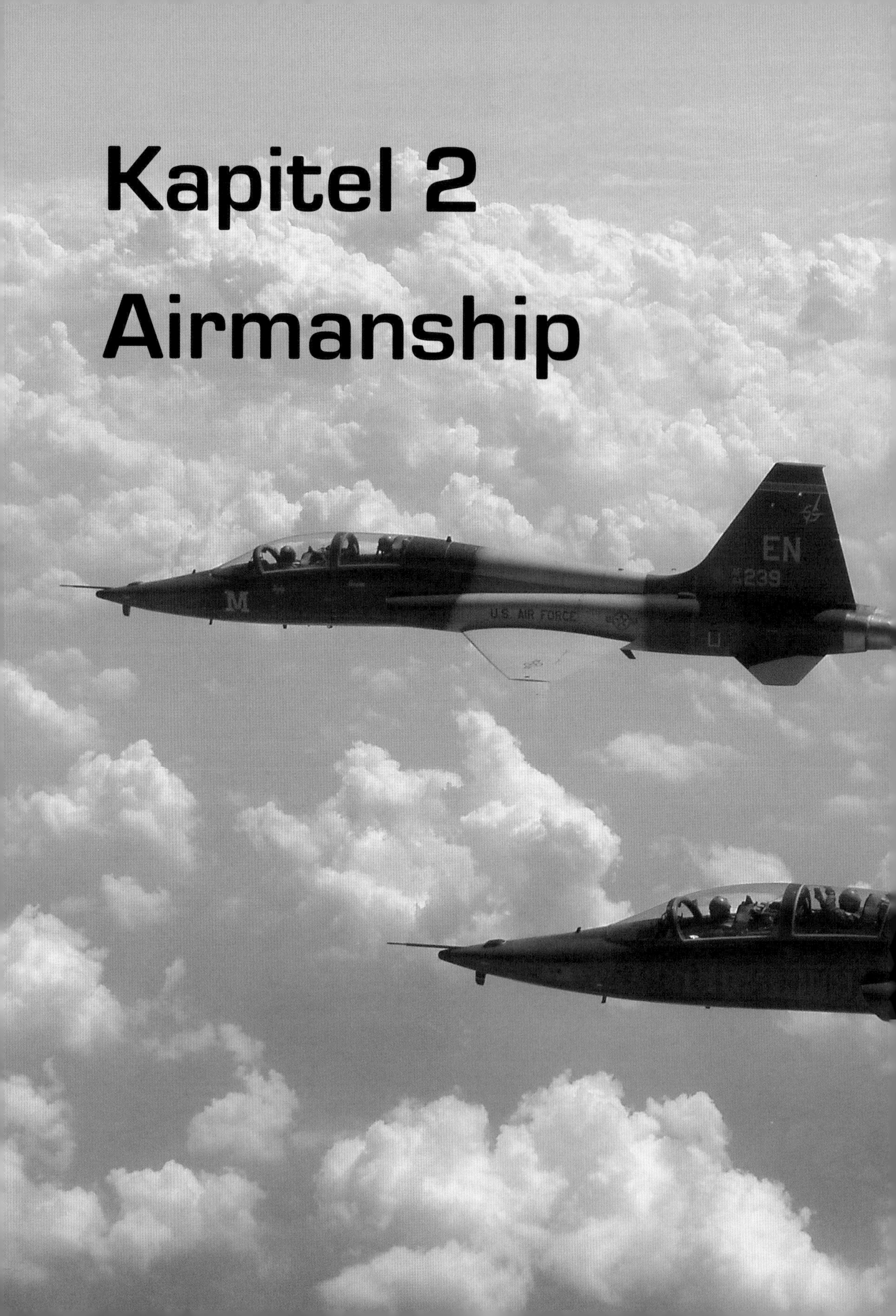

»Die Fliegerei ist an sich nicht grundsätzlich gefährlich. Aber in noch einem größeren Maße als die Seefahrt, verzeiht Sie keinerlei Unaufmerksamkeit, Sorglosigkeit oder Nachlässigkeit.«

Captain A. G. Lamplugh, British Aviation Insurance Group, London, ca. 30er-Jahre.

Der Begriff »Airmanship« kommt offensichtlich aus der englischen Sprache. In Kapitel 1 haben wir versucht den Begriff in kurzen, einfachen Worten allgemeinverständlich zu definieren. Aber so einfach ist das gar nicht.

Was bedeutet Airmanship?

Als junger (Militär)-Flugschüler kommt man innerhalb seiner Ausbildung zum ersten Mal mit diesem Begriff in Kontakt. Und das jeden Tag. Der Begriff Airmanship ist einer der unzähligen Bewertungskriterien, an denen sich der Flugschüler jeden Tag messen lassen muss. Aber was genau wird hier bewertet?

Wenn man ein bestimmtes Flugmanöver bewertet, ist das relativ einfach. Es gibt feste Parametervorgaben und Vorschriften, wie dieses Manöver zu fliegen ist. Führt der Flugschüler dies entsprechend durch, gibt es die entsprechende Note. Unterschieden wird danach, ob der Schüler dieses Manöver das erste Mal übt, ob er noch Hilfe durch den Lehrer benötigt, er es selbst korrekt oder sogar perfekt ausführt (was nach den allgemeinen Richtlinien z.B. bei der US-Luftwaffe allerdings so gut wie unmöglich ist). Diese Bewertungsrichtlinien sind übrigens bis ins Detail beschrieben und festgelegt, um ein hohes Maß an Standardisierung zu gewährleisten.

Aber wie ist das mit Airmanship? Wenn man eine Befragung unter Kampfpiloten durchführen würde mit der Frage was Airmanship eigentlich ist, bekäme man vermutlich folgende Antwort: »I know it when I see it!« oder frei übersetzt: »Wenn ich es sehe, weiß ich was es ist«.

Die Bedeutung des Begriffes Airmanship ist also nicht so leicht zu erfassen. Als einfache Erklärungen können eine gute Auffassungsgabe, fliegerisches Können, der Situation angemessene Entscheidungen oder Ähnliches sein. Oftmals wird dem jungen Flugschüler der Begriff Airmanship anhand von Geschichten oder Erzählungen bedeutender Flieger verdeutlicht. Von diesen gibt es in der Luftfahrtgeschichte ja genug.

> *Der erfahrene Kampfpilot geht keine unnötigen Risiken ein. Sein Auftrag ist der Abschuss von gegnerischen Luftfahrzeugen, nicht selbst abgeschossen zu werden. Seine trainierte Hand, sein Auge und sein Gefühl für die richtige Entscheidung sind genauso Teil seiner Ausrüstung wie sein Maschinengewehr, und eine 50/50-Chance ist die schlechteste, die er akzeptiert – oder akzeptieren sollte – mit der einzigen Ausnahme, wenn die Situation das Opfer von Flugzeug oder Pilot erfordert.*
> *(Eddie Rickenbacher – erfolgreichster US-Jagdflieger im Ersten Weltkrieg)*

Diese Aussage von Eddie Rickenbacher zeigt uns, dass er in einer Zeit, wo Pilotenmaterial allgemein als schnell ersetzbar angesehen wurde, den Ansatz vertrat, unnötige Risiken zu vermeiden. Diese frühe Form von Risikomanagement findet heute noch genauso in leicht abgewandelter Form, aber nach den prinzipiell gleichen Grundsätzen statt.

Als Kapitän einer Fliegerstaffel im Ersten Weltkrieg führte Eddie Rickenbacher auch das sogenannte »Buddy System« (Kumpel-System) ein, das Staffelpiloten anwies, aufeinander Acht zu geben und sich im Kampf zu unterstützen. Dieses Buddy System war der Vorreiter für das bis heute immer noch im Gebrauch befindliche »Flügelmann«- oder »Wingman«-System. In diesem, von allen NATO-Luftwaffen eingesetzten System, ist der Formationsführer verantwortlich für die Formation. Die Formation einer Rotte besteht z.B. aus bis zu drei Flugzeugen (ein

Schwarm = vier Flugzeuge oder mehr). Die Positionen der Rottenflieger sind so gewählt, dass jeder Pilot der Rotte eine bestimmte Aufgabe wahrnimmt. Der Rottenführer navigiert und ist für die Missionsdurchführung verantwortlich. Die Rottenflieger überwachen z.B. den Luftraum und sorgen für Deckung gegen angreifende Flugzeuge.
Auch der mit 352 Luftsiegen bis heute erfolgreichste Jagdflieger der Geschichte, Erich Hartmann, machte für seine Erfolge größtenteils seine Rottenflieger mitverantwortlich. Ohne die Hilfe seiner Rottenflieger wäre er weit weniger erfolgreich gewesen. Er selbst erlernte die Kunst der Jagdfliegerei am Flügel weitaus erfahrener Piloten. Durch die intensive Ausbildung am Flügel der erfahrenen Flieger lernte er, wie wichtig ein guter Flügelmann zum Überleben war.

> *Wir hatten beide Stärken und Schwächen und waren in der Lage diese Probleme auszusortieren. Es hat gut funktioniert. Ich hatte schließlich dafür zu sorgen, dass er es wieder nach Hause zu seinen vielen Freundinnen schaffte, die auf ihn warteten. Ich bekam das Eiserne Kreuz 2. Klasse während ich Krupi's (Walter Krupinski) Flügelmann war. Was ich von ihm lernte war, dass das Schlimmste was passieren konnte der Verlust des eigenen Rottenfliegers war. Abschüsse waren nicht so wichtig wie das Überleben. Ich habe nur einen Flügelmann verloren, Günther Capito, ein früherer Bomberpilot. Dies war aber mehr seiner eigenen Unerfahrenheit zuzuschreiben. Er überlebte.*
> *(Das letzte Interview mit Erich Hartmann)*

Ein anderer Gesichtspunkt, den es unter dem Begriff Airmanship zu betrachten gilt, ist Disziplin. Robin Olds, der als Kommodore des 7. Taktischen Kampfgeschwaders im Vietnamkrieg für die Leitung der Luftkriegsoperation »Bolo« berühmt wurde, bringt dies wie folgt zum Ausdruck.

> *Jeder Aspekt im Leben eines Kampfpiloten benötigt strengste Disziplin. Fliegen selbst braucht Disziplin. Es ist grundsätzlich beides, das Resultat von Disziplin und die konstante Anwendung von Selbstdisziplin in unserem Training, das ist es, was einen großen Flieger ausmacht.*
> *(Robin Olds)*

Diese Disziplin half ihm in seiner Zeit als Kampfpilot im Zweiten Weltkrieg und in Südostasien mit insgesamt 16 Luftsiegen zum dreifachen Fliegerass zu werden (als Fliegerass gilt man ab fünf Abschüssen).
Geschichten helfen jungen Fliegern, die Eigenschaften von guter Airmanship zu verdeutlichen. Von den größten Fliegerassen wurden die frühen Konzepte von Airmanship immer weiterentwickelt. Die besten Flieger sind diszipliniert, besitzen das nötige fliegerische Können oder Talent, haben ein festes Grundwissen über ihr Fluggerät, sich selbst, ihre Rottenflieger oder Teammitglieder, ihr Umfeld und ihr eigenes Risiko. Wenn sich diese Eigenschaften im Laufe eines Fliegerlebens entwickeln, sind sie in der Lage, jederzeit über ein hohes Situationsbewußtsein zu verfügen, um die richtigen Entscheidungen zur richtigen Zeit zu treffen. Man besitzt ein gutes Urteilsvermögen – Sound Judgement.

Die Notwendigkeit der richtigen Entscheidung zur richtigen Zeit wurde übrigens schon im Ersten Weltkrieg entdeckt. Seit Flugzeuge im Luftkrieg eingesetzt werden, wurde die Notwendigkeit erkannt, dass es besser war schwierige »Was tun wir wenn?«-Entscheidungen schon am Boden zu treffen und auf Eventualitäten schon im Vorfeld vorbereitet zu sein, als diese im komplexen und dynamischen Szenario eines Luftkampfes fällen zu müssen. Dieses Prinzip ist bis heute Teil eines jeden Flightbriefings in einer modernen Kampflugzeugstaffel.

Die Grundlagen von Airmanship

Die Erzählungen und Geschichten aus den Anfängen der Fliegerei zeigen uns, dass gute Flieger bestimmte Attribute untereinander vereinen und uns Hinweise auf die Grundlagen von guter Airmanship zu geben scheinen. Die Antwort auf die Frage vom Anfang des Kapitels, »Was ist Airmanship?«, finden wir, in dem wir zu den Anfängen der Fliegerei und des Luftkrieges zurückblicken, aber auch auf die Anforderungen möglicher zukünftiger Technologien für den Menschen. Interessanterweise geben beide Sichtweisen ähnliche Einblicke in die Thematik Airmanship. Die fundamentalen Grundlagen guter Airmanship haben sich bis heute nicht geändert. Diese sind, unabhängig von einem bestimmten Zeitraum:

Können, Übung und Disziplin
(Skill, Proficiency and Discipline)

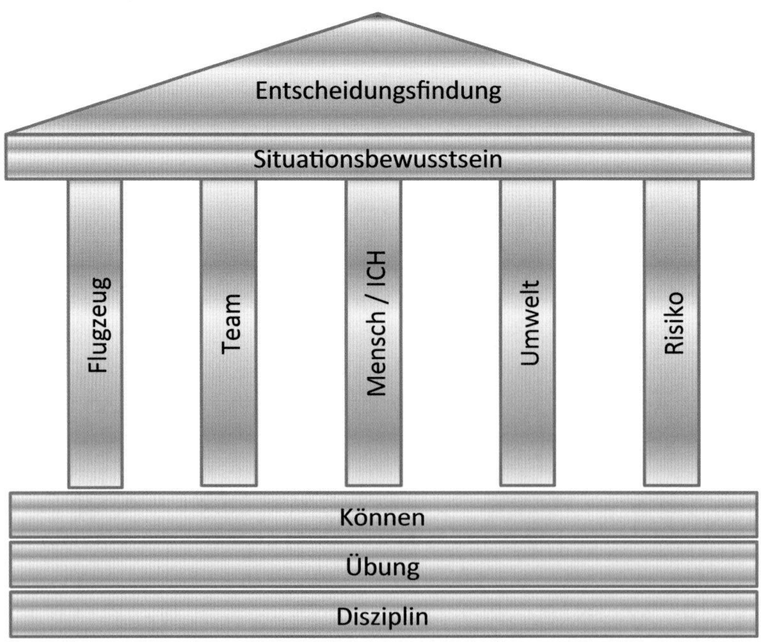

Airmanship-Modell nach T. Kern.

Diese drei Grundlagen bilden allerdings nur die Basis für die Entwicklung von guter »Airmanship«. Aufbauend auf dieser Basis betrachten wir fünf Bereiche, für die ein guter Flieger (Airman) das nötige Wissen erwerben muss, um hinterher in der Lage zu sein, richtige Entscheidungen zu treffen. Zu diesen fünf Wissensbereichen zählen das Wissen über sein Flugzeug, sein Team, sein Umfeld (Umwelt), sich selbst und das Wissen über sein eigenes Risiko. Wenn in diesen Bereichen genug Wissen vorhanden ist, wird der Pilot aufgrund seines guten Situationsbewusstseins in der Lage sein, zu jeder Zeit die der Situation angepasste richtige Entscheidung zu treffen. Wir werden uns im weiteren Verlauf dieses Kapitels mit jedem dieser Bereiche intensiv beschäftigen. Sie finden das komplette Modell zur besseren Veranschaulichung im Schaubild auf Seite 26.

Der gute Pilot wird in der Lage sein, die einzelnen Bausteine als komplettes Gebilde zu verstehen. Das kann nur funktionieren, wenn er begreift, wie die einzelnen Bereiche miteinander interagieren. Da jeder dieser Bereiche schon einzeln betrachtet hoch dynamisch und komplex ist, wird das Verständnis für das gesamte System mit all seinen Zusammenhängen noch um ein Vielfaches dynamischer und komplexer, da jeder dieser Faktoren konstante Aufmerksamkeit benötigt, um sich auf neu entwickelnde Situationen einstellen zu können.
Flieger, die diese Fähigkeiten besitzen und die Grenzen ihrer Kapazitäten und ihres Fluggerätes, ihres Teams, der Umwelt, aller Regeln und Vorschriften und sich der damit verbundenen Risiken bewusst sind, werden in der Lage sein, zu jeder Zeit gute Entscheidungen zu treffen. Als Grundlage für diese Fähigkeiten besitzt der gute Flieger ein hohes fliegerisches Können und regelmäßige Übung, die auf dem Fundament von Disziplin aufbauen.
Die drei Grundbausteine haben die gleiche Wertigkeit. Ohne die nötige Disziplin wird man nur schwer in der anspruchsvollen Ausbildung zum Piloten bestehen. Dabei ist es gleichgültig, ob wir uns im Bereich der Zivil-, Militär- oder Privat-/Hobbyfliegerei bewegen.
Der Pilot mit der besten Reputation in der Staffel oder im Verein wird keine gute Leistung zeigen können, wenn sein Trainings- oder Übungsstand nicht ausreichend ist. Er ist zunächst vielleicht in der Lage das mit Erfahrung ausgleichen zu können, aber nicht über einen längeren Zeitraum. Im Bereich der Luftwaffe z.B. hatte man bis zuletzt mit diesen Problemen zu kämpfen. Ein Pilot, der nicht übt, ist nicht so gut wie einer, der regelmäßig in die Luft kommt. Das klingt natürlich erst einmal nach einer Binsenweisheit. Die Luftwaffe hat über gewisse Zeiträume erfahrene Piloten von aktiven fliegerischen Verwendungen in die Stäbe versetzt. Um diese nicht völlig aus der Fliegerei herauszulösen (und auch aus Gründen der Motivation), hat die Luftwaffe ein sogenanntes Inübunghalterprogramm eingeführt. Dieses Programm ließ die Piloten aus den Stäben gerade genug Flugstunden erfliegen um ihre Lizenz zu erhalten. Man fand dann schnell heraus, dass auch sehr erfahrene und gute Flieger nach ca. einem Jahr soviel fliegerisches Können verloren hatten, dass es teilweise erhebliche Auswirkungen auf die Flugsicherheit hatte. Inübunghalter waren vermehrt in Zwischenfälle und sogar Unfälle verwickelt. Das Sprichwort »Übung macht den Meister« kommt schließlich nicht von ungefähr. Der Zusammenhang zwischen dem Übungszustand des Piloten und dem daraus resultierenden Leistungszustand ist sicherlich nicht überraschend.
Mit dem fliegerischen Können sieht das schon ein wenig anders aus. Vor der Laufbahn eines jeden professionellen Fliegers steht die Eignungsfeststellung. Ob dies in Deutschland bei der DLR für Bewerber bei den zivilen Airlines oder beim Flugmedizinischen Institut der Luftwaffe

für die Militärluftfahrzeugführer erfolgt, ist hierfür zunächst einmal gleichgültig. Die jeweiligen Auswahlkriterien werden durch die jeweilige Institution/Firma (Bundeswehr, Fluggesellschaft) festgelegt. Jeder Proband durchläuft mehrere Stufen verschiedener Tests meist über mehrere Tage. Für die wenigen, die am Ende übrigbleiben, ist der Grundstein am Ende der Ausbildung einen Platz im Cockpit zu bekommen, zunächst einmal gelegt. Die Auswahlkriterien sind streng. Nicht umsonst hat sich mittlerweile ein ganzer Industriezweig zur Vorbereitung auf Pilotenauswahlverfahren entwickelt, um die Chancen der erfolgreichen Teilnahme an so einem Auswahlverfahren zu erhöhen.

So soll also nur potenziell hervorragendes Piloten»material« herausgesiebt und zur Ausbildung zugelassen werden. Die erfolgreiche Teilnahme an der Eignungsfeststellung allein ist natürlich keine Garantie für eine erfolgreiche Ausbildung zum Flugzeugführer, ganz gleich ob bei der Lufthansa oder der Bundeswehr. In den Auswahlverfahren werden zwar die grundsätzlichen physischen, psychischen und motorischen Voraussetzungen geprüft, aber nicht wenige Probanden hatten bis dahin noch nie den Steuerknüppel eines Flugzeuges in der Hand, oder waren schon mal in der Luft (und damit meine ich nicht den Flug in den Urlaub). Fliegerische Vorkenntnisse sind in der Regel von Vorteil. Diejenigen, die wohl als erste herausfinden, ob die zur Ausbildung zugelassenen Personen den Anforderungen eines Piloten standhalten, sind in der Regel die ersten Fluglehrer. Diese sind dafür verantwortlich, die Probanden nach Maßgabe des Trainingsplans (Syllabus) auszubilden. Hierfür stehen mehr oder weniger Missionen und Flugstunden zur Verfügung. In der professionellen Fliegerei trennt sich hier dann schnell die Spreu vom Weizen. Die Ausbildung in der professionellen Fliegerei ist deshalb so fordernd, weil ein Teilziel in minimaler Zeit mit minimalen Übungsstunden erreicht werden muss. Natürlich gibt es hier einen gewissen Spielraum, aber groß ist dieser in der Regel nicht. Die Ausbildung wäre ansonsten zeitlich und finanziell ineffizient. Aber genau hier liegt die Herausforderung für den Flugschüler: er muss in kurzer Zeit eine Vielzahl von Theorie- und Praxisstunden absolvieren und Prüfungen bestehen. Potenziell hat jeder Mensch die Fähigkeit alles zu lernen, was ein anderer Mensch auch kann. Ich könnte theoretisch vermutlich sogar meiner Mutter beibringen, wie man einen Tornado fliegt. Das Problem ist, dass dies vermutlich sehr viel Zeit in Anspruch nehmen würde. Werden am Ende der fliegerischen Grundausbildung die Ausbildungsziele erreicht, bedeutet dies, dass der Flugschüler den Anforderungen des Übungskataloges entsprach. Das bedeutet allerdings noch lange nicht, dass hinterher jeder das Zeug zum Fluglehrer oder Kapitän hat. Trotz einer sehr strikten Ausbildung gibt es hier teilweise doch erhebliche Unterschiede.

Es gibt in beinahe jeder Klasse den Flieger mit den »goldenen Händen«. Ihm fällt das Fliegen und das Erlernen neuer Verfahren leicht. Ein solcher Pilot mit hoher fliegerischer Begabung hat es leichter, seine Aufmerksamkeit auch auf Dinge außerhalb des Cockpits zu fokussieren. Da ihm das Fliegen eher leicht fällt, hat sein Gehirn mehr freie Kapazitäten für andere Aufgaben.

Natürlich gibt es den harten Arbeiter genauso, dem das Fliegen nicht per se leicht fällt, der aber in der Lage ist, das Ausbildungsziel im gesteckten Zeitraum zu erreichen. Aber es gibt auch den unterdurchschnittlichen Schüler, der sich mehr schlecht als recht von Ausbildungsziel zu Ausbildungsziel schleppt und sich geradeso über Wasser hält. Ich habe in meiner Laufbahn als Fluglehrer leider mehr als nur einmal entscheiden müssen, dass ein Schüler die Ausbildung lieber beenden sollte, selbst wenn er eine Chance hatte, das Ausbildungsziel (gerade mal) zu erreichen. Eine große Fliegerkarriere haben solche Kandidaten in der Regel dann trotz bestandener Ausbildung nämlich trotzdem nicht vor sich.

Der Beginn einer Fliegerkarriere – vielleicht mit dieser Grumman AA5 Tiger.

Aber wie ist das im Bereich der Hobby- und Sportfliegerei? Die grundsätzlichen Voraussetzungen für die Ausbildung zum Flugzeugführer sind hier ja ganz andere. Ich brauche eine ärztliche Bescheinigung oder Medical, dies stellt aber in der Regel kein Problem dar. Ich brauche das nötige Kleingeld und eine Flugschule (sowie den anderen bürokratischen Papierkram: Zuverlässigkeitsüberprüfung usw.). Man könnte das durchaus mit dem Erwerb eines Führerscheins vergleichen. Soll heißen: Jeder, der fliegen möchte, kann eigentlich einen Pilotenschein machen. Es gibt keine selektiven Auswahlverfahren. Sie werden sagen: »Natürlich nicht, und das ist auch gut so. Es ist schließlich mein gutes Recht, einen privaten Pilotenschein zu machen!« Und sie haben natürlich an sich Recht. Aber wir wissen auch, dass es gute und schlechte Autofahrer gibt. Äquivalent dazu gibt es genauso Piloten, deren fliegerisches Können nicht allzu ausgeprägt ist. Wenn man den Checkflug mit dem Prüfer des Luftfahrtbundesamtes (LBA) bestanden hat, ist das mit Sicherheit ein tolles Gefühl, trotzdem macht ein bestandener Checkflug niemanden über Nacht zum »Top Gun«.

Nach dem Erwerb des Flugscheins verhält es sich ähnlich wie mit Fahranfängern beim Autofahren. Wir dürfen jetzt nach Herzenslust den Luftraum unsicher machen. Hürden gibt es jetzt erst einmal keine mehr. Die weitere Verbesserung des fliegerischen Könnens geschieht nun nur noch aus dem eigenen Antrieb heraus, eine Verpflichtung dazu besteht nicht.

Und genau hier liegt einer der großen Unterschiede zur professionellen Fliegerei. Die Ausbildung für den Piloten der Airline oder der Bundeswehr ist mit dem Erwerb der Lizenz noch lange nicht beendet. Es schließen sich in der Regel noch viele Ausbildungsabschnitte an. Der junge Airline-Copilot steht unter ständiger Aufsicht des Kapitäns. Er fliegt nie alleine.

Der Militärpilot wird im Verlauf seiner Laufbahn viele zusätzliche Berechtigungen machen, die fast immer einen separaten Ausbildungsabschnitt verlangen. So dauert es z.B. nach dem Abschluss der Grundausbildung in den USA durchschnittlich noch ca. drei Jahre bis der »CombatReady«-Status verliehen wird!

Aber auch der Sportflieger wird, wenn er regelmäßig in die Luft kommt, die Möglichkeit haben, immer besser zu werden. Ein Problem besteht allerdings auch darin, dass wir dazu tendieren, unsere eigenen Leistungen subjektiv besser zu bewerten, als sie eigentlich sind. Wir denken also möglicherweise, dass wir begnadete Piloten sind, obwohl vielleicht eher das Gegenteil der Fall ist.
Als guter Pilot müssen wir die Grenzen unserer eigenen Leistungsfähigkeit kennen, um gute Entscheidungen treffen zu können. Um einen hohen Level an fliegerischem Können zu erreichen, braucht es eine hohe Motivation, sich kontinuierlich verbessern zu wollen. Fakt ist, dass Fliegen jeder lernen kann, aber nur wenn wir kontinuierlich üben und uns eigene Ziele setzen, werden wir in der Lage sein, die Voraussetzungen für gute Airmanship zu schaffen.
Diese Fähigkeiten zu erkennen und zu entwickeln ist der Fokus dieses Kapitels. Wir werden jeden Faktor des Airmanship-Modells einzeln betrachten und durch Fallbeispiele von gestern und heute verdeutlichen.

Disziplin für Piloten – der Grundstein guter Airmanship

Airmanship ohne Disziplin ist undenkbar! Ein Flieger kann goldene Hände und das Fachwissen über sämtliche Vorschriften, Regularien und Flugzeugspezifikationen haben und trotzdem kann er eine wandelnde Zeitbombe sein. Wir werden nun einen tiefen Einblick in das Phänomen **Flug-Disziplin** nehmen, um für uns drei unumstößliche Regeln aufzustellen:

- **Ständige Verstöße gegen Flug-Disziplin untergraben gutes Urteilsvermögen.**
- **Ständige Verstöße gegen Flug-Disziplin sind ansteckend.**
- **Die einzige richtige Maßnahme zur Verhinderung von Verstößen gegen Flug-Disziplin ist es, diese nicht zu dulden (»Null Toleranz«-Einstellung).**

Wir werden uns in diesem Kapitel mit Verhalten befassen, das zum Verlust von Flug-Disziplin und dem Missachten von Regeln führen kann.

Was bedeutet Flug-Disziplin?

Definition:
Flug-Disziplin ist die Fähigkeit und der Wille, sein Flugzeug sicher innerhalb aller operationellen, organisatorischen und gesetzlichen Grenzen zu bewegen. Das Verhalten bei Notfällen oder im Kampfeinsatz kann eine Ausnahme darstellen.

Vier Jets in enger Formation während eines Überflugs – Disziplin, Können und Talent sind die Schlüssel.

Das schauen wir uns mal etwas genauer an. Ein Verstoß gegen Flug-Disziplin muss vorsätzlich begangen werden. Falls ein Pilot konstant unter einer Mindestflughöhe fliegt, weil er weder das Können noch das Wissen zum richtigen Verhalten hat, stellt dies noch keinen Verstoß dar. Ob er damit gute Airmanship demonstriert sei dahingestellt, aber dies würde eher in die Kategorie eines Fehlers als eines Verstoßes eingeordnet werden. Wir werden dies im Kapitel Human Error genauer betrachten.
Geschieht dieses Verhalten aber absichtlich und im vollen Bewusstsein, liegt ein Verstoß vor. Der Unterschied zwischen einem vorsätzlichen Verstoß und einem Fehler muss genau untersucht werden, um die richtigen Rückschlüsse und Maßnahmen zu ergreifen. Wird gegen Regeln verstoßen, müssen die verantwortlichen Piloten entweder erzogen oder ganz entfernt (= Entzug der Lizenz) werden.
Der zweite Teil der Definition behandelt die existierenden Vorgaben: Technische Vorschriften, Regeln für Instrumentenflugverfahren, Lufträume, usw. Ein Problem ist, dass sich Vorschriften und Regeln kontinuierlich ändern können. Diese Änderungen könnten z.B. die Operationsgrenzen unseres Flugzeuges betreffen. Ein guter Flieger muss immer auf dem neusten Stand der für ihn zutreffenden Vorschriften sein. Andere haben für ihre Nachlässigkeit schon mit dem Leben bezahlt.
Die durch Luftfahrtbehörden herausgegebenen Flugregeln und Publikationen unterliegen ständigen Änderungen. Egal ob nationale oder internationale Regeln, das Befolgen dieser Regeln ist absolut notwendig und es liegt in der Verantwortung des Fliegers, immer auf dem neusten Stand zu sein.
Als Mitglied der Standardisierungsgruppe der Luftwaffe habe ich viele Flugsicherheits-Audits in fliegenden Verbänden der Luftwaffe durchgeführt. Eines der Hauptaugenmerke dieser Überprüfungen ist neben dem fliegerischen Leitungsstand immer die Aktualität sämtlicher Publikationen und Vorschriften.
Ein weiterer Bestandteil von Disziplin ist der »gesunde Menschenverstand« oder auf Englisch »Common Sense«. Ein Pilot weiß, dass es nicht für jede Situation eine Regel oder Vorschrift gibt; wir appellieren dann meistens an den gesunden Menschenverstand, um zu einer richtigen Entscheidung zu kommen. Leider hat dieser Ansatz seine Grenzen. Menschen werden erstaunlich kreativ, wenn es darum geht, Regeln zu umgehen und Dinge zu legalisieren.

»Eine 360°-Rolle ist zwar verboten, aber wir können ja auch zweimal 180° rollen, das ist nicht verboten.«

Das an sich verbotene Manöver wäre so vermutlich noch schwieriger und gefährlicher.
Für viele von uns ist das Einhalten von Regeln selbstverständlich. Andererseits begehen wir selbst auch jeden Tag kleinere Verstöße, ohne uns großartig darüber Gedanken zu machen. Das glauben sie mir nicht? Denken sie mal an den Straßenverkehr. Fahren sie immer Strich 50 km/h am Ortseingangsschild oder die maximal erlaubte Geschwindigkeit im Baustellenbereich? Wir begehen jeden Tag »Routineverstöße«, weil wir keine unmittelbare Gefahr für uns und andere erkennen. Also fahren wir z.B. ruhig ein wenig schneller. Geblitzt wird ja erst ab 5–7 km/h drüber mit 3% Messtoleranz. Oder noch weitergehend: »Punkte gibt es erst ab 21 km/h drüber!« Es kann auch vorkommen, dass wir einfach nur Verfahren vereinfachen oder »optimieren« wollen und deshalb von vorhandenen Vorschriften abweichen. Auch kurzzeitige Überschreitungen

von Flugparametern können ein Beispiel sein. Im Luftkampf z.B., gibt es eine minimal erlaubte Geschwindigkeit. Es kommt immer wieder vor, dass diese Geschwindigkeit kurzzeitig unterschritten wird. Dies kann durch Unachtsamkeit oder absichtlich geschehen, um sich dadurch einen Vorteil zu verschaffen. Nach den Regeln des Luftkampfes müsste der Kampf bei Unterschreiten der Mindestgeschwindigkeit abgebrochen werden. Es kommt aber immer wieder vor, dass diese Abweichung kurzzeitig akzeptiert wird. Diese kleinen Abweichungen von der gewünschten Norm haben wenn überhaupt nur einen kleinen Einfluss auf das Ergebnis der Mission. Wenn sich diese Abweichungen allerdings immer weiter häufen, können Dinge außer Kontrolle geraten.
Entschuldigungen für solche Verstöße sind leicht zu finden. Einige der folgenden Aussagen sind auf den ersten Blick durchaus einleuchtend, gerade für Piloten, die eine Begründung für einen eben begangenen Verstoß beschönigen wollen. Kann ich als »guter« Flieger nun die Regeln missachten und ruhigen Gewissens nach Hause gehen?

Wenn keiner von der Abweichung erfährt und niemand verletzt wurde, wo ist dann das Problem?

Nun, in Wahrheit gibt es keinen Verstoß, von dem niemand weiß. Zumindest der Verursacher weiß ja davon. Falls wir schon öfters mit Verstößen davongekommen sind, tendieren wir dazu, diese Grenzen immer weiter auszuloten. Wir begeben uns in eine Abwärtsspirale, die nur schwer zu stoppen ist. Zumindest in der professionellen Luftfahrt wird so etwas durch immer stärker werdende Überwachung von Flugparametern glücklicherweise zunehmend schwieriger.

Wir wissen doch alle, dass in diese Vorschriften noch ein Sicherheitspuffer eingebaut ist.

Diese Aussage ist vermutlich richtig. Dazu gibt es auch einen guten Grund. Wenn die Vorschriften immer nur die absoluten Grenzen beschneiden würden, käme es sicherlich zu noch mehr Zwischen- oder gar Unfällen. Vorschriften sind dazu da, uns vor den verschiedensten Fehlern zu schützen: Versagen von Technik, Grenzwerte des Flugzeuges oder zum Schutz vor menschlichem Versagen. Falls wir eine Vorschrift missachten, weil wir annehmen, sie basiert auf einem eingebauten Sicherheitspuffer, begeben wir uns (und andere) unnötig in Gefahr.

Regeln sind nur dazu da, schlechte Piloten vor sich selbst zu schützen.

Vorschriften wurden entwickelt um jeden Piloten zu schützen. Dabei ist es ganz gleich, ob es sich um den Flottenchefpiloten oder Fluglehrer mit mehreren tausend Stunden handelt, oder um den 150 Stunden-Gelegenheits-Privatpiloten. Die Regeln sind für alle gleich und hohes fliegerisches Können schützt nicht vor Unfällen. Denken Sie ans Autofahren. Wir halten uns doch alle für den »besseren« Autofahrer. Deshalb überfahren wir aber noch lange nicht jede rote Ampel.

Wir haben zu viele Vorschriften. Das haben wir früher auch ohne gekonnt.

Niemand mag den Umgang mit zu vielen Regeln und Vorschriften. Wenn wir uns aber den Luftraum in dem wir uns bewegen genauer ansehen, stellen wir schnell fest, dass durch die immer weiter ansteigende Zahl an verschiedenen Luftfahrzeugen, diese Regeln zwingend notwendig sind. Das System Luftraum ist einfach zu komplex geworden. Für das Individuum, das sich nur in einem kleinen Teil dieses Systems bewegt, mag diese Notwendigkeit auf den ersten Blick nicht offensichtlich sein. Zum Funktionieren des Systems als Ganzes sind sie trotzdem unerlässlich.

Ich kann so nicht an die Limits gehen und mich verbessern, wenn ich mich an all diese Regeln halten muss.

Es gibt Piloten, die sich durch die bestehenden Regeln in ihrer Entwicklung eingeschränkt sehen. Piloten, die der Meinung sind, die Grenzen über das erlaubte Maß hinaus testen zu müssen, um sich zu verbessern, begeben sich auf einen sehr schmalen Grad. Sich selbst oder ein Flugzeug an die Grenzen des Machbaren zu bringen, kann tödlich ausgehen, wenn das Pendel in die falsche Richtung ausschlägt.
Diese Tatsache wurde am 24. Juni 1994 tödliche Wirklichkeit:

Der B-52-Bomber mit dem Rufzeichen »Czar 52« sollte an diesem Tag einen Übungsflug für die bevorstehende Flugshow der Luftwaffenbasis durchführen. Um 14:16 Uhr Ortszeit schlug die B-52 bei einer engen Linkskurve innerhalb der Flugplatzgrenze auf dem Boden auf. Alle vier Insassen an Bord wurden durch den Absturz getötet. Am Steuerknüppel saß der Standardisierungs-Offizier des Geschwaders, Oberstleutnant Bob Hammond. Er war einer der erfahrensten B-52-Piloten der USAF mit über 5200 Stunden Flugerfahrung.
Im Vorfeld der Ereignisse am 24. Juni war Hammond mehrfach durch undiszipliniertes Verhalten und Verstoßes gegen fliegerische Vorschriften aufgefallen. Kameraden seiner Staffel hatten Angst, mit ihm in ein Flugzeug zu steigen.
Trotzdem wurde Hammond durch seine unmittelbaren Vorgesetzten dazu auserwählt, die Vorführung der B-52 zu fliegen. Aus diesem Grund waren auch mehrere hochrangige Offiziere des Geschwaders als Aufsicht mit an Bord.
Hammond überschritt auch an diesem Tag nicht nur die Grenzen der Vorschriften, sondern auch die Grenzen des für das Flugzeug Machbaren. Nach dem Überfliegen der Landebahn zog Hammond die B-52 in sehr niedriger Höhe in eine enge Linkskurve. Er überschritt dabei deutlich die maximal zulässige Schräglage von 45°. Das Flugzeug geriet dadurch in einen überzogenen Flugzustand und rollte unkontrolliert über die linke Tragfläche auf eine Schräglage von nahezu 90°. Das Flugzeug war in diesem Flugzustand und in dieser Höhe nicht mehr abzufangen.
Die traurige Ironie an dieser Geschichte ist, dass Oberstleutnant Hammond als Standardisierungsoffizer des Geschwaders für die Einhaltung von Regeln und Vorschriften verantwortlich war.

Die Analyse dieses Unfalles deckte hinterher mangelnde Disziplin, Kommunikation und Dienstaufsicht auf. Obwohl die Geschwaderführung wusste, dass Oberstleutnant Hammond eine tickende Zeitbombe war und es mehrere dokumentierte Verfehlungen und Zeugenaussagen gab, lies man ihn die Vorführung fliegen. Man hatte die Gelegenheit, Hammond zu disziplinieren längst verpasst, in dem man ihn mehrmals gewähren ließ. Die sich daraus entwickelnde Kette der Ereignisse war dann irgendwann nicht mehr zu stoppen. Hammond nahm am Ende die Menschen mit in den Tod, die diesen Unfall durch frühzeitiges Einschreiten und Handeln hätten verhindern können.

Im Gegensatz zu Piloten wie Bob Hammond wollen wir Piloten ausbilden, die ihre gesteckten Ziele erreichen, ihre Aufgabe oder Mission erfüllen und dabei zu jeder Zeit innerhalb der Richtlinien bleiben. Mit einer soliden Grundlage von Flug-Disziplin können wir den nächsten Schritt zum Erlernen von Airmanship in Angriff nehmen.

Talent und Training

Um ein guter Flieger zu sein, muss man zunächst einmal eines können: Gut fliegen! Alle Disziplin wird wenig nützen ohne das nötige Talent, Können und adäquates Training. Fliegerisches Können zu entwickeln und einen hohen Leistungsstand über einen langen Zeitraum zu erhalten, ist keine leichte Aufgabe. Auch wissen wir leider nicht, zu welchem Zeitpunkt wir dieses Können und Training abrufen müssen, um in Situationen bestehen zu können, die uns alle diese Fähigkeiten abverlangen. Dieser Grundsatz gilt für alle Gebiete der Fliegerei – egal ob Profi oder Hobbyflieger.

Ready to hop in!

Um wirklich gut fliegen zu können, müssen über einen Zeitraum mehrere Fertigkeiten in einem Piloten entwickelt werden. Zusätzlich zu den offensichtlichen »Stick and Rudder«-Fertigkeiten sind Kommunikation, Teamverhalten und Entscheidungsfindung am wichtigsten. Dazu kommt eine gesunde Portion von korrekter Selbsteinschätzung, um im komplexen Umfeld der Fliegerei bestehen zu können. Wenn ich als Pilot in der Lage bin, eine realistische Selbsteinschätzung zu meinem momentanen Trainingszustand durchzuführen, ist dies der erste Schritt zur Feststellung meines persönlichen Risikos. Diese Fertigkeit muss ein guter Pilot im Rahmen seiner Ausbildung entwickeln, um gute Airmanship praktizieren zu können.

Wie schon am Eingang dieses Kapitels erwähnt, werden Piloten in der Ausbildung auf einen Leistungsstand gebracht, der die sichere Operation des Flugzeuges im Luftraum als Ziel hat. Soll heißen: »Solange Sie das Flugzeug sicher von A nach B bewegen, bestehen Sie den Checkride!«. Um diesen Leistungsstand auch über einen längeren Zeitraum zu garantieren, haben Sie in regelmäßigen Abständen Überprüfungsflüge, um die gestellten Mindestanforderungen sicherzustellen. Diese Mindestanforderungen sollen Sie sicher in der Luft halten. Sie helfen Ihnen aber nicht unbedingt dabei, sich fliegerisch weiterzuentwickeln. Ultimativ sind Sie selbst für Ihre Entwicklung als Pilot verantwortlich. Das bedeutet, dass wir die wertvolle Zeit in der Luft dazu nutzen müssen, uns zu verbessern und zu trainieren. Das ist allerdings etwas, was der Flieger nicht unbedingt gerne tut. Natürlich hat das viel mit der persönlichen Disziplin und Motivation zu tun.
Im Umfeld der Bundeswehr z.B. wurden in den letzten Jahren die Flugstunden immer weiter reduziert. Das heißt, die Flugstunde wurde für die Piloten immer kostbarer, die Zeit zum Trainieren immer weniger. Nun könnte man annehmen, dass die wenigen Stunden intensiver zum Üben bestimmter Verfahren genutzt werden. Man stellt aber schnell fest, dass die Piloten trotzdem nur das absolute Minimum an vorgeschriebenen Anflug- und Notverfahren erflogen. So kann es in der Praxis durchaus dazu kommen, dass man im Checkflug mit Verfahren konfrontiert wird, die man schon lange nicht mehr geübt hat. Für so manchen gab es da schon die ein oder andere böse Überraschung.
Es ist ja durchaus nachzuvollziehen, dass man die kostbare Zeit in der Luft genießen und nicht unbedingt Notverfahren und Verhalten bei Strömungsabriss trainieren möchte. Fliegen ist ja mein Hobby, mein Sport. Hier will ich entspannen und meine Zeit so nutzen wie ich es möchte. Ein wenig »Sightseeing« an den Alpen macht ja viel mehr Spaß als langweiliges Verfahrenstraining, das hat uns ja in der Ausbildung am meisten genervt. Man möchte in seiner Freizeit losgelöst vom Ausbildungsstress sein und einfach nur mal fliegen.
Trotzdem sollte man sich für jeden Flug die Zeit nehmen, bestimmte Verfahren in regelmäßigen Abständen zu üben. Wir werden damit unseren individuellen Leistungsstand verbessern. Nur so werde ich in der Lage sein, meine persönlichen Leistungsgrenzen auszuloten. Aber hierfür brauche ich ein gewisses Maß an Planung und die Fähigkeit zur Selbsteinschätzung. Um dies zu erreichen und umzusetzen, ist ebenfalls ein gewisses Maß an Disziplin vonnöten.
Diese Disziplin ist allerdings anders geartet als im vorherigen Teil beschrieben. Diese Disziplin basiert auf der Einstellung, mich ständig zu verbessern und meine eigenen Stärken und Schwächen realistisch bewerten zu wollen. Diese Selbsteinschätzung und Selbstkenntnis spielt eine zentrale Rolle in unserem Fliegerleben (und übrigens nicht nur da).

> *»Selbsterkenntnis gibt dem Menschen das meiste Gute, Selbsttäuschung aber das meiste Übel.«*
> *- Sokrates -*

Aber wie ist das mit unserem fliegerischen Können? Ich komme in der Regel als Fußgänger in eine fliegerische Ausbildung, und gehe (hoffentlich) als Pilot. Aber wir haben ja schon festgestellt, dass mit dem Ende der formalen Ausbildung der Pilot in seiner Entwicklung zum Flieger erst am Anfang steht – die Entwicklung des fliegerischen Könnens ist hier bei weitem noch nicht abgeschlossen. Um uns die Entwicklung fliegerischen Könnens besser vor Augen führen zu können, teilen wir sie der Einfachheit halber in drei Stufen ein.

Die Stufen fliegerischen Könnens

Die Karriere des Fliegers beginnt mit dem ersten bestandenen Checkflug. Jeder, der einen Pilotenschein besitzt, kennt dieses Gefühl von Erfolg, Erleichterung, Zufriedenheit und Glück (für all die Nichtflieger: Es fühlt sich ähnlich an wie das Gefühl bei der bestandenen Führerscheinprüfung).
Herzlichen Glückwunsch! Sie haben damit nachgewiesen, dass sie ein Flugzeug sicher innerhalb gesetzlicher Vorgaben bewegen dürfen. Nachdem diese Hürde genommen wurde, kann es jedoch durchaus vorkommen, dass die Motivation zur weiteren Verbesserung des Erlernten erst einmal verschwindet. Das kann viele Ursachen haben. Vielleicht wurden die individuellen Ziele mit dem bestandenen Checkflug bereits erreicht. Andere haben vielleicht einfach keine Zeit mehr, da andere Dinge jetzt mehr Priorität haben, wie z.B. Familie, Studium oder Arbeit. So vielfältig und nachvollziehbar die Gründe auch sein mögen, es ist Fakt, dass einige Piloten nach Erreichen eines bestimmten Leistungsstandes nicht mehr besser werden. Damit sie nicht Teil dieser Gruppe Piloten werden, werfen wir einmal einen Blick auf die verschiedenen Stufen unseres fliegerischen Könnens.

Mixed Formation – man beachte die unterschiedlichen Anstellwinkel der T-6 vorne und der beiden T-38C.

Stufe 1 – Sicherheitsstufe »Learning to Fly«

Sie erreichen die erste Stufe in der Regel mit dem ersten bestandenen Checkflug. Dieses Ereignis steht meistens in Verbindung mit dem ersten Solo. Sie haben dem Fluglehrer bewiesen, dass sie in der Lage sind, ein Flugzeug sicher und ohne Gefahr für andere und sich selbst in der Luft zu bewegen.

Ich kann mich an diesen ersten Schritt in meiner eigenen Karriere noch gut erinnern. Dieser Tag des ersten Checkfluges und Solos ist wohl einer der Momente, die man sein Leben lang nicht vergisst.
Flugzeugführeranwärter wurden damals in den USA in Goodyear, Arizona, bei der Bundeswehr dem fliegerischen Auswahlverfahren unterzogen. Die Theorie wurde schon in Deutschland bestanden und so konnten wir uns in den USA voll auf die Beechcraft Bonanza F-33 konzentrieren. Die Regeln waren recht simpel. In drei Wochen vom Fußgänger zum Soloflug mit 14 Flügen.
Ich konnte von mir nicht behaupten, goldene Hände zum Fliegen zu besitzen, ich hatte zuvor noch nie in einem Cockpit gesessen. Ich musste mir jeden Ausbildungsabschnitt hart erarbeiten. Dazu entwickelte ich relativ schnell ein kleines, aber doch entscheidendes Problem: Bis zu meinem neunten Flug konnte ich das Flugzeug nicht landen! Alles andere war kein Problem, aber Landen klappte einfach nicht. Den Zwischen-Check bestand ich dann gerade noch so. Mein Fluglehrer machte sich dann auch leichte Sorgen ob ich es so zum Solo schaffen würde. Der zehnte Flug war ein »Pattern Only«-Flug – nur Platzrunden. Wenn ich es jetzt nicht lernte, dann nie! Zum Glück erwischte ich einen guten Tag und legte 17 saubere Landungen hin. Ohne weitere Probleme ging es weiter bis zum Checkflug. Zwei Schüler und ein Check-Lehrer. Wir losten die Reihenfolge der beiden Checkflüge aus und ich musste erst als Zweiter ran. Na super! Da ich nicht im Checkflug meines Kameraden mitfliegen durfte, hieß das für mich nochmal zwei Stunden warten. Noch schlimmer ist es dann, wenn der Kamerad seinen Flug besteht und man selber noch alles vor sich hat!
Dann ging es doch irgendwann los: Take Off, Stalls, Lazy 8's, Chandelles und so weiter. Der einzige Satz, den mein Fluglehrer während der 90 Minuten von sich gab war: »Den Stall mach'ste nochmal!« Das hebt die Stimmung nicht unbedingt. Dann zurück zum Platz und noch fünf Platzrunden. Als wir dann zum Stellplatz zurückrollten war ich mir sicher, dass ich durchgefallen war. Ich hatte keine Ahnung, wie ich meine Leistung einschätzen sollte, ich hatte alles so geflogen wie immer. Umso überraschter vernahm ich dann den folgenden Satz: »Wenn ich jetzt aussteige und du alleine los-

legst, pass' auf den Wind auf, kommt jetzt ein wenig mehr von der Seite, Hals und Beinbruch!« Und draußen war er. Ich durfte Solo fliegen!
Das Solo bestand aus drei Platzrunden mit Landung. Wir durften Solo keine »Touch & Go's« durchführen, so dass wir für die nächste Runde immer wieder zur Startposition zurückrollen mussten. Während meines Solo's wurde die Landebahnrichtung zweimal wegen des Windes gedreht. So dass ich jedes Mal zum anderen Startbahnkopf rollen musste. Auch war ich das Pattern noch nie »rechtsrum« geflogen. Aber so ist es nun mal in der Fliegerei. Man muss auch auf das Unerwartete vorbereitet sein. Das Gefühl des bestandenen Checkfluges und des ersten Solos war unbeschreiblich!

Cleared to Land Rwy 17.

Auf so einem Moment ist man ohne Zweifel sehr stolz. Mit Recht! Man hat schließlich das Zeug dazu, ein Flugzeug zu fliegen, viele bringen es nie soweit. Trotzdem entspricht die 1. Stufe leider nur dem Erreichen der rudimentären fliegerischen Fähigkeiten. Es ist von hier immer noch ein langer Weg.
Allein in der militärischen Ausbildung zum Jetpiloten durchläuft man diesen Level noch einige weitere Male.

Stufe 2 - Arbeitsstufe »Do the Job!«

Mit dem Erreichen der zweiten Stufe hat der Pilot sein fliegerisches Können soweit verbessert, dass er in der Lage ist, mit dem Flugzeug bestimmte Aufgaben auszuüben. Für den Airlinepiloten wäre dies beispielsweise der bestandene »Linecheck«, für den Jetpiloten der Luftwaffe der Erwerb seiner ersten Einsatzbefähigungsstufe. Fliegen ist nicht mehr nur Schule oder Lernen, sondern im professionellen Umfeld mehr das Mittel zum Zweck. Wir fliegen, weil wir eine Aufgabe erfüllen wollen. Ob das mit dem Erreichen eines Einsatzstatus für Militärpiloten oder der Transport von Passagieren oder Fracht ist, spielt dabei keine Rolle. Wir verdienen damit nun unser Geld.

Für den Hobby- oder Sportflieger sieht das etwas anders aus. Für ihn bedeutet die Stufe 2, dass er mit allen lokalen Gegebenheiten seines Heimatflugplatzes zur Durchführung von Überlandflügen (VFR oder IFR) im Rahmen seiner persönlichen Zielsetzung vertraut ist. Wenn man sich damit zufrieden gibt und keine weitere Ausbildung wie z.B. zum Fluglehrer anstrebt, ist dies die letzte Stufe, die wir als Flieger zwingend erreichen müssen. Für den Hobby- und Sportpiloten reicht das zur Ausübung seines Hobbys. Viele Piloten sehen nach Erreichen dieser Stufe keinen Grund mehr, nach Verbesserung zu streben. In der professionellen Luftfahrt ist diese Motivation oft an einen anderen Status oder einen höheren Gehaltsscheck gebunden. Die Motivation zur weiteren Verbesserung aufzubringen wird dadurch natürlich gefördert. Für den Hobbyflieger wird das Erreichen dieser Stufe allerdings verstärkt von der persönlichen Motivation abhängig sein. Er muss sich in der Regel keinen weiteren Ausbildungsabschnitten unterziehen, um diese Stufe zu erreichen. Er ist hierfür alleine verantwortlich. Auch ist es schwer für ihn festzustellen, wann oder ob er diese Stufe überhaupt erreicht. Eine Überprüfung gibt es hierfür ja nicht. Dazu kommt, dass wir unsere eigenen Fähigkeiten eher subjektiv wahrnehmen, was die Einschätzung unserer realen fliegerischen Fähigkeiten zusätzlich erschwert.

Stufe 3 - Expertenstufe: »Werden Sie zum Profi!«

Einige Flieger wollen es nicht bei der einfachen Durchführung ihrer täglichen Mission unter Berücksichtigung von Sicherheit und Auftrag belassen. Sie streben danach, die gleiche Mission zusätzlich noch besser und effizienter als eigentlich nötig durchzuführen. Das könnte bedeuten, dass wir das Flugprofil weiter optimieren, um noch zusätzliche Ausbildungsinhalte unterbringen zu können oder weniger Kraftstoff verbrauchen. Der Ansatz ist: »Ich will meinen Flug nicht nur sicher durchführen und meinen Auftrag erfüllen, ich möchte außerdem Zeit und Geld sparen, damit ich meine und die Ressourcen meiner Organisation schone.«

Der Jetpilot lernt dies im Laufe seiner Ausbildung schon früh. Als Flügelmann wird er, um immer in der richtigen Position zu sein, immer mehr Kraftstoff verbrauchen als der Formationsführer. Die Kunst ist es, dieses Defizit durch vorausschauendes und effizientes Fliegen bei nahezu

»Null« zu halten. Wenn er dies nicht tut, ist unter Umständen der Erfolg der Mission gefährdet. Den Umgang mit Effizienz zu erlernen benötigt viel Zeit. Die Herausforderung ist es, die richtige Balance zwischen Effektivität und Effizienz zu finden, und zu verhindern, das zu viel Effizienz ineffektiv wird.

Zusätzlich kommt auf dieser höchsten Stufe fliegerischen Könnens das Streben nach Präzision und ständiger Verbesserung hinzu. Präzise fliegen, das bedeutet in erster Linie das exakte Einhalten von Flugparametern. Das benötigt ohne Frage eine erhöhte Aufmerksamkeit. Wir werden im Verlauf des Buches noch sehen, dass Fokussierung auf eine bestimmte Sache (wie hier Parameter), mich unter Umständen von anderen wichtigeren Dingen ablenken kann. Warum also Präzision?

Nach erfolgreicher Ausbildung zum Jetpiloten in den USA und einem taktischen Grundlehrgang auf dem Alpha Jet in Deutschland wartete in meiner Fliegerkarriere der nächste große Schritt auf mich: Die Umschulung auf mein Waffensystem, den Tornado.

Cottesmore, England: Nach einem Monat Theorie über Flugzeugsysteme, Technik, Notverfahren und einigen Simulatorflügen ging es auf die Flightline. Mein Fluglehrer war Engländer. Er war klein, etwas untersetzt, hatte nicht mehr seine volle rote Haarpracht, Sommersprossen und war nach deutschem Piloten-Durchschnittsalter schon relativ alt. Er sah aus wie ein typisches schottisches Urgestein. Er war der zu dieser Zeit zweit-erfahrenste Tornadopilot und Fluglehrer überhaupt.

Der erste Flug war beeindruckend. Der Tornado ist groß, schwer, und liegt gerade im Tiefflug so ruhig wie eine Luxuslimousine bei 300 km/h auf der Autobahn. Ein Super-Erlebnis, und ich fand, ich hatte mich ganz ohne falsche Bescheidenheit auch ganz brauchbar angestellt. Flugparameter einhalten – einfach. Landen – kein Problem. Mit diesem Hochgefühl ging ich in die Nachflugbesprechung. Es folgte ein Satz, den ich bis heute nicht vergessen habe. Manche Sätze seiner Fluglehrer vergisst man nie: »OK Chris, that was not bad, not bad at all. But what we really have to work on, is precision!« (»Ok Chris, das war schonmal gar nicht so schlecht, aber woran wir wirklich arbeiten müssen, ist Präzision!«).

Wie bitte? Die Parameter waren doch klasse! Alles innerhalb der Limits und höchstens mal fünf bis sieben Knoten weg bei der Anfluggeschwindigkeit. Ich fand mich fürs Erste ziemlich gut – die Eindrücke hatte ich natürlich exklusiv, mit der subjektiven Wahrnehmung ist das ja auch so eine Sache. Aber dazu später mehr.

Mein Fluglehrer hatte jedenfalls eine andere Vorstellung von Präzision als ich. Seine zeigte er mir auf dem nächsten Flug – mit ihm am Steuerknüppel waren wir nie mehr als zwei Knoten und 20 Fuß von den geforderten Parametern entfernt. Wenn man weiß, wie schlecht die Instrumentierung im Rücksitz eines Tornado ist, wird man umso mehr beeindruckt sein. Ich war es jedenfalls.

DANGER
RESCUE

Ich war mit meinen Parametern eigentlich zufrieden. »Passt schon«, sagte ich mir. Aber das obige Ereignis machte mir schon früh klar, dass dies nicht der Anspruch sein kann. Je früher man anfängt sich selbst herauszufordern, umso selbstverständlicher und einfacher wird es.
In den USA war ich für fünfeinhalb Jahre als Fluglehrer in einer Ausbildungsstaffel tätig, die Flugschüler für die weiterführende Ausbildung auf ihr zukünftiges Waffensystem selektierte. Wir hatten dafür zu sorgen, dass diese Schüler die sehr teure Anschlussausbildung auch bestehen würden. Aus diesem Grund legten wir besonderen Wert auf die Einhaltung von Parametern und Verfahren. Innerhalb dieser Ausbildung flogen wir fast ausschließlich in Zweierformationen mit dem Schüler als Flügelmann. Ein Fluglehrer war Formationsführer, ein weiterer saß beim Schüler im Rücksitz. Da unsere Schulflugzeuge alle zweisitzig waren, konnten Schüler, die nicht zum Fliegen eingeteilt waren, diese Plätze auf Wunsch besetzen und im Flugzeug des Lehrers mitfliegen.
Nun stellen Sie sich einmal vor, Sie haben diesen Schüler im Rücksitz und könnten keine konstanten Parameter fliegen. Der Ausbildungseffekt wäre unmittelbar – der Schüler würde denken: »Hey, der kann ja selber seine Parameter nicht einhalten, aber ich werde dafür schlecht benotet?« Das wird so nicht funktionieren. Also werden Sie von Anfang an darauf Wert legen, dass Sie versuchen, »perfekt« zu fliegen. Zu Beginn ist das ohne Zweifel sehr fordernd. Perfektion in der Fliegerei ist eigentlich ein Wort, das es so nicht gibt, niemand fliegt wirklich »perfekt«. Aber Sie werden überrascht sein, wie nahe man sich an die Perfektion herantasten kann. Nach einer Weile machen Sie es ganz von selbst, und Sie werden dabei ganz automatisch immer besser.
Sie werden sogar feststellen, dass Sie in der Lage sein werden, Parameter immer präziser einzuhalten, selbst wenn Sie einmal auf andere Dinge konzentriert sein sollten. Wirklich wichtig wird dies im weiteren Verlauf des Buches, wenn wir über Notverfahren sprechen.
Präzision und Effizienz sind eng miteinander verknüpft. Wenn Sie effizienter sein wollen, werden Sie feststellen, dass Sie gerade deswegen motivierter sein werden, Parameter besser einzuhalten, denn weniger Abweichungen erfordern weniger Korrekturen, weniger Korrekturen sparen Kraftstoff.
Präzise oder sogar perfekt zu fliegen, sollte als kontinuierliche Motivation für die persönliche Verbesserung Ihres fliegerischen Potentials dienen. Analysieren Sie Ihre Fehler und Schwächen. Fragen Sie sich öfter mal: »Wie kann ich das noch besser machen?«
Die dritte Stufe fliegerischen Könnens zu erreichen ist äußerst anspruchsvoll. Viele gelangen nie dorthin. Am Ende bleibt die Entwicklung unseres fliegerischen Könnens eine individuelle Herausforderung.

Vom Fußgänger zum Flieger – Erfahrung sammeln

Wir Flieger durchlaufen in unserer Karriere zum Piloten also mehrere Stufen. Wir entwickeln uns weiter, indem wir lernen. Wir lernen auf jedem Flug! Wir werden immer wieder mit neuen Situationen konfrontiert und erweitern dadurch unseren fliegerischen Horizont. Einer meiner Fluglehrer meinte immer in unseren Nachflugbesprechungen, ich solle die Erfahrungen mitnehmen und in meine »Bag of tricks« (zu deutsch sinngemäß: »Trickkiste«) tun. Ein deutscher Fluglehrer betrachtete die »Bag of tricks« eher als einen Rucksack, den jeder Flieger in seiner Karriere mit sich herumträgt. Dieser wird mit der Zeit durch gesammelte Erfahrung gefüllt, aber ihm geht niemals der Platz aus. Seiner Meinung nach trägt jeder Pilot allerdings auch noch ein zweites Säckchen mit sich herum. In diesem befinden sich einige Portionen Fliegerglück. Wenn nötig, müssen wir von Zeit zu Zeit etwas aus diesem herausnehmen, um die ein oder andere brenzlige Situation zu überstehen, dafür werden wir bei erfolgreichem Bestehen umso mehr in den Erfahrungsrucksack hineintun können. Es bleibt zu hoffen, dass wir unser Glück nicht vor Erreichen eines großen Erfahrungsschatzes aufgebraucht haben.

Erfahrung spielt im Leben eines Fliegers eine elementare Rolle. Für die Entwicklung von Airmanship ist Erfahrung absolut notwendig. Viele Piloten denken sogar, dass sich Airmanship aus nichts anderem als Erfahrung entwickeln kann. Da ist sicherlich etwas Wahres dran. Ein gewisser Erfahrungsstand mag ausschlaggebend dafür sein, dass wir die Signale einer potenziell gefährlichen Situation erkennen oder nicht. Es gibt Studien, in denen nachgewiesen wurde, dass Piloten mit einem Erfahrungsstand von weniger als 500 Stunden einem vielfach höheren Risiko eines Unfalls ausgesetzt sind als andere. Erstaunlicherweise setzen wir einen Teil unseres Erfahrungsschatzes wieder auf Null, wenn wir z.B. auf ein neues Flugzeugmuster umschulen, so dass die Gesamtstunden eines Piloten nur bedingt aussagekräftig sind. Im Vietnamkrieg hatten US-Piloten eine weitaus höhere Überlebenschance, wenn sie es schafften, die ersten zehn Kampfeinsätze zu überstehen.

Ebenfalls nicht zu unterschätzen ist die Qualität oder der Inhalt der erflogenen Flugstunden. Sie können z.B. einen Airline-Kapitän mit über 10.000 Stunden nur schwer mit einem Kampfpiloten mit 3000 Stunden vergleichen. Beide werden in ihrem Umfeld als sehr erfahren gelten, obwohl die Anzahl der Stunden allein sich stark unterscheidet.

Wir bekamen in meiner Ausbildungsstaffel in den USA seinerzeit einen neuen Piloten zur Fluglehrerausbildung zugeteilt. Er hatte in gerade einmal drei Jahren schon über 1000 Stunden auf der F-15E Strike Eagle erflogen. Die 1000 Stunden-Grenze auf einem fliegenden Waffensystem ist für uns Kampfpiloten so eine Art magische Grenze. Jetzt zählt man in der Regel zu den sehr Erfahrenen. Das dachten wir von unserem Neuzugang auch. Wir fanden aber innerhalb der ersten Wochen seiner Ausbildung schnell heraus, dass er in einigen Bereichen erhebliche Defizite aufwies, die nicht wirklich zu seiner fliegerischen »Erfahrung« passten. Auf Nachfragen stellte sich heraus, dass er viel im Einsatz war und den Großteil seiner Flugstunden dort erflogen hatte. Die Einsätze bestanden fast ausschließlich aus Luftraumüberwachung und Luftbetankung. So bekam er in kürzester Zeit sehr viele Stunden zusammen. Er hatte trotzdem noch eine ganze Menge nachzuholen. Die Flugstunde ist bis heute der Maßstab, an dem fliegerische Erfahrung gemessen wird. Tatsächlich können wir davon leider nur einen Teil des wirklichen Erfahrungsstandes eines Piloten ableiten.

Jeden Tag das Gleiche zu üben, wird Ihren Erfahrungsrucksack, wenn überhaupt, nur sehr langsam auffüllen. Um wirklich besser zu werden und sich weiterzuentwickeln, sollte ein Flug auch qualitativ anspruchsvolle Inhalte haben. Wenn Sie in kurzer Zeit viele neue unterschiedliche Erfahrungen machen, werden Sie davon schneller profitieren können. Je mehr Erfahrung gesammelt wird, desto mehr wird Ihre Airmanship davon profitieren.

Einer der Meilensteine in unserer fliegerischen Entwicklung ist sicherlich das Überstehen der ersten Luftnotlage oder brenzligen Situation. In der professionellen Fliegerei wird der Fliegeranwärter vom ersten Tag des Trainings auf diese Situation hin trainiert. In simulierten Notverfahren im Klassenzimmer und Simulator werden wir auf das vorbereitet, was hoffentlich nie eintritt. Eines werden wir allerdings erst an dem Tag unserer ersten Luftnotlage feststellen – wie wir wirklich reagieren. Piloten werden im professionellen Umfeld am Verhalten bei Notfällen gemessen. Es ist einer der Bereiche, wo Fehler streng bestraft werden. Deshalb ist es von absoluter Notwendigkeit, dass wir als Piloten auf kritische Situationen vorbereitet sind. Wenn wir unsere erste Notlage gemeistert haben, wird es uns eine Menge mehr Selbstvertrauen geben. Andererseits wird eine Situation, bei der wir geradeso »davonkommen«, uns unter Umständen für den Rest unseres Fliegerlebens an unseren Fähigkeiten als Flieger zweifeln lassen.

Übung macht den Meister

Ein Flugzeug ist kein Fahrrad! Ja ich weiß, das wussten Sie natürlich schon. Aber anders als das Sprichwort: »Das ist wie Fahrradfahren, einmal gelernt, kann man es immer«, trifft das auf die Fliegerei leider nicht zu. In verschiedenen Studien in den USA fand man heraus, dass Piloten die nicht viel flogen, sich einem weitaus größeren Risiko aussetzten, als Piloten, die im Monat z.B. 20 bis 30 Stunden in der Luft waren. Interessanterweise setzten diese sich auch einem erhöhten Risiko aus, wenn sie mehr als 30 Stunden flogen. Dies ist aber wohl mehr auf andere Gründe wie Ermüdung, hohe Arbeitsbelastung oder Leichtsinnigkeit zurückzuführen.
Um ein gewisses Maß an Kontrolle zu gewährleisten, werden durch die Organisation oder Fluggesellschaft bestimmte Intervalle festgelegt, in denen die Piloten bestimmte Verfahren zu wiederholen haben, um den Trainingsstand auf einem akzeptablen Level – englisch: »current« – zu halten. Diese Intervalle sind so ausgelegt, dass sie theoretisch für jeden Piloten ein ausreichendes Training garantieren. Dies stellt teilweise eine Herausforderung dar, da Leistungsstände von Piloten individuell sehr unterschiedlich sein können. Falls ein Verfahren innerhalb dieses Zeitraums nicht geflogen werden kann, muss das nächste Mal ein Fluglehrer zur Überwachung an Bord sein.
Beispielsweise muss ein Jetpilot der Luftwaffe als Minimum einen Flug/Landung innerhalb eines Dreimonatszeitraums absolvieren, um »current« zu sein. Pro Jahr muss außerdem eine bestimmte Anzahl an Flugstunden nachgewiesen werden. Zusätzlich gibt es Intervalle für bestimmte Verfahren wie z.B. Luftkampf, Luftbetankung, Instrumentenanflüge, usw.
Das Problem damit ist, dass diese Intervalle keine ultimative Sicherheit garantieren. Einige Piloten brauchen vielleicht mehr Training als das, was als Minimum vorgeschrieben ist. Ein Flug in drei Monaten mag einem nicht wirklich viel vorkommen, gerade auf so einem komplexen System wie einem Kampfflugzeug. Und Sie haben absolut Recht.
Ich habe selbst schon längere Pausen zwischen Flügen gehabt. Man steigt dann schon mit einer leichten Anspannung in das Flugzeug. Man kontrolliert alles doppelt und dreifach, nimmt sich mehr Zeit um ja nichts zu vergessen. Wenn man einen gewissen Erfahrungsschatz angesammelt hat, geht das auch für eine Zeitlang gut. Man schöpft aus seinem reich gefüllten Erfahrungsrucksack, um die fehlende Übung zu kompensieren. Leider ist der Rucksack irgendwann leer.

Allerdings tun sich Piloten generell schwer, diesen Zustand an sich selbst zu erkennen und auch zu akzeptieren. Die meisten (Kampf-)Piloten besitzen ein gesundes Selbstvertrauen in ihre eigenen Fähigkeiten. Sie sind davon überzeugt, dass sie ein hervorragender Flieger sind, und das zu jeder Zeit. Unser subjektives Empfinden der eigenen Leistung entspricht leider nicht immer den Tatsachen. Wir neigen dazu, uns besser zu beurteilen als wir eigentlich sind. Das liegt in der Natur des Menschen. Glauben Sie nicht? Haben Sie schon mal eine Castingshow im Fernsehen gesehen?
Tatsache ist, wir haben Schwierigkeiten bei der Selbsteinschätzung unseres eigenen Leistungsstandes. Im komplexen Umfeld der Fliegerei kann das katastrophale Folgen haben. In unserer Ausbildung zum Piloten wird der Bewertungsmaßstab durch den Fluglehrer festgelegt. Nach Abschluss dieser Ausbildung gibt es für uns unter Umständen bis zum nächsten Checkflug keine Möglichkeit, unseren Leistungsstand neutral bewerten zu lassen. Es bleibt uns also gar nichts anderes übrig, als unsere eigene Leistung zu bewerten. Vielleicht lohnt es sich ja hin und wieder auch einmal, den einen oder anderen Flug mit einem Fluglehrer zur besseren persönlichen Einschätzung zu machen.

Aber welche fliegerischen Fertigkeiten sind von fehlender Übung am meisten betroffen?
Studien unter Privatpiloten in den USA haben ergeben, dass der Leistungsverlust gerade in den Bereichen am größten ist, die für die sichere Durchführung eines Fluges am wichtigsten sind: Landungen und Platzrunden. Andere betroffene Bereiche über einen längeren Zeitraum waren Stalls, Seitenwindstarts und Landungen, Langsamflug und Steep Turns.

Auch unsere AA5 Tiger hat schon ein GPS. Aber finden wir uns hier auch nach einer längeren Pause zurecht?

All diese Manöver erfordern ein gewisses Maß an fliegerischem Feingefühl. Die ermittelten Daten verrieten, dass der Verlust des fliegerischen Könnens ausgerechnet in den Bereichen, die für den Piloten anspruchsvoll sind, am größten ist. Diese Feststellung ist für den routinierten Flieger keine Überraschung. Piloten brauchen in regelmäßigen Abständen Übung. Dies gilt in erster Linie für unsere »Stick and Rudder Skills« – unsere motorischen fliegerischen Fertigkeiten.
Aber wie sieht das mit unserem mentalen Trainingsstand aus?
In der Ausbildung haben uns unsere Fluglehrer immer gepredigt: » Ihr müsst mental auf den Flug vorbereitet sein!« Die Forschung zeigt uns, dass wir unsere mentalen fliegerischen Fertigkeiten noch schneller verlieren als unsere motorischen. Wir können aber im komplexen Umfeld der Fliegerei nur bestehen, wenn sich unsere geistigen und motorischen Fertigkeiten optimal ergänzen. Piloten vertrauen verstärkt auf Wiedererkennungsreize und erlernte Handlungsschemata – ohne Zweifel mentale Prozesse. Bei längerer Abstinenz aus dem Cockpit verlieren oder vergessen wir diese erlernten Reize und Schemata schnell. So können wir z.B. einen Reiz übersehen, der sonst immer zu einer bestimmten Handlung geführt hat und damit eine Kette von Fehlern auslösen.
Weitere Probleme die auftreten können, sind die subjektive Einschätzung von Zeit, ein langsamer Instrumenten-Crosscheck, Vergessen von Regeln, Vorschriften und Notverfahren oder schlampige Kommunikation. Das beste Gegenmittel gegen diese Probleme ist regelmäßige Übung. Leider ist das nicht immer möglich. Manchmal fehlt einfach die Zeit, um regelmäßig in die Luft zu kommen. »Chairflying« ist ein geeignetes Tool, dass Ihnen dabei helfen kann, den mentalen Trainingszustand über einen längeren Zeitraum auf einem akzeptablen Niveau zu halten.
Ohne das Vorhandensein von Disziplin, fliegerischem Können und einem guten Trainingszustand werden wir nicht in der Lage sein, gute Airmanship zu praktizieren. Diese Grundlagen bilden das Fundament. Wir haben gelernt, dass Defizite im Bereich fliegerischen Könnens durch zusätzliches Training ausgeglichen werden. Die Disziplin ist vermutlich die wichtigste Grundlage eines jeden Fliegers. Ohne Disziplin kann fliegerisches Können gar nicht erst entwickelt werden.

Die Wissensgebiete, oder: Kenne dein Flugzeug

Vermutlich erscheint auf den ersten Blick nichts so wichtig zu sein wie das Wissen über mein Flugzeug. Neben den allgemeinen Regeln und Vorschriften ist es schließlich das Gerät, mit dem ich mich im Medium Luft bewegen will. Eines der ersten Dinge, die der junge Flugschüler in der theoretischen Ausbildung zum Piloten kennenlernt, sind die technischen Details seines Flugzeuges. Dieser Ausbildungsabschnitt enthält alle Informationen über Hydrauliksysteme, Elektrik, Navigation, Triebwerke, Grenzwerte, uvm.
Warum ist das so wichtig? Nun zunächst einmal ist diese Systemkenntnis die Grundvoraussetzung dafür, zu verstehen wie die das Flugzeug überhaupt funktioniert. Der Flugschüler nimmt dazu in der Regel das Handbuch oder »Flight Manual« in die Hand. Hier werden uns alle wichtigen technischen Einzelheiten über unser Flugzeug erklärt. Wir müssen wissen, welcher Strom-

kreislauf unsere Instrumente mit Strom versorgt oder wie lange die Batteriespannung hält, falls der Generator ausfällt. Ebenso wichtig ist es zu wissen, wo der Grenzbereich für mein Flugzeug beginnt, wann es zum Strömungsabriss kommt, und wie das Abfangverfahren in so einem Falle zu fliegen ist. Je komplexer das System oder Flugzeug ist, umso aufwändiger wird es. Wofür aber lerne ich diese Dinge wirklich?
Als Hobby-Pilot bewegt man sich mit seinem Flugzeug größtenteils in Bereichen, in denen man sich wohl und sicher fühlt. Leider kann sich das in Notsituationen schnell und unvorhersehbar ändern. Nur wenn der Pilot in diesen Fällen das nötige Wissen zur Lösung der Situation besitzt, wird er in der Lage sein, eine gute Entscheidung zu treffen, die richtigen Notverfahren anzuwenden und das Flugzeug sicher zu landen. Natürlich ist eine Checkliste in solchen Situationen eine große Hilfe. Aber auch die Checkliste hat Grenzen. Wir werden im Kapitel »Verhalten bei Notfällen« genauer in diese Thematik einsteigen.
Ein Pilot entwickelt im Laufe seiner Entwicklung in der Regel eine besondere Beziehung zu *seinem* Flugzeug. Dazu zählt nicht nur das Wissen über die oben beschriebenen technischen Informationen, sondern auch die Fähigkeit mit dem Flugzeug eine Art Einheit zu bilden. Dieser Prozess wird, je nach der Komplexität des Flugzeugs, durchaus einige Zeit in Anspruch nehmen. Am Ende wird es das Ziel sein, sich das Flugzeug gewissermaßen »umzuschnallen«. Es ist für einen Kampfpiloten unumgänglich, dass er alle Handgriffe wie im Schlaf beherrscht und die Positionen aller Kontrollelemente »blind« bedienen kann. Moderne Kampfflugzeuge sind heute so konzipiert, dass der Pilot das Flugzeug perfekt bedienen kann, ohne die Hände von Steuerknüppel und Gashebel nehmen zu müssen. Dieses Konzept nennt man HOTAS (Hands on Throttle and Stick). Steuerknüppel und Gashebel sind in diesem Falle mit einer Vielzahl von Knöpfen und Schaltern ausgestattet, die in der Regel sogar mehrfach belegt sind. Das heißt, jeder Schalter hat, je nachdem in welchem »Mode« man sich befindet, mehrere Funktionen. Bis man gelernt hat, dieses »Klavier« perfekt zu beherrschen, ist viel Training notwendig. Dies geht sogar noch über die eigentliche Ausbildung hinaus weiter. Unter Tornadopiloten der Luftwaffe hat sich z.B. ein Wert von ca. 300 Flugstunden auf dem Flugzeug als Richtlinie etabliert, die man ungefähr braucht, um sich im Flugzeug richtig wohl zu fühlen. Bei einem Durchschnitt von ca. 150–180 Flugstunden pro Jahr kann das also bis zu 2 Jahre dauern.
Das war zu meiner Zeit bei der Luftwaffe ungefähr die Zeit die man brauchte, um die taktische Erstausbildung abzuschließen und somit eingeschränkt einsatzfähig zu sein.

Weight and Balance – Kennen der Limits verhindert böse Überraschungen!

Für einen Kampfpiloten ist es überlebenswichtig zu wissen, wie sein Flugzeug sich im Grenzbereich verhält. Schließlich hält er sich zum Erreichen eines Einsatzzieles häufig in diesem Bereich auf. Im Luftkampf bewegt sich das Flugzeug so gut wie ständig am Grenzbereich. Je mehr der Pilot über das Verhalten seines Flugzeuges im Grenzbereich weiß, umso größer sind die Chancen im Luftkampf zu bestehen.
Der Airline-Kapitän widerum hat andere Prioritäten – er muss z.B. wissen, wie sich sein Flugzeug mit maximaler Zuladung verhält oder welche Auswirkungen starker Seitenwind auf das Flugverhalten des Flugzeuges im Landeanflug hat.

Welche fatalen Auswirkungen es haben kann, nicht genug Wissen über sein Flugzeug zu haben, lässt sich anhand eines Flugunfalls, der sich im August 1998 ereignete, nachvollziehen:

Die EA400 befand sich an diesem Tag auf einem privaten Reiseflug. Das Flugzeug war nur mit dem Piloten besetzt. Für den Flug hatte der Pilot einen Flugplan aufgegeben, der vorsah, während des Fluges von VFR- auf IFR-Flugregeln zu wechseln. Nachdem der Start unter Sichtwetterbedingungen (VMC) erfolgt war, führte der Flugweg in einer Flughöhe von 3000 ft (MSL) durch ein extremes Schlechtwettergebiet. Der Pilot erbat daraufhin die Freigabe auf Flugfläche 110 zu steigen. Als anderer Flugverkehr es zuließ, wurde der Steigflug freigegeben.
Augenzeugen beobachteten, wie das Flugzeug mehrmals im Sturzflug aus den Wolken herauskam und wieder darin verschwand. Später wurde es noch im Horizontalflug mit hohem Anstellwinkel gesehen. Das Flugzeug bäumte sich aus diesem Flugzustand kurz auf, wackelte mit den Tragflächen und kippte dann ab.
Der Unfall wurde durch die Bundesstelle für Flugunfalluntersuchung (BFU) untersucht. Nach den Zulassungsunterlagen wurde das Flugzeug mit einer vorläufigen Verkehrszulassung (VVZ) betrieben. Die VVZ hatte nur in Verbindung mit einer Fluganweisung Gültigkeit. Diese Fluganweisung erlaubte dem Piloten nur Sichtflüge bei Tage bis zu einer Flughöhe von 10.000 ft. Die Enteisungsvorrichtung, die Druckkabine, der Autopilot, das Navigationssystem und die Instrumenten-Flugausrüstung der EA 400 waren noch nicht durch eine ergänzende Musterzulassung vom Luftfahrtbundesamt (LBA) abgenommen. Das Flugzeug diente hauptsächlich zur Erprobung der Systemauslegung des Flugzeugs. Nachdem dieser Teil der Erprobung für alle Systeme abgeschlossen war, wurde das Flugzeug verkauft. Am Tage vor dem Unfall wurde es von dem Piloten des neuen Eigentümers übernommen. Dem Funksprechverkehr war hinterher zu entnehmen, dass sich der Pilot ständig mit dem Kennzeichen seines bisherigen Flugzeuges meldete. Nachdem eine Freigabe zum Steigen auf Flugfläche 110 erteilt war, folgte ein konstanter Steigflug mit 800 ft/min. Im Verlauf des Steigfluges nahm die Fluggeschwindigkeit stetig ab. Bei ca. 5500 ft kippte das Flugzeug bei einer Fluggeschwindigkeit von ca. 80 kt plötzlich ab. Danach führte der Pilot mehrere Abfangvorgänge mit Sink- und Steigfluggeschwindigkeiten von

über 10.000 ft/min durch. Dabei flog das Flugzeug zwei Vollkreise und ging dann in Höhe der Wolkenuntergrenze von ca. 1800 ft wieder auf seinen ursprünglichen Kurs. Dieses Einkurven auf den ursprünglichen Kurs geschah sehr heftig und für den Piloten überraschend. Kurz vor Vollendung des zweiten Vollkreises wies die Flugsicherung den Piloten an, einen Kurs von 240° und eine Höhe von 4000 ft einzunehmen. Diese Anweisung wurde mehrmals wiederholt. Obwohl der Pilot die Anweisungen immer bestätigte, reduzierte sich mit der Zeit die Flughöhe sogar noch auf 1600 ft. Nach einem kurzen Richtungsschlenker meldete der Pilot dann, das Flugzeug wieder im Griff zu haben. Die Fluggeschwindigkeit betrug dabei ca. 90 kt. In der letzten Phase kippte das Flugzeug plötzlich wieder ab und schlug unkontrolliert auf den Boden auf.

Der Pilot hatte auf seinen bisherigen Flugzeugen ein solides Wissen erworben. Er war ebenfalls erfahren im Fliegen unter Instrumentenflug und schwierigen Wetterbedingungen. Diese Erfahrungen waren jedoch nicht auf das technische System der EA400 übertragbar. Er hatte lediglich einen Einweisungsflug auf diesem Muster unter Sichtflugbedingungen absolviert.

Die Untersuchung fokussierte sich unter anderem auf die Funktionsweise des Autopiloten (AP). Dieser funktionierte in der EA400 jedoch anders als vom Piloten gewohnt.

Der AP in der EA400 bietet für den Steig- und Sinkflug die Möglichkeit, eine gewünschte Steigrate vorzugeben. In dieser Funktion verändert er, je nach Triebwerksleistung, über die Höhensteuerung die Längsneigung des Flugzeuges und trimmt diesen Zustand aus. Bei einem Flug mit einem Flugzeug desselben Baumusters wurde die AP-Funktion bis in den überzogenen Flugzustand beibehalten. Die Annäherung an den kritischen Anstellwinkel wird akustisch durch die Überziehwarnung gemeldet. Der AP, der in dem Flugzeug eingebaut war, mit dem der Pilot in den letzten Jahren seine Flugerfahrung erwarb, hielt dagegen im Steigflug die Längsneigung des Flugzeuges konstant.

(BFU 3X329-0/98)

Die BFU kam abschließend zu dem Ergebnis, dass der Pilot für einen IFR-Alleinflug unter Instrumentenflugbedingungen mit einem Baumuster, das er noch nie allein geflogen hatte, überfordert war. Dieses Defizit führte zu Mängeln in der Überwachung des Flugzustandes und zu Bedienungsfehlern. Diese waren für die erreichte Flugerfahrung und Persönlichkeit des Piloten eigentlich unüblich. Der Pilot vertraute offensichtlich der Funktion des Autopiloten. Die sichere Führung eines Flugzeuges mit Hilfe eines Autopiloten ist aber nur dann gegeben, wenn der Pilot die richtigen Systemkenntnisse der verwendeten Ausrüstung besitzt.

Die Einweisung des Piloten auf das Muster EA400 entsprach gültigen Vorschriften. Eine Regelung, IFR-Flüge (besonders unter IMC-Bedingungen) erst nach einiger Erfahrung mit dem neuen Muster alleine durchzuführen, existierte zum damaligen Zeitpunkt nicht. Als Resultat dieser Unfalluntersuchung empfahl die BFU in einer Sicherheitsempfehlung, die EA400 in die Liste der Flugzeuge, für die eine Musterberechtigung vorgeschrieben ist, aufzunehmen.

Wartung und Technik

Zugegeben, ich bin kein Mechaniker. Meine Wartungskenntnisse am Tornado gingen nicht wesentlich über die nötigen Kenntnisse für eine Zwischenfluginspektion (auf Flugplätzen ohne Wartungspersonal) hinaus. Dazu gehörten Dinge wie die Kontrolle des Ölstandes (und ggf. Nachfüllen) oder die Entlüftung der Triebwerksgetriebe. Als Hilfe hatten wir eine Checkliste und eine sich jährlich wiederholende Einweisung durch das lokale Wartungspersonal. Das reichte aus um zurechtzukommen. Falls es einmal größere technische Probleme gab, waren wir auf ein Telefon oder richtiges Wartungspersonal angewiesen. Ein Kampfflugzeug ist nun einmal nicht so leicht zu warten wie eine Cessna 172. Bei der Bundeswehr haben wir als Piloten ein sehr hohes Vertrauen in unser Wartungspersonal. Während meiner Zeit bei der US-Luftwaffe wurde die Wartung unserer T-38 durch eine zivile Vertragsfirma durchgeführt. Alle Piloten meiner Staffel pflegten ein sehr freundschaftliches und kollegiales Verhältnis zu unseren »Crew Chiefs«. Jeder dieser Crew Chiefs war für den technischen Klarstand von zwei bis drei Flugzeugen allein verantwortlich. Sogar ihre Namen waren auf den Flugzeugen lackiert. So besaßen sie auch ein ganz persönliches Verhältnis zu »Ihrem« Flugzeug. Sie hätten es sich nie verziehen, einen von uns mit einer fehlerhaften Maschine in die Luft gehen zu lassen.
Aber leider sind auch Flugzeugmechaniker nicht unfehlbar. Der folgende Vorfall ereignete sich vor nicht so langer Zeit auf einer Militärbasis in den USA.

Die Zwischenfallmaschine befand sich nach einem längerem Werkstattaufenthalt auf einem Nachprüfflug. Bei einem solchen Flugprofil werden alle Systeme des Flugzeugs überprüft, um es wieder für den normalen Flugbetrieb freigeben zu können. Dazu gehört auch ein Anteil Rückenflug. Beim Rückenflug wird unter anderem überprüft, ob die nach dem Handbuch vorgeschriebenen Zeiten, bevor die Öl- und Benzindruckwarnungen erscheinen, unter -1G-Bedingungen auch erreicht werden. Als der Pilot das Flugzeug auf den Rücken legte, rutschte der Schleudersitz des hinteren Besatzungsmitgliedes um einige Zentimeter auf der Sitzschiene nach oben. Dadurch wurde die im Kabinendach befindliche Sprengschnur ausgelöst und das hintere Kabinendach zerstört. Das Besatzungsmitglied auf dem hinteren Sitz saß somit quasi im Freien. Der Pilot bemerkte die Auslösung der Sprengung und brachte das Flugzeug geistesgegenwärtig wieder in eine normale Fluglage zurück. Das Flugzeug wurde anschließend wieder sicher auf dem Heimatplatz gelandet.

Die anschließende Untersuchung ergab, dass der Schleudersitz nicht ordnungsgemäß auf der Sitzschiene einrastete. Er wurde im Zuge des normalen Wartungszyklus einfach falsch eingebaut. Im Anschluss an diesen Vorfall wurden unverzüglich alle anderen Flugzeuge auf der Suche nach dem Fehler geprüft. Dabei stellte man bei mehreren Maschinen das gleiche Problem fest. Der Besatzung hätte bei genauer Anwendung der Checkliste der falsch eingebaute Schleudersitz eigentlich auffallen müssen. Dieser Schleudersitzcheck wird allerdings in der Realität nur von wenigen Piloten so sorgfältig durchgeführt. Eigentlich seltsam, da dieses Gerät im Notfall über das eigene Überleben entscheidet. Es herrschte bis zu diesem Vorfall überwiegend die Meinung vor, dass dieses Gerät zu 100% funktioniert und von der Wartung immer korrekt eingebaut wird. Der Pilot auf dem Rücksitz hatte Glück. Wäre der Sitz aus dem Flugzeug herausgefallen, hätte er keine Chance gehabt. Der Fallschirm befindet sich bei diesem Modell im Sitz und wäre so nie ausgelöst worden. Das Sprichwort: »Vertrauen ist gut, Kontrolle ist besser!«, bekommt nach so einem Vorfall eine völlig neue Bedeutung.

Für den Privatpiloten findet dieses Vertrauen und Kontrolle auf eine andere Weise Anwendung. Besitzen Sie ein eigenes Flugzeug und führen Sie Ihre Wartungen selbst durch? Fliegen Sie mit Vereinsflugzeugen oder chartern Sie Ihr Flugzeug?

Falls Sie ein eigenes Flugzeug besitzen und für Wartungsarbeiten bezahlen, vertrauen Sie zwangsläufig dem Mechaniker der Wartungsfirma, bei Vereins- oder Charterflugzeugen vermutlich ebenfalls. Sie sollten Ihre Vorfluginspektion trotzdem immer mit besonderer Sorgfalt durchführen. Dazu gehört das intensive Studium des Bordbuches genauso wie der Zustand des Flugzeuges. Sie sollten wissen, ob das Flugzeug eine Historie mit Problemen besitzt und wann es das letzte Mal gewartet wurde. Wann wurde die Maschine das letzte Mal betankt? In der militärischen Jetfliegerei ist das Flugzeug immer vollgetankt. Dies geschieht in der Regel unverzüglich nach der Landung. Im zivilen Bereich ist das nicht zwingend der Fall. Natürlich wird der Kraftstoffvorrat vor dem Flug sorgfältig gecheckt. Oder nicht?

Das Flugzeug war vom Halter letztmals am 21.11.2009 betankt worden. Der von ihm im Anschluss an eine Inspektion und einen Standlauf geschätzte Tankinhalt betrug ca. 105 Liter Autobenzin. Danach absolvierte der Halter mit zwei Flügen am 30.03. und am 03.04.2010 eine Flugzeit von 1:07 Stunden. Ein anderer Pilot flog am 06.04.2010 mit dem Flugzeug zunächst 1:37 Stunden. Eine anschließende von ihm telefonisch an den Halter gerichtete Bitte, die Cessna kurzfristig erneut chartern zu dürfen, wurde nach Aussage des Halters mit dem Hinweis abgelehnt, das Flugzeug vor dem nächsten Flug erst wieder tanken zu wollen. Am Flugplatz müsse er den Treibstoff aber erst beschaffen.

Der Pilot unterzog nach Angaben eines Zeugen am 10.04.2010 die Tanks der Cessna einer Sichtprüfung. Um 14:13 Uhr startete er in Begleitung seines Sohnes mit dem nicht aufgetankten Flugzeug zu einem Rundflug.

Im Anschluss an eine Durchstartübung stotterte das Triebwerk nach einer Flugzeit von 1:24 Stunden im Anfangssteigflug und verlor an Leistung. Der Flugzeugführer kurvte in ca. 30–50 m Höhe nach links und landete auf einer Wiese. Nach einer Rollstrecke von 94 m kollidierte das Flugzeug mit Bäumen und Buschwerk und kam in Rückenlage zerstört in einem Fluss zum Stillstand.

(BFU 3X033-10)

Die sorgfältige Durchführung einer Vorfluginspektion ist für den Piloten wie eine zusätzliche Lebensversicherung. Falls Sie alles selber tun (die nötigen Kenntnisse vorausgesetzt), haben Sie den Luxus, nur sich selbst vertrauen zu müssen. Das sollte Sie allerdings nie dazu verleiten, die nötige Kontrolle Ihrer eigenen Arbeit zu vernachlässigen.

Kenne deine Umwelt

Unsere Umwelt ist ein sehr allgemein gehaltener Begriff. Unsere Umwelt beschränkt sich nicht nur auf den Luftraum und den Heimatflugplatz. Zum einen beinhaltet es die physikalischen Elemente des Luftraumes in dem wir uns bewegen; das sind z.B. Temperatur, Luftdichte, Wetter oder aerodynamische Gesetze. Genauso sind mit dem Umfeld Gesetze und Vorschriften gemeint. Jedes dieser Gebiete interagiert auf besondere Weise mit wichtigen Aspekten unseres Airmanship-Modells. Ein gründliches Wissen über unsere Umwelt wird uns dabei helfen, unsere situative Aufmerksamkeit (»Situational Awareness« oder kurz: SA) zu verbessern. Je mehr wir über Wetter, Terrain, Zielflugplatz und lokale Besonderheiten wissen, umso besser sind wir in der Lage bestimmte Situationen einzuschätzen.

Wetter

Nicht immer ist die Wettervorhersage so einfach wie für diesen Tag.

Die größte Unbekannte, die für uns im Bereich Umwelt eine Rolle spielt, ist das Wetter. Unvorhergesehene Wetterverschlechterung ist eine der häufigsten Ursachen für Flugunfälle im Bereich der Privatfliegerei.

Es war geplant, am Unfalltag zwei neue Luftfahrzeuge des Musters Extra EA300 nach Rumänien zu überführen. Zu diesem Zweck waren Tage zuvor zwei Flugzeugführer des Rumänischen Luftsportverbandes angereist. Das erste Etappenziel für den Überführungsflug, der nach Sichtflugregeln (VFR) durchgeführt wurde, sollte der Flughafen Nürnberg sein. Nachdem der ursprünglich für den Morgen des Unfalltages geplante Abflug wegen schlechten Wetters verschoben werden musste, starteten die beiden Flugzeuge am Nachmittag vom Verkehrslandeplatz Dinslaken in losem Verband.
Etwa 45 Minuten nach dem Abflug streifte eines der beiden Flugzeuge die Baumspitzen eines Hochwaldes an einem Bergrücken in der Nähe der Ortschaft Sundern im Sauerland und prallte auf den Boden auf. Bei dem Unfall wurde der Flugzeugführer getötet und das Flugzeug zerstört.
Das andere Luftfahrzeug landete unbeschadet auf dem Sonderlandeplatz Schmallenberg-Rennefeld.
Das Unfallflugzeug überflog zuvor in äußerst niedriger Höhe verschiedene Bereiche der Ortschaft Sundern. Es beschrieb mehrere Vollkreise und verschwand kurzzeitig in den Wolken. Das Wetter war zum Unfallzeitpunkt durch Nieselregen und schlechte Sicht gekennzeichnet.
Für keines der beiden Flugzeuge wurde eine individuelle Wetterberatung bei den Luftfahrtberatungszentralen des Deutschen Wetterdienstes eingeholt. Etwa eine Stunde vor dem Startzeitpunkt wurde eine Wetterwarnung (AIRMET) veröffentlicht, die auf die im Bergland aufliegende Bewölkung hinwies. Der zweite Pilot erklärte hinterher, man habe sich nach dem Studium von Satellitenbildern zum Abflug entschlossen und geplant, bei Wetterverschlechterung auf dem nächsten erreichbaren Platz zu landen.
Im Wrack des verunfallten Flugzeuges wurden offensichtlich mittels eines Computers ausgedruckte Wetterunterlagen gefunden. Es handelte sich dabei um die sog. »Significant Weather Chart below 10.000 ft«, gültig für den Tag des Fluges von 00:00–09:00 Uhr UTC. Hierbei handelt es sich um eine prognostizierte Karte, die das Wettergeschehen unterhalb von 10.000 ft zeigt. Daneben fand sich eine Flugwetterübersicht in deutscher Sprache, deren Inhalt den Ausführungen im Wettergutachten entspricht und eine Aufstellung aktueller Wettermeldungen und Vorhersagen für verschiedene Flugplätze entlang der Flugstrecke sowie verschiedene Wetterwarnungen, unter anderem eine, die vor aufliegender Bewölkung im Bergland im nördlichen und westlichen Teil des Fluginformationsgebietes (FIR) Frankfurt oberhalb von 2000 ft MSL warnte.
Der verantwortliche Pilot war Inhaber einer Erlaubnis für Berufsflugzeugführer und hatte eine Gesamtflugerfahrung von 3660 Stunden. Davon wurden etwa 100 Stunden auf der Extra 300 absolviert. Er war nicht im Besitz einer Instrumentenflugberechtigung.
Bei der Extra EA300 handelt es sich um ein ausschließlich für den Kunstflug bestimmtes Flugzeugmuster. Beide Flugzeuge waren nicht mit Kreiselinstrumenten zur Fluglageerkennung ausgerüstet.

Die BFU kam abschließend zu dem Ergebnis, dass der verantwortliche Flugzeugführer zwar über eine relativ große Flugerfahrung verfügte, er jedoch nicht im Besitz einer Instrumentenflugberechtigung war. Das Luftfahrzeug war zudem nicht mit den erforderlichen Instrumenten ausgerüstet, um unter IMC-Bedingungen zu fliegen.
Laut eines Wettergutachtens herrschte zum Startzeitpunkt Rückseitenwetter mit guten Sichtflugbedingungen. Auf der gewählten Flugroute holten die beiden Flugzeuge dann die Kaltfront ein, die zu diesem Zeitpunkt über dem Sauerland lag und dort für Wetterbedingungen sorgte, die weit unterhalb der Minima für Flüge nach Sichtflugregeln lagen. Die beiden Flugzeugführer hätten vor dem Einflug in das Schlechtwettergebiet mehrere Möglichkeiten gehabt, einen der zahlreichen, für Sichtflugbedingungen geeigneten Ausweichplätze auf der Flugroute anzufliegen.
Vermutlich verfügte keiner der beiden Flugzeugführer über die nötigen Sprachkenntnisse, um die in deutscher Sprache verfasste Wetterübersicht bzw. die zwar in englischer Sprache, aber unter Verwendung spezieller Abkürzungen und Symbole veröffentlichte Wetterkarte und Wetterwarnungen interpretieren zu können.
(BFU CX001-0/00)

Dieser Unfall macht deutlich, wie wichtig das Wissen über das Umfeld für die sichere Durchführung dieses Fluges gewesen wäre. Dass beide Piloten dabei vermutlich nicht über die nötigen Sprachkenntnisse oder das Wissen über die Symbolik der Wettermeldung verfügten, erscheint für uns nur schwer nachvollziehbar. Trotz des relativ großen Erfahrungsstandes begaben sich beide Flugzeugführer in eine potenziell – und letztlich auch faktisch – sehr gefährliche Situation. Man war sich sicherlich über die nicht ganz eindeutige Wetterlage bewusst. Trotz der unsicheren Wetterlage und fehlenden Verständnisses für die vorhandenen Wetterinformationen, entschloss man sich, den Flug anzutreten. Aber trotz dieser schlechten Entscheidung war unsere Formation EA300's noch nicht verloren. Die letztlich wirklich falsche Entscheidung war der Einflug in ein Schlechtwettergebiet mit einem Flugzeug, das dafür nicht ausgerüstet war. Zuvor hätte es mehrere Möglichkeiten gegeben, an einem Ausweichflugplatz zu landen. Bessere Kenntnis über die verfügbaren Ausweichflugplätze hätte vielleicht zu einer Entscheidung für einen Flugabbruch geführt.
Wir wissen nicht, ob die beiden Flugzeugführer einem besonderen Druck ausgesetzt waren, diesen Flug an diesem Tag durchführen zu müssen. Vielleicht beeinflusste auch das ihre Entscheidung, den Weiterflug zu riskieren.
Wetter ist eine der offensichtlichsten Einflussgrößen unseres Umfeldes. Wetter ist fester Bestandteil eines jeden Fluges. Unser Flugwetter unterliegt dabei unter Umständen sehr dynamischen Veränderungen. Diese können z.B. so banale Dinge wie Winde, oder auch gefährlichere Bedingungen wie Vereisung oder Gewitter sein. Plötzliche Wetterverschlechterung ist eine der zwei Hauptursachen für Flugunfälle in der zivilen Hobbyfliegerei.
Dieses Buch soll aber keinesfalls ein Lehrbuch über Meteorologie sein. Trotzdem wollen wir uns an dieser Stelle mit den damit verbundenen Herausforderungen für Piloten auseinandersetzen. 1978 hat Robert Buck in den USA ein Buch mit dem Titel »Weather Flying« herausgegeben.

Er beschreibt darin unter anderem, wie Wetter uns auf verschiedene Weise ärgern kann. Wetter erschwert unsere Sichtbedingungen, wirbelt uns in Turbulenzen herum und kann unter bestimmten Bedingungen sogar die Leistung unseres Flugzeuges beeinflussen. Unter schlechten Umständen, kann das für uns katastrophale Folgen haben. Um Überraschungen zu vermeiden, müssen wir über solide Wetterkenntnisse verfügen, in der Lage sein, auf Wetterveränderungen zeitgerecht zu reagieren, und den Ausführungen von Wettervorhersagen eine gesunde Portion Skepsis entgegenbringen. Denn auch eine gültige Flugwetterberatung ist leider keine Garantie für die korrekte Vorhersage unseres Flugwetters. Es passiert immer wieder, dass Hobbypiloten von plötzlich auftretendem, schlechten Wetter überrascht werden. Das muss nicht zwingend an schlechter Flugvorbereitung liegen.
Als Pilot müssen wir lernen, die für uns wichtigen Wetterinformationen zu verstehen. Ebenso ist es hilfreich zu wissen, wie bestimmte Wetterphänomene entstehen. Das kann die Gefahr für Nebel genauso beinhalten wie Quellbildung von Wolken vor Gewittern, das Fliegen in potenziellen Vereisungskonditionen oder die Gefahr von Scherwinden im Landeanflug. Zusätzlich müssen wir lernen, die bereitgestellten Wetterinformationen zu verstehen. Die Symbologie in Wetterkarten oder bestimmte METAR-Codierungen nützen mir nichts, wenn ich die nötigen Informationen nicht aus ihnen entnehmen kann. Die beste Art der Information ist vermutlich immer noch der direkte Kontakt mit dem Wetterberater. Hier können alle Fragen direkt beantwortet werden. Natürlich folgt aus dieser Beratung (wie schon oben erwähnt) keine hundertprozentige Sicherheit. In diesen Fällen ist es zwingend notwendig einen »Plan B« zu haben. Die Erkenntnis, die wir uns bewusst machen müssen ist:

Schlechtes Wetter kostet Treibstoff!
Haben wir schlechtes Wetter am Zielflugplatz, benötigen wir eine höhere Treibstoffreserve als unter Sichtflugbedingungen. Müssen wir halten oder zum Ausweichflugplatz fliegen? Müssen wir eventuell einem Schlechtwettergebiet ausweichen? Das kostet Zeit, mehr Flugstrecke und damit Kraftstoff. Das Resultat aus höherem Kraftstoffverbrauch ist in der Regel immer das gleiche: Ich verliere Alternativen. Je weniger Sprit im Tank ist, desto weniger Optionen stehen dem Piloten zur Verfügung. Irgendwann hat man dann vielleicht keine andere Möglichkeit mehr, als mit dem letzten Tropfen Sprit zum weit entfernten Ausweichflugplatz zu fliegen, obwohl durch bessere Flugplanung und Streckenkenntnis vielleicht schon andere Flugplätze hätten angeflogen werden können. Aus diesem Grund ist es absolut notwendig, sich **vorher** mit den nötigen Wetterinformationen vertraut zu machen und gerade bei grenzwertigen Wetterlagen einen Alternativplan zu haben. Dazu gehören intensive Kenntnis über an der Flugstrecke gelegene Ausweichplätze genauso wie andere Optionen, z.B. die Rückkehr zum Startplatz, Kursänderungen, Höhenänderungen oder die Landung am Ausweichflugplatz. Diese Optionen sollte sich der Pilot schon vorher für bestimmte Situationen zurechtlegen. Nicht immer sind diese Optionen frei wählbar. Unter Umständen ist es aufgrund der Luftraumstruktur nicht möglich, den Kurs zu wechseln oder ein Wolkengebiet zu um- oder überfliegen. In der Sichtflugnavigation ist es ggf. eine gute Idee, einfach mit einer 180°-Kehre umzudrehen. Schließlich waren die Sichten bis zum Entschluss zur Umkehr ja noch gut genug. Der Rückflug auf derselben Route kann dann durchaus eine gute Option sein. Dies ist aber nur ratsam, wenn für den Rückweg auch noch genug Treibstoff zur Verfügung steht. Ab einem gewissen Punkt kann man nicht mehr umkehren. Dann bleibt unter Umständen nur der Flug zum nächsten geeigneten Ausweichplatz.

Ein weiterer wichtiger Aspekt bei der Betrachtung von Flugwetter ist die Frage: Wo bekomme ich meine Wetterinformationen überhaupt her. Im Zeitalter der modernen Elektronik sind wir nicht mehr notwendigerweise auf einen Wetterberater angewiesen. Alle Informationen sind auch im Internet oder anderen Quellen verfügbar. Der deutsche Wetterdienst (DWD - PC met) z.B. bietet ein komplettes Angebot im Internet an. Fast jeder meiner Kollegen trägt auf seinem Smartphone irgendeine »Wetterapp« mit sich herum. Diese liefern sogar recht gute und brauchbare Daten. Trotzdem ist es unumgänglich, dass Ihre Wetterinformationen aus einer offiziellen, zuverlässigen Quelle stammen. Falls Sie also elektronische Wetterinformationen nutzen möchten, sollten Sie wissen, von welcher Quelle diese Daten abgerufen werden. Der Vorteil einen Wetterberater vor Ort zu haben, liegt in der persönlichen Aufbereitung der zur Verfügung stehenden Daten. Der Wetterberater kann individuelle Fragen beantworten, und für Sie wichtige Informationen herausfiltern. Diese Möglichkeit besteht bei Informationen aus dem Internet nicht. Sie müssen diese Daten selbst interpretieren. Ich persönlich ziehe immer noch die persönliche Beratung einer rein elektronischen vor. Die Bundeswehr hat sich 2012 entschlossen, die Wetterberater von den Flugplätzen abzuziehen und Wetterdaten zentral im IntranetBw zur Verfügung zu stellen. Ob sich diese Lösung bewährt, bleibt abzuwarten.
Um uns für den Umgang mit Flugwetter zu sensibilisieren, sollten die folgenden, einfachen Regeln eingehalten werden:

1. Vor **jedem** Flug wird ein Flugwetter benötigt. Dieses **muss** aus einer offiziellen Quelle stammen. Gewöhnen Sie sich eine gewisse Routine an. Benutzen Sie vertraute Quellen. Das erleichtert die Interpretation der Daten.

2. Machen Sie sich mit der allgemeinen Wetterlage vertraut. Verschaffen Sie sich einen Überblick.

3. Schauen Sie sich die Wetterentwicklung bis zur Startzeit genau an. Versuchen Sie bereits hier, Tendenzen zu erkennen.

4. Machen Sie sich intensiv mit dem zu erwartenden Flugwetter und ihren Wetterdaten vertraut.

5. Machen Sie sich bei schlechteren Wetterverhältnissen schon auf dem Boden Gedanken über einen »Plan B« (oder auch C, D, E...).

6. Versuchen Sie im Flug Updates über die Wetterlage zu bekommen, gerade wenn Sie im Flug Veränderungen beobachten. Je früher dies geschieht, desto mehr Zeit haben Sie, eine gute Entscheidung zu treffen.

7. Nehmen Sie sich nach der Landung ein wenig Zeit und vergleichen Sie Ihre Vorhersage mit der realen Wetterentwicklung. Falls Sie beobachten, dass zwischen Ihrer Vorhersage und dem realen Flugwetter Differenzen bestanden, fragen Sie sich, ob Ihre Daten (die Vorhersage) unpräzise waren oder Sie diese vielleicht falsch interpretiert haben.

Wetter ist eines der Dinge, die von uns als Piloten nicht beeinflusst werden können. Wir können lediglich unser eigenes Verhalten an sich verändernde Situationen anpassen und (hoffentlich) richtig reagieren. Auch scheinbar harmlose Wetterlagen können dabei durchaus ihre Tücken haben.

Aufgrund einer intensiven Nachforschung der NTSB (National Transportation Safety Board) in den USA zum Thema »Wetterbedingte tödliche Unfälle« im General Aviation-Segment wurden zehn besondere Charakteristiken, die für alle Unfälle typisch waren, identifiziert. Auch wenn sich diese Studie nur auf die USA bezieht, so bedeutet das nicht, dass wir hier in Europa nicht denselben Ursachen unterliegen. Diese sind meiner Ansicht nach für uns hier genauso relevant. Vielleicht erkennen Sie einige dieser Charakteristiken sogar wieder:

1. Am Tag des Unfalls erhielt der Pilot ein ausreichendes Wetterbriefing, vermutlich per Telefon. Die Informationen des Wetterberichtes waren zu ca. 75% korrekt. Wetter, das schlechter als vorhergesagt war, trat nur in 5% der Fälle auf.
2. Der Pilot unternahm einen Flug als Freizeitbeschäftigung oder zur Ausübung seines Hobbys.
3. Der Pilot war Inhaber eines PPL, aber nicht in Besitz einer Instrumentenflugberechtigung.
4. Der Pilot war relativ unerfahren. Die durchschnittliche Stundenzahl betrug ca. zwischen 100 u. 299 Stunden Flugzeit.
5. Der Übungsstand des Piloten war ungenügend mit weniger als 50 Stunden in den letzten 90 Tagen. (Anmerkung d. Autors: Ich persönlich finde 50 Stunden pro Quartal nicht schlecht. Ich hätte weitaus weniger angenommen).
6. Der Unfall ereignete sich bei Tageslicht. Der Pilot flog entweder absichtlich oder ungewollt von VMC- in IMC-Bedingungen ein.
7. Der Pilot hatte einige IFR-Unterrichtsstunden erhalten. Typischerweise zwischen 1 und 19 Stunden mit einem Fluglehrer und Instrumentenhaube.
8. Der Pilot hatte bisher noch keinen Nachweis über IFR-Flugzeit erbracht.
9. Der Pilot hatte keinen Flugplan aufgegeben.
10. Der Pilot hatte mindestens einen Passagier dabei.

Diese Aufzählung beschreibt einen relativ unerfahrenen Flieger mit schlechtem Übungsstand, der unter Tageslicht in IMC-Bedingungen einfliegt. Man könnte etwas überzogen urteilen, dass er weit über seine Verhältnisse fliegt. Der Passagier könnte dabei auch eine Rolle spielen. Vielleicht möchte man seine Pilotenfähigkeiten gerne jemandem demonstrieren. Die Kombination aus geringem Übungsstand mit der Option sich zusätzlich zu profilieren erzeugt eine zuweilen tödliche Kombination. Bringen wir nun noch schlechtes Wetter ins Spiel, werden die Umstände nicht besser.

Fliegen im Wetter sollte mit einer gehörigen Portion Respekt begegnet werden. Gerade wenn man alleine oder ohne Hilfe im Flugzeug sitzt.

Unser Umfeld

Jeder Pilot hat einen Heimatflugplatz. Es ist vielleicht der Platz, an dem wir fliegen gelernt haben oder der Flugplatz des Flugsportvereins. In der Regel wird sich der Flieger hier am wohlsten fühlen, hier kennen wir jede Waldkante, jeden wichtigen Referenzpunkt am Boden. Hier sind uns alle Verfahren, Platzrunden, Anflugverfahren, visuelle Referenzpunkte oder besondere Wetterumstände vertraut. Dieses Wissen sehen wir vermutlich als selbstverständlich an. Vertraute Umgebung, Luftraum, Flugzeug, dazu ein wenig Auftrieb und Schub, wo ist das Problem? Da wir ständig von unserem Heimatflugplatz starten und landen, baut sich dieses Wissen wie von selbst über einen gewissen Zeitraum auf. Auf den ersten Blick erscheint uns das nötige Wissen über unsere Umwelt recht simpel zu sein. Aber ganz so einfach ist die Sache natürlich nicht.

Hangar am Homefield.

Wir müssen uns im Klaren darüber sein, dass sich unsere Umwelt zu jeder Zeit verändern kann. Dies hat einen direkten Einfluss auf die Durchführung eines jeden Fluges. Diese Veränderungen können sehr dynamisch und unvorhersehbar sein. Zusätzlich dazu haben wir selbst in der Regel nur wenig oder überhaupt keine Möglichkeit, diese Veränderungen in irgendeiner Art und Weise zu beeinflussen.

Am Flugplatz unserer Flugschule oder unseres Heimatflugplatzes sind wir vermutlich nach einiger Zeit mit allen Gegebenheiten vertraut. Auch die nähere Umgebung werden wir mit der Zeit immer besser kennenlernen. Innerhalb unserer Ausbildung werden wir bestimmt auch einmal die verfügbaren Flugplätze in der Nähe angeflogen haben, um mögliche Ausweichflugplätze kennenzulernen. In der Vergangenheit hat sich der unerfahrene Pilot zu Beginn seiner Fliegerkarriere nicht weit von seinem Heimatflugplatz entfernt. So ein VFR-Streckenflug benötigt eine sorgfältige Vorbereitung: Kartenvorbereitung, Treibstoffvorrat, NOTAMS, Wetter, Winde, Windkorrektur berechnen, usw. Es war nicht von Nachteil, wenn der unerfahrene Pilot einen solchen Flug mit einer gewissen Portion Respekt antrat. Heutzutage sieht das etwas anders aus: Die Entwicklung immer besserer Avioniksysteme hat auch vor der Hobby- und Privatfliegerei nicht Halt gemacht. Heutzutage ist sogar eine Cessna 152 unter Umständen mit einem Garmin G1000 und Autopilot ausgerüstet. Eine solche Avionikausrüstung bietet Ihnen fast mehr Informationen und Möglichkeiten als die in meinem Tornado. Das bedeutet unter Umständen eine erhebliche Arbeitserleichterung – Funkfrequenzen werden automatisch aufgerufen, es erfolgt eine dynamische Reichweitenberechnung unter Berücksichtigung des Kraftstoffvorrates und des Windes, ich erhalte Wetter und Terraininformationen, GPS-Position, Routenberechnung mit automatischer Windkorrektur, usw. Das bedeutet, dass die Navigation eines Flugzeuges auch über größere Strecken etwas von ihrem Hürden-Charakter verliert. Die größte Herausforderung der Sichtflugnavigation (Clock to map to ground) – wo bin ich und wo fliege ich hin – wird mir ja jetzt vom Flugzeug abgenommen. Was soll mir jetzt schon passieren? Ich habe meine GPS-Position, eine digitale Karte, und Windkorrektur. Zur Not fliege ich halt einfach den GPS-Kurs. Kein Problem, oder? Sogar kurze Exkursionen in IMC-Bedingungen verlieren ihren Schrecken, wenn der Autopilot zusätzlich genutzt werden könnte – obwohl das weder legal noch besonders schlau ist. Das Problem an der ganzen Sache ist, dass unerfahrene Piloten durch diese trügerische Sicherheit Dinge tun, die noch nicht ihrer fliegerischen Erfahrung entsprechen oder die nötige Sorgfalt bei der Flugvorbereitung vernachlässigt wird. So kommt es z.B. immer wieder zu Unfällen, bei denen Piloten auf VFR-Flügen in Schlechtwettergebiete einfliegen, obwohl sie über keine IFR-Berechtigung verfügen. Man vertraut auf den Autopiloten und das GPS-System. Untersuchungsberichte der BFU und anderer europäischer Untersuchungsstellen zeigen immer häufiger auf, dass Privatpiloten größere Risiken akzeptieren, wenn ihre Flugzeuge mit modernen Avioniksystemen ausgestattet sind. Eine Verhaltensweise, die sich leider auch immer wieder in anderen Lebensbereichen wie z.B. dem Straßenverkehr widerspiegelt: Der Mensch vertraut blind auf die Fahrzeugtechnik, ohne entsprechende fahrerische Kenntnisse oder Fähigkeiten zu haben.

Die Cessna berührte in Reiseflugkonfiguration im Geradeausflug die Baumwipfel eines Waldes im ansteigenden Gelände. Das Flugzeug riss eine Schneise von ca. 160 m und wurde dabei auseinandergerissen. Das Hauptwrack prallte auf den Waldboden auf. Alle vier Insassen kamen bei dem Unfall ums Leben.
Die Untersuchung der BFU ergab, dass die vorliegenden Wetterbedingungen nicht geeignet waren, den Flug zum Zielflughafen anzutreten. Die Entscheidung, den Flug dennoch durchzuführen, führte die BFU zum Teil auf vorbehaltloses Vertrauen auf den Gebrauch des GPS-Gerätes zurück. Auf dem letzten Teil der Strecke dieses Fluges waren die erforderlichen Sichtflugminima nicht mehr gegeben und die Entscheidung zur Umkehr längst überfällig.
Der verantwortliche Luftfahrzeugführer setzte den Flug bei schlechten Sichtverhältnissen in niedriger Reiseflughöhe fort und flog dabei in aufliegende Bewölkung ein.
(BFU 3X237-0/00)

Die navigatorische Nutzung moderner GPS-Instrumente verringert sicherlich unter weniger guten Sichtverhältnissen das Risiko eines örtlichen Orientierungsverlustes. Andererseits birgt GPS-Navigation aber die Gefahr, dass ein VFR-Flug nicht rechtzeitig abgebrochen wird.
Ein weiteres Problem moderner Avionik ist die Vielzahl an zur Verfügung gestellten Informationen. Auf den ersten Blick könnte man meinen, dass mehr = besser ist. Allerdings entstehen durch diese Vielzahl an Informationen wiederum andere Probleme. Mehr zu diesem Thema erfahren wir im Kapitel Wahrnehmung.

Terrain

Irgendwann werden wir nicht mehr nur in der Nähe unseres Heimatflugplatzes herumfliegen wollen. Wir werden anfangen, Überlandflüge über weitere Entfernungen durchzuführen. Ein wichtiger Teil der Flugvorbereitung sind auf jeden Fall alle Informationen über unsere Flugroute und den Zielflugplatz. Gerade bei VFR-Flügen sind die Informationen über die Streckenführung und das Gelände unter Umständen überlebenswichtig.

Tiefflug in flachen Terrain durch den Red River, Tx, USA.

Diese Informationen gewinnen vor allen Dingen bei grenzwertigen Wetterverhältnissen massiv an Bedeutung.

Die Cessna 150 befand sich auf einem VFR-Überführungsflug. Der Luftfahrzeugführer flog zunächst ohne Probleme unterhalb der Wolkendecke. Im weiteren Verlauf des Fluges wurden die Wolken mit einem Bedeckungsgrad von 3/8 bis 4/8 immer dichter. Der Luftfahrzeugführer hat sich daraufhin zu einer Fortsetzung des Fluges über den Wolken entschieden. Im weiteren Verlauf habe sich die Bewölkung aber immer weiter verdichtet, so dass ein Sinkflug eingeleitet wurde, um den Reiseflug unter der Bewölkung fortzusetzen. Ein weiterer Grund für den Sinkflug war außerdem der voraus befindliche kontrollierte Luftraum gewesen.
Der Luftfahrzeugführer nutzte ein großes Wolkenloch für den Sinkflug. Unterhalb der Wolken wurde er mit hohem Gelände konfrontiert. Ein erneutes Steigen durch das Wolkenloch war aufgrund der Leistungsfähigkeit des Flugzeuges nicht mehr möglich. Daraufhin entschied sich der Luftfahrzeugführer für eine Notlandung im Wald. Bei der Notlandung wurde das Luftfahrzeug zerstört. Der Pilot konnte das Wrack leicht verletzt verlassen. (BFU 3X008-11)

Bei der anschließenden Untersuchung dieses Unfalls kam die BFU zu dem Ergebnis, dass die zum Unfallzeitpunkt herrschenden Wetterbedingungen in den Höhenlagen der Eifel die Minima für Sichtflüge erheblich unterschritten. Die höheren Erhebungen befanden sich zudem in Wolken. Als sich die Wolkendecke im weiteren Verlauf zu schließen begann, entschied sich der Luftfahrzeugführer den Flug erneut unter den Wolken fortzusetzen. Zu diesem Zeitpunkt hätte der Pilot durchaus noch die Optionen gehabt, beim zuständigen Fluginformationsdienst (FIS) eine Freigabe für den Einflug in den kontrollierten Luftraum zu erbitten. Auch ein Ausweichen zum Moseltal hin oder die Umkehr zum Startflugplatz wären durchaus gute Alternativen gewesen.
Der Pilot war sich der Geländehöhe und der Hindernissituation zu diesem Zweitpunkt nicht mehr bewusst. Erst beim Absinken durch ein Wolkenloch realisierte er das hohe Gelände unterhalb der Wolken. Die nun ausweglose Situation wurde durch den Luftfahrzeugführer erkannt und er entschied sich für die Notlandung innerhalb einer Waldfläche. Letztlich blieb dem Piloten zu diesem Zeitpunkt keine andere Möglichkeit. Es stellt sich natürlich trotzdem die Frage, warum er sich nicht frühzeitig für eine konservative Lösung entschied und sich stattdessen in diese gefährliche Situation brachte. Eine bessere Kenntnis des Geländes hätte den Piloten vielleicht dazu gebracht, eine bessere Entscheidung zu treffen.
Besonders über geschlossenen Wolkendecken kommt es immer wieder zu Fehleinschätzungen über das vorherrschende Geländeprofil darunter. Das Fliegen über einer geschlossenen Wolkendecke in VMC gibt einem ein Gefühl der Sicherheit. Solange man die Orientierung behält (z.B. durch moderne GPS-gestützte Navigationsanlagen), stellt diese Situation erst einmal kein Problem dar. Wenn ich in der Lage bin, meinen Zielflugplatz mit einem Instrumentenanflugverfahren zu erreichen, macht mir das auch keine größeren Sorgen. Problematisch wird diese Angelegenheit allerdings, wenn wir anfangen müssen, ein Loch für unseren VFR-Anflug zu suchen.

Mit der Cessna 172 P eines ortsansässigen Vereins starteten Fluglehrer und Schüler um 14:28 Uhr bei guten Sichtflugbedingungen zu einem Ausbildungsflug. Im Abflug hatte das Flugzeug auf zunächst westlichem Kurs

die geringe Bewölkung über dem Rheintal mit ihrer Untergrenze bei 1700–1800 ft MSL (entspricht ca. 1500 ft GND) bereits wenige Minuten nach dem Start überstiegen.
Aus den Aufzeichnungen der Radarspur war erkennbar, dass das Flugzeug weiterhin im Höhenbereich zwischen FL 36 und FL 45 (ca. 3300–4200 ft MSL) flog. In dieser Höhe befand es sich im Gebiet der Nordeifel oberhalb geschlossener Bewölkung ohne Erdsicht, jedoch dauerhaft in VMC.
Etwa 4 NM südwestlich der Dahlemer Binz nahm die Cessna über geschlossener Wolkendecke um 15:00 Uhr mit einer Kurve nach links Nordostkurs auf und ging in den Sinkflug über. Die durchschnittliche Sinkflugrate betrug ca. 250 ft/min.
Die Besatzung sah vermutlich den Rand des Bewölkungsfeldes sowie das dahinter in Richtung Heimatflugplatz liegende wolkenfreie Gebiet vor dem Durchsinken der Inversionshöhe und steuerte daraufhin in diese Richtung.
Innerhalb der letzten eineinhalb Minuten der Radaraufzeichnung verließ das Flugzeug in ungefähr gleich bleibender Höhe von 1600 ft MSL seinen Nordostkurs und kurvte nach links auf 250°.
Eine definitive Erklärung für diesen Richtungswechsel konnte aus der Untersuchung hinterher nicht abgeleitet werden. Beim Versuch, letzte Wolken am Rande des Wolkenfeldes zu umfliegen, kam es in geringer Flughöhe zum Sichtverlust und in einer kontrollierten Fluglage zur Bodenberührung.
(BFU 3X237-0/03)

Die BFU kam nach der Unfalluntersuchung zu dem Schluss, dass die Besatzung mit der Linkskurve vermutlich letzten Wolkenfetzen auf gleicher Höhe ausweichen wollte, nachdem sie unter sich bereits wieder Erdsicht erlangt hatte. Eine exakte Positionsbestimmung über dem bergigen Gelände war in dieser Phase des Fluges nicht möglich. In Richtung der Unfallstelle stieg das Gelände an. Solange sich die Besatzung auf dem Ausbildungsflug oberhalb der geschlossenen Stratusdecke aufhielt, realisierte sie nicht, dass die Bewölkung im bergigen Gelände der Nordeifel auflag.

Fremde Flugplätze

Eine der aufregendsten Herausforderungen für Piloten stellt die Landung auf fremden Flugplätzen dar. Andere Funkfrequenzen, andere Stimmen auf dem Funk, unbekannte Anflugverfahren, visuelle Referenzpunkte, Höhe des Platzes, Größe der Landebahn. Alle diese Dinge sind unbekannt. Einige dieser Probleme lassen sich recht einfach lösen: Durch gute Flugvorbereitung! Dazu gehört das Zurechtlegen der richtigen Funkfrequenzen genauso wie das Studium der Anflugkarten, egal ob VFR oder IFR. Es ist mit Sicherheit keine gute Idee, sich die Anflugverfahren das erste Mal bei Beginn des Anfluges anzusehen. In meiner Ausbildung zum Jetpiloten war die erste Landung auf einem fremden Platz eine besondere Herausforderung. Neben den eben schon

beschriebenen Dingen ist die Art der Landebahn vermutlich eines der wichtigsten Details. Dabei ist es gleichgültig, ob es sich um eine Graspiste oder eine Betonlandebahn handelt. Jede Bahn sieht aus der Luft anders aus. Man gewöhnt sich schnell an das »Landebild« – oder engl. das »Picture« – des Heimatplatzes; mit der Zeit erkennt man aufgrund der visuellen Referenzen leicht, ob man zu hoch oder zu tief anfliegt, oder wann man mit dem Abfangen für die Landung beginnt. An einem fremden Platz hat der Pilot diesen Luxus leider nicht. Die Landebahn sieht anders aus: Ist sie länger, breiter oder vielleicht sogar leicht angewinkelt und nicht hundertprozentig eben? Ist die Landebahn z.B. breiter als gewohnt, kann die reale Flughöhe unterschätzt werden, was zu einem zu frühen Abfangen des Flugzeuges führen kann. Bei einer schmaleren Bahn wird der Eindruck eines zu tiefen Anfluges erweckt. Genauso können Neigungswinkel der Landebahn dazu führen, dass der Eindruck eines falschen Anflugwinkels erzeugt wird. Bei abfallenden Landebahnen kommen wir uns zu flach vor, bei zugeneigten Bahnen zu steil.
Natürlich lernt der Flugschüler diese Dinge über visuelle Illusionen und Schätzfehler im Rahmen seiner Ausbildung. Hoffentlich erinnert er sich im richtigen Moment auch daran!

Wissensfrage

Als Pilot kann man sich niemals sicher sein, ob man genug Wissen besitzt, um jede erdenkliche Situation sicher überstehen zu können. Selbst die erfahrensten Flieger stellen sich manchmal diese Frage. Aber vielleicht unterscheidet gerade diese Frage den Piloten mit guter Airmanship von anderen. Die Zweifel, nicht genug zu wissen, treiben uns an, konstant an uns zu arbeiten und unser Wissen zu verbessern. Auf der anderen Seite würde diese These bedeuten, dass die Piloten, die glauben alles zu wissen, sich dem größten Risiko aussetzen. Fakt ist, dass es in der Fliegerei kein: »Ich weiß alles!« gibt.
Jeder Pilot durchläuft während seiner »Fliegerlaufbahn« verschiedene Phasen. Ganz egal ob Sie sich an den drei in diesem Kapitel beschriebenen Phasen orientieren, oder diese für sich selbst definieren – eines ist sicher: Für einen Flieger hört das Lernen niemals auf!

Mit dieser Erkenntnis soll das Kapitel »Airmanship« abgeschlossen werden. Wir haben uns intensiv mit den Grundlagen für gute Airmanship befasst und die Wissensgebiete für unser Flugzeug und unsere Umwelt behandelt. Hier beginnt der fließende Übergang in das Gebiet von CRM und Human Factors-Training. Wissen über das Individuum Mensch, menschliches Versagen und Fehler, Teamwork und Risikobewusstsein sind ein integraler Bestandteil von CRM. Wir werden diese Anteile in den folgenden Kapiteln gesondert betrachten.
An der Spitze des Airmanship-Modells finden wir die Anteile von situativer Wahrnehmung (»Situational Awareness«, SA) und Entscheidungsfindung. Nach Toni Kern's Airmanship-Modell führt die Grundlage von Disziplin, Können und Übung gepaart mit dem richtigen Wissen zu einem hohen Situationsbewusstsein. Aufgrund dieses Bewusstseins ist der Pilot anschließend in der Lage, eine richtige Entscheidung zu treffen. Auch die Themen Situationsbewusstsein und Entscheidungsfindung sind Teile der heute gültigen CRM-Ausbildung und werden im Folgenden intensiv behandelt.

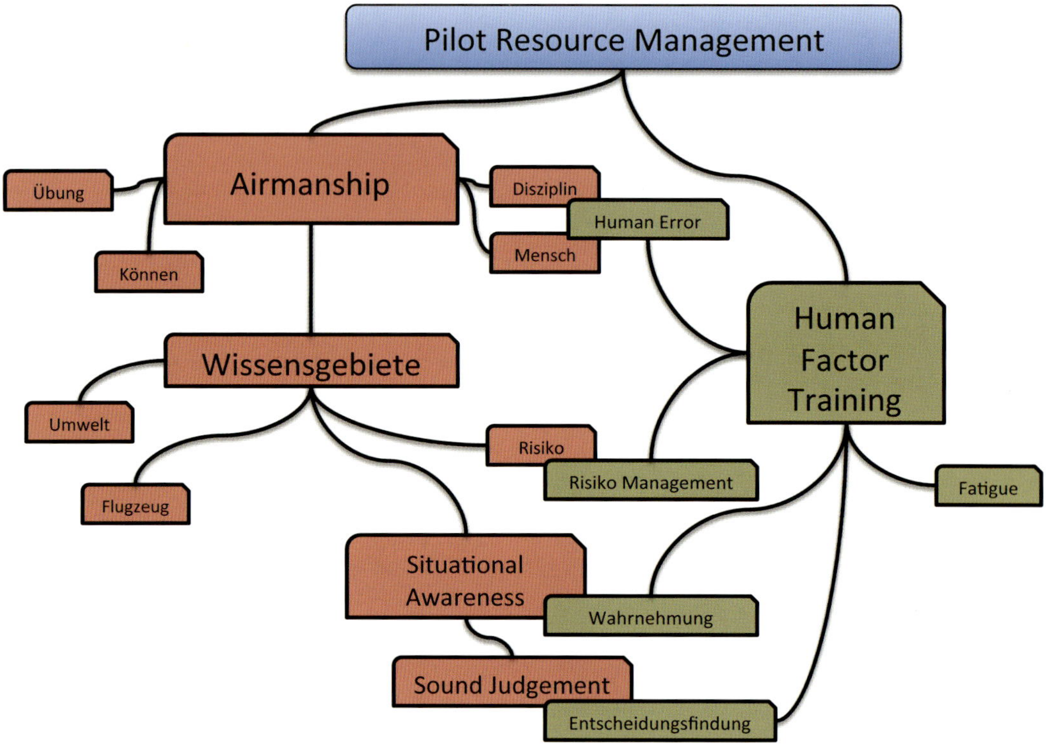

Airmanship im Vergleich mit CRM.

Sie können auf dem Schaubild sehen, dass viele dieser Inhalte sehr eng miteinander verknüpft sind. Sind CRM und Airmanship am Ende doch ein und dasselbe? Oder ergänzen sie sich? Wir werden im Verlauf des Buches versuchen, diese Frage zu beantworten.

EN
AF 70 578
U.S. AIR FORCE
USAF

Kapitel 3

Crew Resource Management

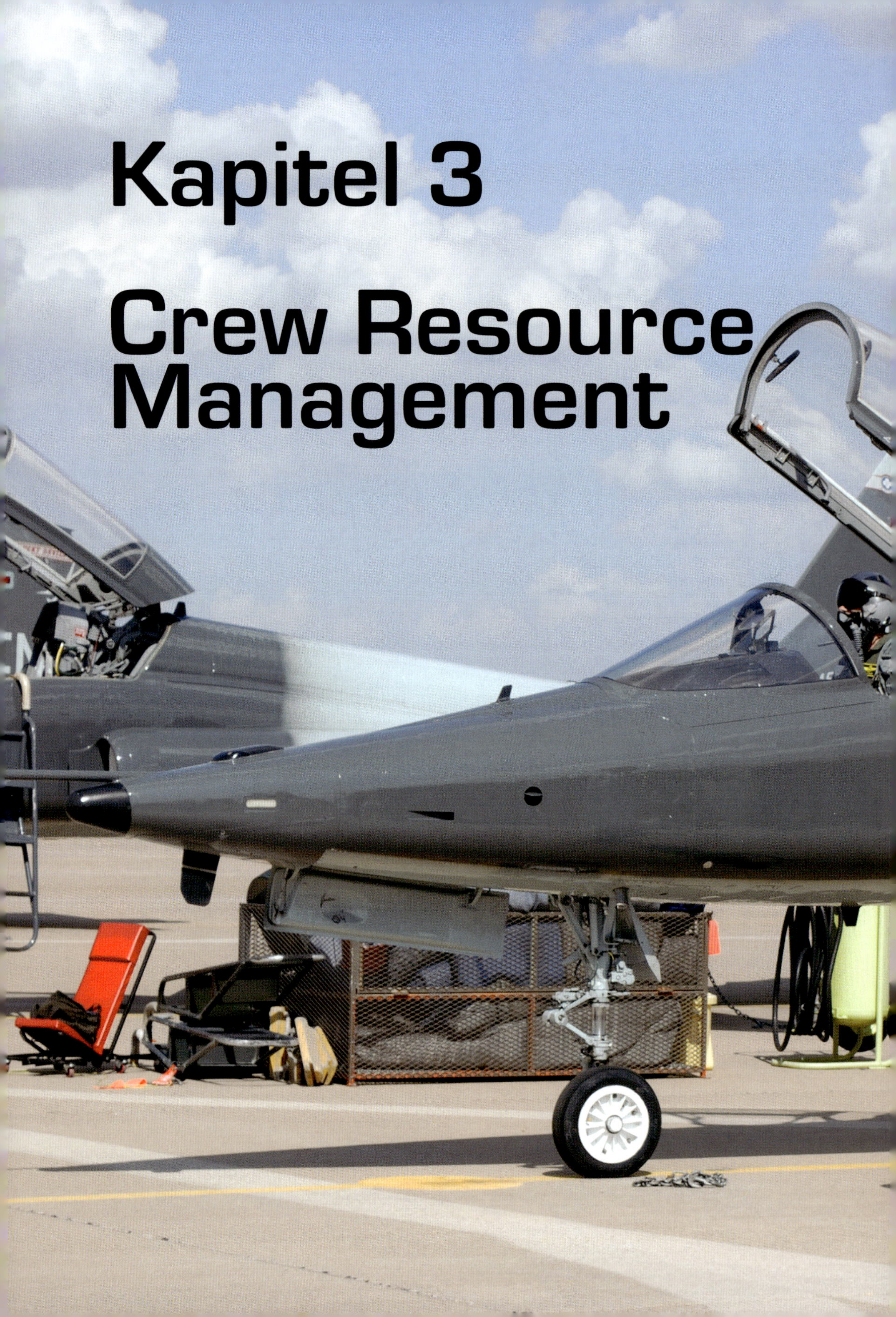

»Airplanes are near perfect, all they lack is the ability to forgive.«

- Dick Collins, Autor -

Die Geschichte von Crew Resource Management - CRM

Portland, Oregon, USA 28.12.1978

Eine McDonnell Douglas DC-8 der United Airlines (Flight 173) war an diesem Tag auf dem Weg von Stapleton International Airport in Denver nach Portland, Oregon. An Bord befanden sich 181 Passagiere und acht Besatzungsmitglieder. Als die Besatzung im Landeanflug das Fahrwerk ausfuhr, leuchtete auf der Instrumententafel nur eine der drei grünen Lampen für die Fahrwerksanzeige auf. Die Crew entschied sich dafür den Landeanflug abzubrechen und das Problem zu untersuchen.
Nach ungefähr einer Stunde stürzte das Flugzeug in einem dünn besiedelten Gebiet ab. Bei dem Absturz kamen zehn Menschen ums Leben, 24 wurden schwer verletzt.

Die anschließende Untersuchung der NTSB (National Transportation Safety Board) kam zu dem Ergebnis, dass mangelnde Zusammenarbeit im Cockpit die Ursache für den Absturz war. Die dreiköpfige Besatzung konzentrierte sich ausschließlich auf die Lösung des Fahrwerkproblems und ließ dabei die Treibstoffanzeige außer Acht. Des Weiteren wurde festgestellt, dass Korrosion in einem Zylinder des Hydrauliksystems im rechten Hauptfahrwerk dieses so stark beschädigte, dass die grüne Lampe im Cockpit nicht aufleuchtete. Das Fahrwerk war ironischerweise komplett ausgefahren und verriegelt.
Menschliches Versagen wurde schnell als Hauptursache für den Absturz in Portland identifiziert, und da es bei vorangegangenen Unfällen ebenfalls zu Problemen bei der Zusammenarbeit und Kommunikation im Cockpit gab, wurde in Kooperation mit der NASA ein Trainingsprogramm entwickelt, um Flugzeugbesatzungen im Bereich der kognitiven und interpersonellen Fähigkeiten zu schulen.
United Airlines führte dann 1981 als erste Fluglinie weltweit das sogenannte »Cockpit Resource Management« (CRM) als verpflichtende Ausbildung für ihre Piloten ein. Man konzentrierte sich zunächst auf das Verhalten im Cockpit, ohne allerdings genaue Vorgaben oder Definitionen zur Verfügung zu stellen. So wurden z.B. Rollenspiele und Übungen ohne Bezug zur Fliegerei genutzt, um Konzepte interpersoneller Fähigkeiten zu schulen. Ebenso sollte CRM-Training nicht nur einmalig stattfinden, sondern jährlich wiederholt werden. Einige CRM-Programme beinhalteten auch die Nutzung des Simulators, um ohne Druck interpersonelle Fähigkeiten trainieren zu können. Die Einführung des CRM-Trainings wurde indes nicht von allen Piloten begrüßt. Viele taten es als »Charm School« (sinngemäß: Etikette-Schule) ab und fürchteten, dass ihre Persönlichkeit manipuliert werden sollte.
Die zweite Generation CRM wurde 1986 bei Delta Airlines eingeführt. Hier wurden die Fertigkeiten von CRM definiert und der Fokus vermehrt auf Kooperation, Teamwork und Entscheidungsfindung gelegt. Das »C« wurde deshalb auch nicht mehr nur als »Cockpit«, sondern als »Crew«

definiert. Die Akzeptanz dieser Kurse war größer als bei der ersten Generation CRM, doch auch hier wurde der immer noch vorhandene psychologische Anteil abschätzend als »Psycho-Blase« deklariert.
Für die dritte Generation von CRM in den frühen 90er-Jahren charakterisierte man zusätzlich die Eigenschaften des Systems, in dem die Besatzung fliegt. Nun wurden nicht nur die Piloten im Cockpit, sondern vielmehr das gesamte System inklusive der Flugbegleiter und Techniker sowie des Managements betrachtet. Auch wurden CRM-Trainings mit Fokus auf bestimmte Aufgabenbereiche entwickelt (z. B. Kurse für angehende Kapitäne).
In dieser Zeit wurde auch das Militär in Europa auf CRM aufmerksam. Die Royal Air Force führte CRM im Jahre 1993 ein, um ihre damals hohe Unfallrate zu senken.
Für die Bundeswehr war der Auslöser für die Einführung von CRM der 22. Oktober 1995, als beim Unfall einer C-160 Transall auf dem Flugplatz Ponta Delgada auf den Azoren alle Besatzungsmitglieder ums Leben kamen. In der Bundeswehr ist eine CRM-Schulung für sämtliches am Flugbetrieb beteiligte Personal seit dem 01.01.2010 verpflichtend.
Die vierte Generation CRM wurde gezielt auf das Training von Flugzeugbesatzungen auf ihrem Einsatzmuster ausgelegt. Auch sollte bestimmtes Verhalten durch die Integration von CRM-relevanten Punkten in Checklisten gefördert werden.
Heute sind wir mittlerweile bei der fünften Generation CRM angelangt. Dieses befasst sich nicht mehr nur mit der Verhinderung von Fehlern, sondern vielmehr mit dem Umgang mit Fehlern und Fehlermanagement.
CRM – oder wie man es auch nennen kann: »Human Factors-Training« – ist heute nicht mehr nur exklusiv in der Luftfahrt zuhause. Wenn wir uns Unfälle und Katastrophen aus anderen Bereichen ansehen, werden wir schnell feststellen, dass am Ende immer der Mensch als Hauptursache steht. Egal ob der Untergang der Titanic, der Estonia, der Costa Concordia, die Umweltkatastrophen von Tschernobyl, der Deep Water Horizon, das ICE-Unglück von Eschede oder der bis heute schwerste Unfall der Luftfahrtgeschichte 1977 in Teneriffa mit 583 Toten.
Immer waren es menschliche Fehleinschätzungen bzw. falsche Entscheidungen, die diese Katastrophen auslösten.

Was ist CRM?

Als staubtrockenen Einstieg in diese doch spannende Materie schauen wir uns zunächst einmal eine der Definitionen von CRM an:

> *CRM ist ein Management System. Durch dieses System sollen alle verfügbaren Ressourcen optimal genutzt werden, um Sicherheit zu fördern und Effizienz zu verbessern.*

Oder auch mehr spezifisch:

> *CRM ist ein durch die Besatzung aktiv angewandter Prozess um bestehende und potentielle Risiken zu identifizieren und durch effektive Kommunikation, Planung und Umsetzung Gefahren zu minimieren oder zu vermeiden. (Heimreich 2000).*

Wie bei fast allen Definitionen klingt so etwas auf ersten Blick einleuchtend. Wie Human Factors-Training jedoch gezielt funktioniert, was die Hintergründe sind, welche »Tools« angeboten werden, erfahre ich so erst einmal nicht.
Gemäß den Joint Aviation Regulations (JAR-OPS)[1] sind die Inhalte für CRM-Trainings wie folgt festgelegt:

- Menschliches Versagen, Fehlerkette, Fehlerverhinderung
- Sicherheitskultur, SOP's (Standard Operating Procedures), organisationale Faktoren
- Stress, Stress Management, Ermüdung
- Situative Aufmerksamkeit, Wahrnehmung
- Entscheidungsfindung
- Kommunikation, Koordination innerhalb und außerhalb des Cockpits
- Führungsverhalten, Teamverhalten
- Automation
- Typenrelevante Unterschiede
- Behandlung von Fallbeispielen
- Themen die besondere Aufmerksamkeit erfordern, Identifikation von Gefahren innerhalb des Flugsicherheitsprogramms

Diese Inhalte sind für Personal, das sich im Regelbereich der JAR-OPS bewegt, identisch. Egal ob für Piloten (Crew RM), Mechaniker (Maintenance RM), Fluglotsen (Team RM) oder sonstiges Kabinenpersonal. Die Ausbildungsinhalte werden in der Regel anhand von Fallbeispielen auf die jeweilige Zielgruppe angepasst.
Human Factors-Training zielt in erster Linie auf die Verbesserung »nicht-technischer Fertigkeiten« von Menschen ab – die »NON TECHNICAL SKILLS« oder auch kurz: »NOTECHS«.

Hinter diesen verbergen sich:

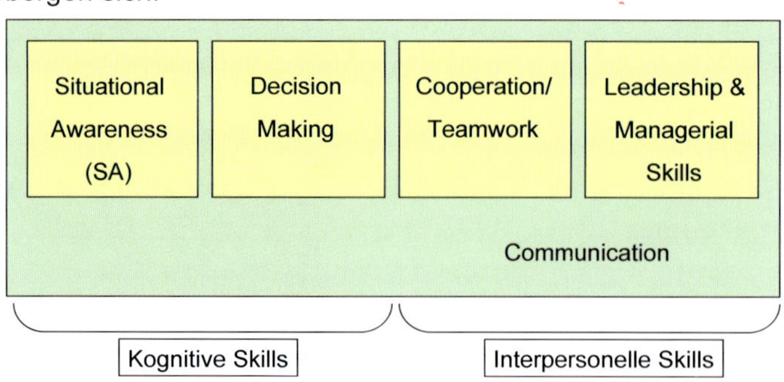

[1] Appendix 1 to JAR-OPS 1.965, Recurrent training and checking – Pilots (a) (4)

Diese Fertigkeiten werden hinsichtlich kognitiver und interpersoneller Fertigkeiten unterschieden. Kommunikation ist in allen Bereichen ein beitragender Faktor.
In diesem Buch beschäftigen wir uns hauptsächlich mit den kognitiven Fertigkeiten der NOTECHS, da wir davon ausgehen, dass wir unser Flugzeug in der Regel alleine bewegen.

Funktioniert CRM überhaupt?

In den Anfängen der Fliegerei war die Hauptunfallursache hauptsächlich die Technik. Das verwundert zunächst einmal nicht. Denn eine junge, unbekannte Technologie entwickelte sich zunächst durch »Trial and Error« (Versuch und Irrtum). Da man entsprechend wenig Erfahrung auf dem Gebiet der Fliegerei hatte, wurden in der Konstruktion der Fluggeräte teils gravierende Fehler gemacht. So mancher Pionier bezahlte das mit seinem Leben.
Mit dem Heranreifen der Technik nahm jedoch die Unfallursache Technik stetig ab. Ausnahmen gab es natürlich teilweise immer wieder durch die Einführung neuer Technologien, wie z.B. der Jettriebwerke. Doch heute vertrauen wir der Technik fast ohne Einschränkung. Diese Tatsache ist auch absolut gewollt und gut. Oder würden Sie heute in ein Flugzeug steigen, bei dem eine 20%-Chance besteht, dass ein Triebwerk ausfällt? Sehen Sie, ich auch nicht! Der Mensch steht also im Fokus. Er ist mit ca. 70%–80% der Unfallverursacher Nummer 1. Wenn aber der Mensch über Jahre hinweg bei bis zu 80% aller Unfälle als Hauptursache gilt, was bringt dann CRM?
Seit der Einführung von CRM wird über den Nutzen eines solchen Trainings diskutiert. Die Argumente für und wider sind vielfältig. In erster Linie lassen sich beweisbare Fakten nur schwer erbringen. Wir können schließlich nicht beurteilen, ob die Unfallzahlen seit der Einführung von CRM nur aufgrund dieser Trainings rückläufig sind oder wie sich diese Zahlen entwickelt hätten, wenn CRM nicht eingeführt worden wäre. Fakt ist: Unfallzahlen sind insgesamt rückläufig und die Unfallrate mittlerweile so niedrig, dass es nicht möglich ist, hieraus Rückschlüsse auf den Erfolg von CRM-Training zu ziehen.
Es ist allerdings auch Fakt, dass sich trotz rückläufiger Unfallzahlen der Schweregrad der Unfälle verschlimmert. Das heißt im Klartext: Es passiert weniger, aber wenn etwas passiert, ist das Ergebnis katastrophaler. Die Unfallraten im Luftverkehr sind heutzutage allerdings so gering (zumindest im Flugverkehr der westlichen Welt), dass eine weitere Verringerung kaum sichtbar erscheint. Das Ziel muss es daher sein, die absolute Zahl von Unfällen und Zwischenfällen zu senken.
Die erste militärische Organisation, die CRM fest in die Ausbildung ihrer Piloten integrierte, war die United States Navy im Jahr 1989. Die Navy führte CRM als Bestandteil der A-6 Intruder-Pilotenausbildung ein. Obwohl auch hier mentale Barrieren zu überwinden waren (»Kampfpiloten brauchen so was nicht« – dazu später noch mehr), konnte die Unfallrate in den Folgejahren dramatisch gesenkt werden. Der positive Effekt war nicht nur im militärischen Umfeld zu spüren, auch im Bereich der Zivilangestellten machte sich das verbesserte Teamwork bemerkbar und führte zum effektiveren Arbeiten. Die CRM-Welt könnte jetzt jubeln und sagen: »Seht ihr, das ist der Beweis, dass es funktioniert!« Leider stiegen die Unfallzahlen nach 1992 aber wieder auf annähernd das alte Maß an. So einfach ist es also scheinbar nicht.

Eine weitere Möglichkeit zur Bestätigung von funktionierenden CRM ist das Heranziehen von Zwischenfällen oder Unfällen, die keinen katastrophalen Ausgang hatten. Nur leider sind Vorfälle dieser Art nicht immer meldepflichtig oder äußerst selten, so dass wir zum Teil gar nicht wissen, wo überall gutes CRM stattgefunden hat und ein schlimmes Ereignis verhindert wurde. In den meisten Fällen sprechen wir hinterher über Todesopfer, schlechte Entscheidungen und dumme Fehler. Aber zum Glück nicht immer:

Am 19. Juli 1989 befand sich United Airlines-Flug 232 auf dem Weg von Denver nach Philadelphia. Die DC-10 erlitt nach ca. einer Stunde Flugzeit einen Triebwerkschaden an der Turbine Nummer 2. Dieses Triebwerk befindet sich bei der DC-10 unterhalb des Seitenleitwerks. Aufgrund des Triebwerksschadens wurde die Schutzummantelung des Triebwerksgehäuses zerstört, was daraufhin zu einem kompletten Hydraulikausfall der drei eigentlich unabhängigen Systeme führte.
Kapitän Alfred C. Haynes und seine Crew bemerkten bald, dass das Triebwerksversagen auch alle hydraulisch betriebenen Steuerelemente nahezu unbrauchbar gemacht hatte und das Flugzeug somit nicht mehr steuerbar war. Die einzige Möglichkeit zur Kontrolle des Flugzeuges war die Benutzung der beiden verbliebenen Triebwerke.
Die Schwierigkeiten, denen sich die Besatzung nun konfrontiert sah, fielen dem zufällig als Passagier an Bord befindlichen DC-10-Fluglehrer Dennis Fitch auf. Er bot ohne zu zögern seine Hilfe an. Ihm wurde die Benutzung der Schubhebel übertragen. Man war so in der Lage, das Flugzeug in der Luft zu halten. Nachdem Luftnotlage erklärt wurde und man als Notlandeplatz den Flugplatz in Sioux City ausgewählt hatte, versuchte die Besatzung die DC-10 auf die 2743 m lange Landebahn 31 auszurichten. Als das Flugzeug aus der letzten Kurve ausrollte, sah man sich allerdings mit der viel kürzeren Landebahn 22 konfrontiert. Es gab nun jedoch kein Zurück mehr. Die Besatzung entschloss sich notgedrungen, den Anflug auf die nur 2012 m lange Bahn fortzusetzen. Ein weiteres Problem bei der Landung bestand darin, dass durch die beschädigten Hydrauliksysteme keine Landeklappen gesetzt werden konnten und somit die Geschwindigkeit für die Landung nicht reduziert werden konnte.
Dennis Fitch schaffte es, das Flugzeug bis kurz vor dem Aufsetzen einigermaßen unter Kontrolle zu halten. Er war aber nicht mehr in der Lage, die kurz vor der Landung zunehmende rechte Schräglage zu kompensieren.
Die DC-10 schlug zuerst mit der rechten Tragfläche auf der Landebahn auf, kam ins Schleudern und zerbrach danach in mehrere Teile. Das Cockpit wurde abgetrennt und der mittlere Teil des Flugzeugs geriet in Brand. Von den 285 Personen an Bord kamen 111 ums Leben.
Kapitän Hayes, Dennis Fitch und die beiden anderen Mitglieder der Cockpitbesatzung überlebten das Unglück schwer verletzt.

Dieser Vorfall ist einer der am meisten beachteten Unfälle in der amerikanischen Luftfahrtgeschichte. Aufgrund der relativ langen Zeit zwischen der Erklärung der Luftnotlage und der Landung (ca. 45 Minuten) waren neben den zahlreichen Rettungsmannschaften auch diverse Fernsehteam vor Ort, sodass der Anflug sogar live gefilmt werden konnte (das Ereignis wurde 1992 unter dem Titel »Crash Landing – The Rescue of Flight 232« mit Charleton Heston in der Hauptrolle auch verfilmt).
Die Kapitäne Hayes und Fitch machten im Nachhinein immer wieder deutlich, dass nur die konsequente Anwendung von CRM und die damit verbundene exzellente Koordination aller verfügbaren Hilfsmittel am Boden und in der Luft dazu führten, dass bei diesem Absturz nicht mehr Menschen ihr Leben verloren.
Man sollte allerdings auch die fliegerische Leistung der Besatzung nicht außer Acht lassen. Nach erfolgter Unfalluntersuchung schickte man im Anschluss zahlreiche sehr erfahrene Besatzungen für eine Rekonstruktion der Ereignisse in den Simulator. Selbst die erfahrensten Werkstestpiloten von McDonnell Douglas kamen nicht näher als zehn Meilen an den Flugplatz heran, bevor sie abstürzten.
Kapitän Hayes nannte allerdings noch einen weiteren Grund, der dazu beitrug das Flugzeug bis nach Sioux City zu bringen – unverschämtes Glück!
Ebenso für erfolgreiches CRM steht die Notwasserung von »Cactus 1549« im New Yorker Hudson River. Der Airbus der US Airways erlitt kurz nach dem Start in La Guardia, New York, einen massiven Vogelschlag, durch den beide Triebwerke ausfielen. Nur durch das perfekte Zusammenspiel der Crew und einer herausragenden fliegerischen Leistung von Kapitän Chesley Sullenberger kam bei der Notwasserung niemand ums Leben.
Wir kennen also spektakuläre Beispiele für richtig angewandtes CRM. Leider (oder auch zum Glück) haben wir keinen Vergleich, wie Crews ohne eine CRM-Ausbildung gehandelt hätten.
Die bis heute beste Möglichkeit um die Wirksamkeit von Human Factors-Training zu messen, ist das Beobachten von Flugzeugbesatzungen während eines Einsatzes und die Akzeptanz, die ein solches Training innerhalb der beobachteten Gruppe genießt. In der kommerziellen Luftfahrt sind mittlerweile Simulatoren, in denen die NOTECHS der Besatzung bewertet werden, zur Verpflichtung geworden. Nach JAR-OPS muss jeder Pilot seine CRM-Fertigkeiten nachweisen. Die Tatsache, dass die Crew unter Testbedingungen ihre Fähigkeiten nachweist, bedeutet allerdings noch lange nicht, dass dies auch im täglichen Routinedienst geschieht. Am ehesten können demnach Rückschlüsse gezogen werden, wenn die Besatzung keine Kenntnis über die Prüfsituation hat. Auswertungen solcher Überprüfungen haben gezeigt, dass Audits und wiederholtes Training die gewünschten Verhaltensänderungen bewirken.
Ein anderer Aspekt ist die Offenheit und eine positive Einstellung gegenüber Human Factors-Training. Es hat sich gezeigt, dass Personal mit einer positiven Einstellung weniger oft in Zwischenfälle verwickelt ist als Personal, das gegenüber CRM eine ablehnende Haltung hegt.
Hier liegt eines der Probleme von CRM und Human Factors-Training. Wer glaubt, dass sich CRM durch einfaches Training in den Köpfen der Zielgruppe festsetzt und nun Unfälle zukünftig so einfach vermieden werden können, liegt leider falsch. Die Gründe hierfür sind vielfältig und ich habe die meisten davon sogar selbst durchlebt.

1. So sind wir z.B. erstmal skeptisch gegenüber allem, was neu ist oder aus einem Bereich kommt, mit dem wir uns gar nicht so recht anfreunden können.

Die ersten CRM-Trainings wurden von Psychologen entwickelt und haben auch heute selbstverständlich einen psychologischen Hintergrund. Nun, ein Pilot durchläuft während seiner Ausbildung zunächst einmal diverse Auswahlverfahren, bei dem er häufig von – dreimal dürfen Sie raten – Psychologen beurteilt wird. Piloten haben daher meist gegenüber Psychologen, deren Aufgabe es ist, sie an genau dem zu hindern was sie so gerne tun wollen, nämlich fliegen, eine gesunde Abneigung entwickelt. In den meisten Fällen haben Psychologen ja vom Fliegen gar keine Ahnung. Und jetzt soll mir also durch ein »psychologisches Training« klar gemacht werden, was ich sowieso schon weiß. So etwas brauche ich nicht! So kommen wir also nicht wirklich weiter...

2. Dieses CRM ist doch nichts weiter als gesunder Menschenverstand oder »Common Sense«.

Viele Personen, die das erste Mal mit CRM oder Human Factors-Training in Berührung kommen, sagen nach ersten Seminarinhalten: »Das macht ja alles Sinn, aber es ist ja eigentlich nichts weiter als gesunder Menschenverstand, wieso brauche ich dafür ein Training?«
Die Bewertung von CRM-Training als »Common Sense« löst allerdings unser Problem nicht – das Problem, dass Menschen anscheinend immer wieder Fehler machen, die für den Außenstehenden sogar unglaublich dumm oder leichtsinnig erscheinen. Die Antwort auf dieses Problem liegt nicht darin zu wissen, *dass* ein Fehler gemacht wurde, sondern zu verstehen, *warum* er gemacht wurde. Zusätzlich soll mich ein Human Factors-Training für kritische Situationen sensibilisieren.

3. »Früher haben wir solche Dinge an der Bar besprochen! Wieso muss ich dafür heute an einem Seminar teilnehmen?«

Dieses Argument habe ich unzählige Male, gerade aus Militärkreisen, gehört. Und ja, es stimmt: Ich war früher auch gerne nach dem Flugdienst an der Bar, wo man ein kleines Schwätzchen hielt und sich Geschichten erzählte und auch so manchen Luftkampf im Nachhinein doch noch gewann. Wenn wir uns allerdings einmal die Flugunfallrate der Vergangenheit anschauen, müssen wir uns aber auch klarmachen, dass die Sache mit der Bar als Flugunfallverhinderungsinstrument nicht so recht funktioniert hat.

4. »Das kommt ja aus der Zivilluftfahrt, wir brauchen so was nicht!«

Als die Bundeswehr 1995 eine C-160 auf den Azoren verlor und die Besatzung ums Leben kam, machte man sich in der militärischen Führung Gedanken darüber, CRM strukturiert auch in der Luftwaffe, bzw. Bundeswehr einzuführen. Die Parallelen in der Zusammensetzung der Crews im Bereich der Transportflugzeugbesatzungen sind auf den ersten Blick offensichtlich. Im Bereich der Kampfflugzeuge, wo sich die Besatzung aus einem Piloten und einem Waffensystemoffizier mit klar getrennten Aufgabengebieten zusammensetzt, tat man sich hier mit der Umsetzung deutlich schwerer. Als Kampfpilot stand man nämlich über den Dingen und war nahezu unantastbar. Wenn Fehler gemacht wurden, war das ausschließlich auf das Unvermögen Einzelner zurückzuführen. Ich muss zugeben, dass ich zu der damaligen Zeit durchaus ähnlicher Auffassung war.

Bis sich diese Grundeinstellung schließlich änderte, vergingen fast 15 Jahre. Seit 2010 muss jeder Luftwaffenpilot in regelmäßigen Abständen, analog zu zivilen Regularien, an CRM-Fortbildungen teilnehmen, um seine Fluglizenz zu erhalten.

Und auch in einsitzigen Kampfflugzeugen ist CRM ein Thema. Auch wenn hier offensichtlich der Bereich der »Crew« eigentlich gar nicht vorhanden ist – es sitzt ja nur ein Pilot im Flugzeug. Der Bereich der Crew erstreckt sich hier auch außerhalb des Cockpits. So wird hier der Begriff »Crew« z.B. auf den Flügelmann ausgeweitet.

Human Factors-Training führt durch die einfache Teilnahme an Seminaren nicht zwingend zum Erfolg. Um mit Human Factors-Training erfolgreich zu sein, benötigt es eine innere positive Einstellung zur Thematik. Ohne diese Einstellung werde ich keine Verhaltensänderung erzielen können. Daraufhin zielt am Ende alles ab: Wir wollen eine Verhaltensänderung erzielen mit dem Ziel, unsere vorhandenen Ressourcen besser zu nutzen, uns für menschliche Schwächen zu sensibilisieren, um effizienter und sicherer zu werden.

Falls Sie bereit sind, sich auf diese Erfahrung einzulassen und der Thematik Human Factors-Training positiv gegenüberstehen, lassen Sie sich im Folgenden weiter inspirieren. Es wird Sie, da bin ich mir sicher, zu einem besseren Piloten machen!

CRM für Privatpiloten

Braucht man als Privatpilot ein CRM-Training? Vielleicht müssen wir das Ganze von einem anderen Blickwinkel betrachten:

> *Ein Kapitän einer 747-400 rollt sein Flugzeug nach erfolgreicher Landung in Frankfurt ans Gate, erledigt den nötigen Papierkram, wechselt in seine zivile Kleidung und fährt zum nächstgelegenen Sportflugplatz, um sich zum Zeitvertreib eine Cessna 172 zu mieten und ein wenig Sightseeing zu betreiben.*
>
> *Er holt sich eine Wetterberatung und bereitet einen IFR-Flugplan vor. Als er den Flugplan dann aufgeben will, fragt ihn der Berater, ob noch etwas in das »Remarks«-Feld kommt. Er antwortet:» Remarks... . Oh ja, schreiben Sie in das Feld, dass ich eine Luftnotlage erkläre!«*
>
> *Auf die Nachfrage ob das wirklich sein Ernst sei, sagt er:» Ja natürlich, ich habe nur ein Triebwerk, bin alleine im Cockpit, habe nur ein Radio, also, da wo ich sonst fliege, ist das eine Luftnotlage!«*

Zugegeben ist diese scherzhafte Darstellung vielleicht etwas übertrieben, jedoch ist auch etwas Wahres daran. Statistiken aus den USA belegen, dass ein einzelner Pilot eine 1,6-mal höhere Wahrscheinlichkeit hat, in einen Unfall verwickelt zu werden als eine Zweimann-Besatzung. Im Jahre 2005 waren in 80% aller Unfälle auf zweimotorigen Turbopropflugzeugen einzelne Piloten involviert. In den USA hat die Federal Aviation Administration (FAA) mittlerweile ein CRM-Training für Privatpiloten entwickelt. Es nennt sich SPRM – »Single Pilot Ressource Management«.

Es wird durch die FAA wie folgt definiert:

> *Die Fähigkeit alle dem Privatpiloten verfügbaren Informationen (an Bord des Flugzeugs und von Außen) vor und während des Fluges so zu verarbeiten, dass an einer erfolgreichen und sicheren Ausführung nie Zweifel besteht.*

Auch im Bereich der Privatfliegerei sind die Unfallursachen in der Hauptsache beim Menschen zu suchen. Warum sollten wir hier nicht auch ein Human Factors-Training nutzen, um sicherer zu werden. Es besteht bis heute keine wirkliche Verpflichtung für dieses Training, und es ist auch nicht an den Lizenzerhalt gebunden. Eine Weiterbildung in diesem Bereich erfolgt also ausschließlich freiwillig. In den letzten Jahren wurde HPL (Human Performance Limitations)-Training in die Grundschulung für angehende Privatpiloten aufgenommen. Dieser Schritt ist sehr begrüßenswert. Allerdings zeigt die Wissenschaft und die Erfahrung mit Human Factors-Training in der professionellen Luftfahrt, dass dieses Training nur durch regelmäßige Wiederholung erfolgreich sein kann. Ein einmaliges Training während der Grundschulung reicht hierfür nicht aus. Um effektives Human Factors-Training für Privatpiloten zu entwickeln, bedienen wir uns natürlich in der Hauptsache bei den Modulen und Werkzeugen der allgemein gültigen Vorgaben und Inhalten gemäß JAR-OPS bzw. der EASA. Jedoch spezifizieren wir Bereiche, die für den Privatpiloten herausstechen. Geforderte Module gem. JAR-OPS wie z.B. Führung und Management, Teamwork und Kommunikation stehen hier nicht im Vordergrund. Wir befassen uns hier mit den Themengebieten, zu denen wir als einzelner Pilot, als »Single Pilot«, einen direkten Zusammenhang sehen.

Single Pilot Airplane – diese Grumman Tiger kann aber natürlich auch zu Zweit geflogen werden.

Eine kleine Unachtsamkeit kann immer zu einem katastrophalen Ausgang führen. Gerade im Einmann-Cockpit sind wir einer nicht zu unterschätzenden Arbeitsbelastung (engl. Workload) ausgesetzt. Hier kann es schnell dazu führen, dass wir mal eine Kleinigkeit übersehen:

> *Das Flugzeug war zu einem privaten Reiseflug nach Instrumentenflugregeln (IFR) mit dem Ziel auf den Nordfriesischen Inseln gestartet. An Bord befanden sich der verantwortliche Flugzeugführer und zwei Passagiere. Östlich von Helgoland hob der Pilot gegen 18:33 Uhr den IFR-Status auf und setzte den Flug nach Sichtflugregeln (VFR) fort. Mit Kurs auf die Kontrollzone des Zielflugplatzes begann er kurz darauf aus Reiseflughöhe FL 80 mit dem Sinkflug.*
> *Zum Einflug in die Kontrollzone wurde das Flugzeug vom Tower des Zielflughafens freigegeben. Der Meldepunkt Hotel wurde in ca. 1500 ft GND passiert. Um 18:48:41 Uhr meldete der Flugzeugführer, dass er sich im Endteil der Bahn 06 befinden würde.*
> *Als letzter Kontakt wurde um 18:48:55 Uhr der Funkspruch seiner Bestätigung zur erteilten Landefreigabe aufgezeichnet. Als Hintergrundgeräusch war dabei im Funk der pulsierende Ton der Fahrwerkswarnung zu hören. In der weiteren Phase des Endanfluges kam es zum Ausfall des Triebwerks. Der Tiefdecker kollidierte mit zwei Bäumen und schlug auf einer Straße auf. Nach einer kurzen Rutschstrecke kam das Wrack an einer Böschung zum Stillstand. Das Triebwerk wurde in die Kabine gedrückt und klemmte die beiden vorn sitzenden Insassen in der Kabine ein.*
> *Der Flugzeugführer erlag seinen Verletzungen an der Unfallstelle, während beide Fluggäste schwer verletzt geborgen wurden.*

Die Unfalluntersuchung stellte hinterher fest, dass Benzinmangel für den Ausfall des Triebwerks verantwortlich war. Der Tankwahlschalter war auf den linken Tank geschaltet. Dieser war leer. Im rechten Tank befanden sich zum Zeitpunkt des Unfalls noch über 85 Liter.
Wir können leider nicht mehr feststellen, warum der Pilot vergessen hat, die Tankgruppe zu wechseln. Aufgrund der aktivierten Fahrwerkswarnung könnten wir den Eindruck bekommen, dass es vielleicht im Cockpit kurzzeitig etwas hektisch wurde, was möglicherweise zu einer Ablenkung führte und daraufhin der Schalter vergessen oder übersehen wurde. Allerdings liegt das doch sehr im Bereich der Spekulation. Fakt ist aber, dass dies ein leicht vermeidbarer Fehler gewesen ist. Solche Fahrlässigkeiten zu verhindern, muss eines unserer Ziele sein.
In den folgenden Kapiteln werden wir uns speziell mit den Themenbereichen befassen, die für uns im Einmann-Cockpit am Wichtigsten sind, um dann in den Kapiteln 9 und 10 konkrete Anwendungshilfen für Ihren täglichen Gebrauch zu entwickeln.
Lernen aus unseren Fehlern ist einer der Hauptgründe dafür, warum CRM-Training entwickelt wurde. Manchen Menschen fällt gerade das schwer. Wir werden uns leider den Luxus nicht leisten können, jeden Fehler, den ein Pilot begehen kann, selbst auszuprobieren. Gerade wir Flieger müssen aus den Fehlern anderer lernen.
In der Militärfliegerei gelten für den Luftkampf die sogenannten »Rules of Engagement« oder »ROE's« – übersetzt sinngemäß: »Die Regeln des Kampfes«. Jeder Kampfpilot kennt sie, trotz-

dem werden sie vor jedem Übungseinsatz mit Luftkampfanteil gebrieft. Sie legen im Grunde genommen die Spielregeln für den Kampf fest. Als Fluglehrer haben wir unsere Schüler, die wir in die Kunst des Luftkampfes einführten, immer belehrt, wie wichtig gerade diese Regeln sind. Denn diese Regeln wurden mit dem Blut gefallener Kameraden geschrieben. Diese Regeln entstanden, weil es bei Luftkampfübungen regelmäßig zu Zusammenstößen und Unfällen kam. So wurden aus Unfällen heraus Verfahren und Regeln entwickelt, um die Luftkampfübungen sicherer und kontrollierbarer zu machen, ohne dabei den Übungseffekt einzuschränken. So lernen wir heute immer noch von den Fehlern anderer.

CRM – oder Human Factors-Training – ist eine spannende Materie. Wir versuchen zu verstehen, warum der Mensch manchmal Dinge tut, für die wir hinterher nur schwer eine Erklärung finden können. Der erste Schritt auf dem Weg zur effektiven Anwendung von CRM ist die Einsicht, dass Menschen Fehler machen. Wir sind nicht perfekt. Wir unterliegen bestimmten psychologischen Verhaltensweisen, die uns in bestimmten Situationen negativ beeinflussen. Im Kapitel Airmanship haben wir die Wissensgebiete kennengelernt. CRM oder Human Factors-Training widmet sich im Detail dem größten Stützpfeiler des Airmanship-Modells: dem Menschen. Im komplexen System Mensch-Maschine wird viel Wert auf das Wissen über unser technisches Gerät und unsere Umwelt gelegt. Aber über den menschlichen Hauptdarsteller in diesem komplexen System wissen wir vergleichsweise wenig. Darum widmen wir uns im folgenden Kapitel zunächst einmal dem »Faktor Mensch«.

Kapitel 4
Human Error

»Errare humanum est«

vermutlich von Seneca dem Älteren (um 55 v.– 40 n. Chr.)

»Ich bin überzeugt davon, dass Piloten nicht genug Nutzen aus ihren Fehlern ziehen [...]
Die Tendenz, eigene Fehler zu ignorieren, muss überwunden werden, wenn wir, die Gemeinschaft der Piloten, sicherer und schlauer fliegen wollen [...]
Die meisten Fehler enden nicht tödlich, und wir müssen uns diese Fehler als Lernbeispiele zu Nutzen machen [...]
Unglücklicherweise neigen wir dazu, unsere Fehler so schnell wie möglich zu vergessen oder zu verdrängen [...]
Nachforschungen zeigen, dass die besten Kommandanten ihre Fehler offen ansprechen [...]
Niemand mag Fehler, aber wir sind verpflichtet, aus unseren Fehlern zu lernen. Auch wenn wir lieber Fehler vergessen – oder sogar vertuschen wollen – würden wir uns die Gelegenheit nehmen, zu lernen. Erfahrung mag an oberster Stelle stehen, aber wir haben einfach nicht die Zeit, um jeden Fehler selbst machen zu können. Darum müssen wir auch von den Fehlern anderer lernen, und ebenso anderen helfen von unseren Fehlern zu lernen.«
- Alan Diehl, Unfalluntersucher, NTSB und USAF -

Alan Diehl's Worte sind sicherlich einleuchtend, aber ist es wirklich so einfach? Was ist eigentlich ein Fehler?
Ein Fehler beschreibt im Allgemeinen eine Abweichung von einem als richtig angesehenen Verhalten oder das Verfehlen eines gewünschten Handlungsziels.
Definitionen von Fehlern gibt es viele und die obige ist sicherlich eine recht einfach gehaltene. Ich finde aber, sie trifft den Nagel dennoch auf den Kopf. Hinter dieser kurzen Definition verbergen sich jedoch auch noch einige Ergänzungen:

1. Wir sprechen nur von Fehlern, wenn menschliches Handeln betroffen ist. Maschinen machen keine Fehler, sie sind entweder defekt oder falsch programmiert. Und dies hätte als Ursache wiederum einen menschlichen Fehler.

2. Fehler setzen voraus, dass das Wissen und Können für die korrekte Ausführung der Handlung vorhanden war.

Hinter Diehl's Worten verbirgt sich noch eine andere Aussage. Wir müssen aus unseren Fehlern und den Fehlern anderer lernen. Lernen geschieht zu einem Großteil aus unseren eigenen Fehlern. Fehler sind also sogar in einer gewissen Weise nötig, sonst entwickeln wir uns nicht weiter. Allerdings haben wir in der Fliegerei mit dieser Einstellung ein kleines Problem, wie Diehl ja schon schreibt: Wir können gar nicht jeden einzelnen Fehler selber machen. Viele Menschen haben in der Fliegerei für ihre Fehler leider mit dem Leben bezahlt. Wollen Sie denselben Fehler ebenfalls begehen, oder wollen Sie lieber aus den Fehlern anderer lernen?
In diesem Kapitel wollen wir Fehler im Zusammenhang mit Sicherheit oder Unfällen betrachten und versuchen, die Ursachen für Fehler zu ergründen. Dass der Mensch Fehler macht, gehört zu unserem täglichen Leben dazu. Diese Tatsache haben wir sicherlich akzeptiert. Nur leider

beschränken sich Fehler nicht immer nur auf unseren Alltag. Fehler von Menschen in Hochrisikoberufen führen oft zu Unfällen mit schweren Folgen für Umwelt, Mensch oder hohen finanziellen Verlusten. Der Ansatz dieser Branchen folgt deshalb oft dem Streben nach absoluter Fehlerlosigkeit.

Dazu nutzt man in der Regel die folgenden Maßnahmen:

1. Wir schaffen noch mehr Regeln und (Sicherheits-) Vorschriften.

2. Wir versuchen, menschliches Handeln vermehrt durch den Einsatz von Automatisierung zu ersetzen.

Und scheinbar haben wir damit Erfolg. Die Unfallrate von Flugunfällen ist so niedrig wie noch nie zuvor. Wir leben mittlerweile in einer hochtechnisierten Welt. Unsere Flugzeuge, Schiffe, Maschinen, Kraftwerke, Züge und Autos werden durch die Entwicklung der Technik immer besser und sicherer. Aber der Schein trügt. Es kommt trotzdem immer wieder zu Unfällen oder gar Katastrophen. Und in 70–80% aller Unfälle der Luftfahrt ist der Mensch das schwächste Glied in der Kette der Ereignisse!
Diese Erkenntnis hilft uns zunächst jedoch nicht viel weiter. Wir lösen so nämlich nicht die eigentliche Frage. Warum machen Menschen eigentlich Fehler? Wir werden im Laufe dieses Kapitels dieser Frage auf den Grund gehen.
Ein wichtiger Aspekt in Sachen menschlicher Fehler ist die Tatsache, dass niemand vor Fehlern gefeit ist. Wir mögen gerne annehmen, dass die besten Piloten keine Fehler machen, oder wenn überhaupt nur Kleinigkeiten übersehen. Dass dem leider nicht so ist, mussten am 27.03.1977 583 Menschen mit dem Leben bezahlen.

Am 27. März 1977 ereignete sich auf Teneriffa (Kanarische Inseln) das bis heute schwerste Flugzeugunglück der Zivilluftfahrt. An diesem Tag kollidierte eine Boeing 747 der KLM beim Start mit einer Boeing 747 der Pan Am, die sich noch auf der Landebahn befand. Da zur Zeit des Unglücks dichter Nebel herrschte, waren sich beide Besatzungen der drohenden Gefahr nicht bewusst. Ein Bodenradar war nicht vorhanden.
Der Tag hatte für die Besatzungen der beiden 747 schon schlecht begonnen. Das Ziel beider Maschinen war ursprünglich der Flughafen auf Gran Canaria. Da der Flughafen auf Gran Canaria aber aufgrund einer Bombenexplosion in der Wartehalle und einer weiteren Bombendrohung zeitweise geschlossen werden musste, wurden beide Maschinen in der Luft nach Los Rodeos, Teneriffa umgeleitet. Mindestens fünf größere Maschinen wurden in der Folge umgeleitet. Da der Regionalflughafen aber nicht über die Platzkapazitäten für diese Anzahl an großen Flugzeugen hatte, entstand am Boden das Problem, dass nicht mehr alle Rollwege genutzt werden konnten, da diese durch wartende Flugzeuge blockiert wurden.
Als die Sperrung Gran Canarias um 14:30 Uhr aufgehoben wurde, versuchten alle umgeleiteten Maschinen umgehend den Flug zum ursprünglichen

Ziel fortzusetzen. Da sich jedoch die Flugzeuge aufgrund der Platzverhältnisse gegenseitig behinderten, kam es hierbei zu weiteren Verzögerungen. Der Kapitän der KLM-747, Jacob Veldhuyzen van Zanten, entschied aufgrund der Verzögerungen, mehr Treibstoff zu tanken, um auf Gran Canaria Zeit einzusparen. Er wollte damit eine Überschreitung der Dienstzeit seiner Besatzung vermeiden und stand dementsprechend unter zunehmenden Zeitdruck.

Als der Betankungsvorgang abgeschlossen war, rollte die KLM-Maschine gefolgt von der Pan Am-747 die Landebahn hinunter, um am Ende eine 180°-Drehung zu machen und damit in Startposition zu gelangen. Die Pan Am sollte die Bahn vorher am dritten der vier die Landebahn schneidenden Rollwege verlassen. Die Besatzung der Pan Am übersah allerdings im Nebel die dritte Ausfahrt und versuchte nun, die Bahn an der vierten Ausfahrt zu verlassen. Aufgrund des dichten Nebels kam sie dabei nur langsam voran.

An Bord der KLM-747 war man bereit zum Start und erbat Flugverkehrsfreigabe (auch Streckenfreigabe, d.h. noch <u>keine</u> Startfreigabe). Diese wurde durch den Tower erteilt.

Kapitän van Zanten schob daraufhin die Leistungshebel nach vorne und die KLM-747 beschleunigte.

Während des Startvorgangs kam es zu Überlagerungen auf der Funkfrequenz. Während der Tower die Startfreigabe verweigerte, teilte die PanAm-Maschine ihrerseits mit, dass sie sich noch auf der Startbahn befände. Die KLM-Besatzung vernahm allerdings nur ein ca. vier Sekunden langes Rauschen. Kapitän van Zanten meinte, auch auf Nachfragen seiner Cockpitbesatzung, die Startfreigabe verstanden zu haben.

Als beide Flugzeuge schließlich Sichtkontakt hatten, versuchte die Pan Am-Maschine noch auszuweichen. Gleichzeitig versuchte Kapitän van Zanten seine 747 über die Pan Am hinweg zu ziehen, was ihm aber aufgrund der zu geringen Geschwindigkeit nicht gelang. Die beiden Maschinen kollidierten und 583 Menschen fanden den Tod. Nur 61 Menschen an Bord der Pan Am-Maschine überlebten das Unglück.

Nach dem alle Untersuchungen abgeschlossen waren, wurde Kapitän van Zanten als der Hauptschuldige der Katastrophe identifiziert. Dabei war van Zanten nicht irgendein Pilot der KLM. Er war der Chefpilot der KLM 747-Flotte. Der Pilot mit der besten Reputation, der Erfahrenste, der erste der bei KLM die 747 flog: er war der Beste!

Die KLM hatte sogar ein Werbeplakat mit seinem Konterfei drucken lassen, mit dem sie die besondere Pünktlichkeit der KLM bewarb. Auch wenn er nur zufällig auf dieses Plakat geriet, entbehrt dies im Nachhinein nicht einer tragischen Ironie.

Warum gerade auch die besten Piloten Fehler machen hat vielfältige Gründe. So kann z.B. Selbstüberschätzung oder das Gefühl der Unverwundbarkeit die Entscheidungsfindung von Personen in negativer Weise beeinflussen. Wir werden uns im späteren Verlauf dieses Kapitels noch eingehender mit Einflussfaktoren menschlicher Fehler befassen.

Beispiele für menschliches Versagen wie es in den Medien immer wieder verbalisiert wird, oder der viel stilisierte Pilotenfehler prägen unsere Gegenwart. Kapitän van Zanten hatte versagt. Es liegt in unserer Natur, zunächst nach dem Schuldigen zu suchen. Die Frage nach dem warum etwas geschehen ist, interessiert nur sekundär, zunächst einmal wollen wir wissen, wer der Schuldige ist.

Menschen machen Fehler!
So einleuchtend dieser Satz auch ist, was bedeutet das eigentlich? Die Antwort auf diese Frage ist eigentlich denkbar einfach. So hochentwickelt der Mensch heute ist, so hat dieses Wunderwerk der Natur leider ein paar wenige funktionelle Schwachstellen, die es lohnen, ein wenig genauer betrachtet zu werden. Die Grundlage des Problems ist zunächst einmal unser Gehirn. Es funktioniert in einer ganz bestimmen Art und Weise, die es uns manchmal schwer macht, eine richtige Entscheidung zu fällen, eine Veränderung wahrzunehmen oder entscheidende Informationen zu verarbeiten.

Psychologie für Piloten

Zugeben: Wir kommen jetzt zu einem etwas psychologielastigen Teil dieses Buches. Aber keine Angst, ich bin selbst kein Psychologe und werde versuchen, diese Thematik in einer Art und Weise zu beschreiben, ohne dass wir hierfür einen Psychologiekurs an der Universität belegen müssen – von Piloten für Piloten sozusagen.
Hierzu werde ich Ihnen zunächst einen der renommiertesten Fehlerforscher unserer Zeit vorstellen: James Reason.
Reason behauptet, dass Fehler in einer Art und Weise zustande kommen, die auf unserem psychologischen Mechanismus begründet sind. Das bedeutet, unser Gehirn und unser Gedächtnis tun Dinge auf eine ganz bestimmte Weise. Im Wesentlichen bestimmen nur zwei Prozesse unser tägliches Tun. Den ersten Prozess nennt er:

»Similarity matching« – Gemeinsamkeitsabgleich. Das bedeutet Folgendes: Wenn wir uns in einer Situation befinden, bei der wir zwischen verschiedenen Handlungen wählen müssen, tendieren wir dazu, uns für die zu entscheiden, die wir in ähnlichen Situationen bereits genutzt haben. Das Motto wäre hierzu wohl etwa: »Das haben wir schon immer so gemacht, und das hat auch immer funktioniert!«.
Falls wir auf diese Weise nicht zu einer Entscheidung kommen können tendieren wir dazu, Lösungen zu bevorzugen, die in der Vergangenheit am häufigsten zum Erfolg führten. Reason nennt dieses Verhalten:

»Frequency gambling« – Häufigkeitsprinzip. Diese beiden Verhaltensweisen unterstützen den Aufbau von Handlungsmustern, die immer auf die gleiche Weise ablaufen – Routinehandlungen. Durch den Aufbau von routinemäßigen Handlungen machen wir uns das tägliche Leben leichter. Die Gefahr in dieser Verhaltensweise besteht allerdings darin, dass wir dadurch mehr und mehr zu unflexiblen Handlungen tendieren. Wir erkennen dieses Verhalten auch immer wieder an uns selbst. So neigen wir alle wohl dazu, an Altbewährtem festzuhalten und Neues in Frage zu stellen. Die folgende Geschichte soll dies ein wenig verdeutlichen:

Am 4. Juni 1996 verpufften beim Start zum Jungfernflug der Ariane 5-Trägerrakete zwei Forschungssatelliten im Wert von ca. 425 Millionen Euro.
Die ESA (European Space Association) hatte aufgrund der guten Erfahrungen mit dem Vorgängermodell Ariane 4 beschlossen, das über zehn Jahre bewährte Navigationssystem ohne Anpassungen auch für die Ariane 5 zu verwenden. Bei der Ariane 4 wurde das Navigationssystem nur bis kurz nach dem Start benötigt. Danach lief es noch ca. 40 Sekunden ohne Funktion weiter. Dabei lieferte es fortlaufend sinnlose Daten an die Kontrollstation. Da diese jedoch die Grenzwerte nie überschritten, sah man für den Einbau in die Ariane 5 keine Probleme.
Das Navigationssystem lieferte kurz nach dem Start der Ariane 5 wieder sinnlose Werte. Da sie allerdings einen weitaus stärkeren Antrieb als die Ariane 4 besaß, wurden die Beschleunigungswerte schließlich so groß, dass es zu Störungen im Navigationssystem kam, die bis zum Totalausfall führten. Die daraus resultierende Kursabweichung war nicht mehr zu korrigieren, so dass schließlich die Selbstzerstörungssequenz auslöste und die Rakete zerstört wurde.

Der Einbau eines bewährten Bauteils in ein neues System ohne vollständige Tests ist ein gutes Beispiel für angewandtes »similarity matching«. Ohne Zweifel arbeiteten an diesem Projekt nur ausgewiesene und hochqualifizierte Experten. Trotzdem vertrauten sie auf das Bekannte und Bewährte, ohne die Option für eine Systemanpassung auch nur Erwägung zu ziehen.
Des Weiteren versucht unser Gehirn Ressourcen zu schonen und reduziert komplexe Probleme oftmals auf die Bildung von Handlungsroutinen. Menschen suchen nach bekannten Mustern und wenden bekannte Regeln an, bevor sie neue, kreative Lösungsansätze verfolgen. Unser Gehirn spielt uns also in dieser Hinsicht unter Umständen einen Streich. Als Resultat treffen wir Entscheidungen, die kein optimales Resultat gewährleisten oder sogar fatale Folgen haben können. Aber die beiden oben beschriebenen Verhaltensweisen sind nicht die einzigen Verhaltensmuster unseres Gehirns. Zusätzlich zu den beiden oben beschriebenen Mustern versuchen wir, getroffene Entscheidungen durch verschiedenste Informationen immer wieder zu bestätigen. Das heißt jedoch nicht, dass wir unsere Entscheidung hinterfragen, sondern sie schlichtweg immer wieder bestätigen wollen, obwohl die Entscheidung objektiv falsch war. Dieses Verhalten nennt man **»Confirmation Bias«**. Ein Beispiel für dieses Verhalten soll der folgende Unfall geben:

Ein Airbus A310 von Hapag Lloyd befand sich auf dem Rückflug vom Mittelmeerraum in den nördlichen Teil Deutschlands. Nach dem Start ließ sich das Fahrwerk nicht einfahren. Die Besatzung entschied sich dafür, den Flug dennoch fortzusetzen. Man war sich durchaus bewusst, dass man den geplanten Zielflughafen so nicht erreichen würde. Die geplante Flug-

höhe konnte mit ausgefahrenem Fahrwerk nicht erreicht werden und die mögliche Fluggeschwindigkeit war weitaus niedriger als geplant. Diese Faktoren in Verbindung mit dem erhöhten Luftwiderstand hatten erheblichen Einfluss auf den Kerosinverbrauch. Die Besatzung war sich diesem Umstand bewusst und entschied sich stattdessen, einen großen Flughafen in Süddeutschland anzufliegen. Dieser bot die Möglichkeit, das Problem durch die Technik am Boden zu lösen, um dann den Flug wie geplant fortsetzen zu können.

Der Kapitän vertraute bei dieser Entscheidung voll auf das im Flugzeug eingebaute Flight Management System (FMS) und die darin integrierte Treibstoffberechnung. Nach Berechnung des FMS würde der Treibstoff bis zum Ziel ausreichen. Der erste Offizier führte während des Fluges eigene Treibstoffberechnungen durch. Er kam aufgrund des tatsächlichen Kraftstoffverbrauches jedoch zu dem Ergebnis, dass der Treibstoff nicht ausreichen würde und teilte dies mehrmals dem Kapitän mit. Dieser vertraute jedoch weiter den Angaben des FMS. Die zu erwartende Restkraftstoffmenge bei der Landung nahm zwar stetig ab, war jedoch zunächst nach FMS für den Flug noch ausreichend. Während des Fluges kam es im Cockpit mehrfach zu der Diskussion, ob der Treibstoff ausreichen würde. Der Kapitän ließ sich jedoch von seiner Entscheidung nicht abbringen und begründete dies immer wieder mit der Treibstoffberechnung des FMS. Beim Einflug nach Österreich leuchtete dann die Warnanzeige für den Kraftstoffvorrat auf. Jetzt wurde auch dem Kapitän schlagartig bewusst, dass man den Flugplatz in Süddeutschland nicht mehr erreichen würde. Die Besatzung entschied sich jetzt zur Notlandung auf dem Flughafen in Wien. Kurz vor der Landung kam es aufgrund von Treibstoffmangel zum beidseitigen Triebwerksausfall. Man versuchte die Triebwerke wieder zu starten und zum Glück für die Insassen des Airbus A310 gelang es auch, die Triebwerke für wenige Sekunden wieder zum laufen zu bringen. So wurde die Landebahn in Wien fast noch erreicht. Bei der Notlandung wurde das Flugzeug schwer beschädigt, jedoch überlebten alle Personen den Unfall.

In der abschließenden Untersuchung kam man zu dem Schluss, dass der Kapitän unter Stress in eine Art »Tunnelblick« verfiel und sich zusätzlich immer wieder auf das FMS berief um seine eigene Entscheidung für sich abzusichern. In diesem Fall stellen wir uns sicherlich die Frage, wie ein so erfahrener Pilot diese offensichtlichen Signale nicht erkennen konnte. Von außen betrachtet tun wir uns leicht zu sagen, diese Person hat einen Fehler gemacht und ist verantwortlich für die Folgen (= Klärung der Schuldfrage). Aus der Sicht von rechtlichen Konsequenzen und eventuellen finanziellen Regressansprüchen ist dies sogar verständlich.

Unfalluntersuchungen sind hingegen ausschließlich auf die Ermittlung der Ursachen für ein Ereignis und nicht auf die Ermittlung der Schuldfrage ausgerichtet. Nun, wie schon gesagt, ist in 70%–80% aller Unfälle in der Luftfahrt der Mensch die Ursache. Daraus ziehen wir dann oft den Schluss, dass dieser Mensch auch »schuld« ist. Das mag auf den ersten Blick befriedigend sein, doch die für uns eigentlich wichtigste Frage bleibt damit trotzdem unbeantwortet.

»Warum hat der Mensch diesen Fehler begangen?«

Wir haben mit Sicherheit alle ein Interesse daran, Unfälle wie den oben geschilderten zukünftig zu verhindern. Oder möchten Sie irgendwann dieselbe Erfahrung wie diese 146 Fluggäste machen? Bestimmt nicht, oder? Mit der Ermittlung der Ursache haben wir aber bisher nur geklärt **was** passiert ist. Die Frage nach dem **Warum** haben wir damit noch nicht beantwortet. Zugegeben ist die Beantwortung dieser Frage unter Umständen nur sehr schwer möglich.

> *»Die Bereitschaft, einen toten Piloten für einen Unfall verantwortlich zu machen ist widerlich, aber es ist die Tendenz, seit ich mich erinnern kann. Ein Pilot wird in gefährlichen Situationen nur durch seine Fehler beurteilt und erhält nur selten Gutschrift für die Zeiten, in denen er sich selbst aus schlimmen Situationen befreite. Am schlimmsten ist die Schuld, die ihm von anderen Piloten aufgehäuft wird, von denen alle selbst in parallelen Situationen waren, aber ihnen nicht erlagen. Will man kein Risiko eingehen, würde man gar nicht fliegen.«*
> *- Charles Lindbergh, Journal Entry 26. August 1938, The Wartime Journals, 1970 -*

Was ist das Ziel einer Unfalluntersuchung? Sie untersucht einen Unfall, um dessen Ursachen zu ermitteln mit dem Ziel, genau so einen Unfall zukünftig zu verhindern. Schauen wir uns das Beispiel oben noch einmal an: Als eine der Hauptursachen wurde der Kapitän ermittelt, mit dem Ergebnis, dass er danach nie wieder flog. Das ist allerdings keine Garantie dafür, dass ein anderer Kapitän unter gewissen Umständen nicht einen ähnlichen Fehler begeht (zugegeben ist die Wahrscheinlichkeit dafür mit dem Wissen um diesen Vorfall gering, jedoch nicht völlig ausgeschlossen). Warum vertraute der Kapitän dem FMS blind, ohne an den Daten zu zweifeln? Warum hörte er nicht auf seinen ersten Offizier? Warum wurde keine zeitgerechte Luftnotlage erklärt?

Einer der Hauptgründe für den Unfall war die Entscheidung des Kapitäns, bedingungslos auf das FMS zu vertrauen. Er war sich allerdings nicht darüber im Klaren, *wie* das FMS die Treibstoffberechnung durchführte. Er interpretierte die angezeigten Daten in einer für ihn plausiblen Weise (der Treibstoff reicht bis nach München). Hätte er gewusst, dass die Berechnung des FMS die aktuelle Konfiguration (ausgefahrenes Fahrwerk) und den damit verbundenen erhöhten Luftwiderstand und den momentanen Treibstoffverbrauch *nicht* berücksichtigt, hätte er vielleicht – bzw. ziemlich sicher – richtig entschieden. Man könnte nun natürlich behaupten, dass er als Kapitän eines A310 mit über 25.000 Flugstunden dafür bezahlt wird, genau das zu wissen. Allerdings könnte man an dieser Stelle auch die Frage stellen, ob seine Schulung oder die vom Hersteller gelieferte Dokumentation über das FMS dieses Wissen auch ausreichend vermittelt hat.

»Fehler und Verstoß«

An dieser Stelle ist es mir wichtig, den Unterschied zwischen einem Fehler und einem Verstoß klar herauszustellen. In der Welt von Human Factors wird zwischen diesen beiden Dingen klar differenziert. Beide können die gleichen fatalen Folgen haben. Der Verstoß unterscheidet sich jedoch dadurch vom Fehler, dass er ein absichtliches Fehlverhalten voraussetzt. Das bedeutet, ein Mensch verhält sich absichtlich falsch (das schließt den Verstoß gegen Regeln und Vorschriften mit ein), um damit ein bestimmtes Resultat zu erzielen.
Der Fehler hingegen geschieht grundsätzlich unbeabsichtigt. Der Mensch verhält sich falsch oder macht einen Fehler, er handelt aber auf der Grundlage seiner zur Zeit des Fehlers individuellen Wahrnehmung und seines Wissens. Wir Menschen wollen keine Fehler machen. Entscheidungen treffen wir in der Regel in der Annahme, das Richtige zu tun. Leider ist das nicht immer der Fall. Herauszufinden warum wir manchmal die falsche Entscheidung treffen, ist die große Herausforderung der Erforschung von menschlichem Versagen. Wenn Sie den Kapitän des Hapag Lloyd-Airbus fragen würden, ob er dieses Ergebnis so gewollt hat, wird er Ihnen vermutlich antworten, dass er seine Passagiere nur so sicher und so schnell wie möglich nach Hannover bringen wollte. München bot sich hier als Lösung für die Zwischenlandung an. Er glaubte schließlich fest daran, dass der Treibstoff ausreichen würde. Wenn er schon früher davon überzeugt gewesen wäre, dass der Treibstoff nicht ausreicht, hätte er mit Sicherheit anders entschieden.

Regelverstöße – Violations
Wie oben bereits erwähnt, sind Verstöße ein bewusstes Nichteinhalten von Regeln und Vorschriften. Wir haben einige Beispiele bereits im Kapitel 2 kennengelernt. Aber warum verstoßen Menschen gegen Regeln? Die Unfallforschung zeigt, dass Menschen überproportional oft genau die Regeln brechen, die den Unfall verhindert hätten. Warum werden diese Verstöße dann trotzdem begangen?
Bei Regelverstößen werden drei verschiedene Typen unterschieden:

Routineverstöße – Diese entsprechen einer normalen Handlungsweise, z.B. in einem Verein oder einer fliegenden Staffel. Gründe hierfür können »Vereinfachungen« sein, um z.B. Zeit oder Aufwand zu sparen.

Situationsbedingte Verstöße – Diese treten unter bestimmen Bedingungen auf. Zum Beispiel Zeitdruck, hohe Arbeitsbelastung oder Stress, Überlastung oder eine schlechte Mensch-/Maschine-Schnittstelle.

Optimierende Verstöße – Diese verfolgen spezielle Ziele. Die betroffene Person verfolgt damit oft ein persönliches Bedürfnis.

Menschen werden gerade bei Zeitdruck oder hoher Arbeitsbelastung für die oben genannten Verstoß-Arten empfänglich. Sie wägen dann die subjektiv wahrgenommenen Risiken gegen die wahrgenommenen Vorteile ab. Dass Menschen nicht immer gut darin sind, Risiken objektiv zu

bewerten, werden wir im Kapitel Risikomanagement feststellen.
Verstöße werden auch durch die Motivation einer Person oder soziale Einflüsse gesteuert. Entweder möchte die betroffene Person Dinge einfacher und schneller machen, oder Normen werden durch das soziale Umfeld geformt. Wenn in einem Team z.B. das Motto »Leistung vor Sicherheit« gilt, dann werden die Teammitglieder ihr Sicherheitsverhalten diesem Motto anpassen.
Die folgenden vier Zutaten sind eine unter Umständen tödliche Zusammensetzung als Ursachen für Regelverstöße. Erinnern Sie sich immer an diese Zutaten, wenn Sie selbst kurz davor sind, »Opfer« einer Violation zu werden!

Erwartung – Die Erwartungshaltung, dass Regeln gebrochen werden müssen, um die Aufgaben erfüllen zu können.

Überlegenheit – Das Gefühl, die Fähigkeiten und das Können zu besitzen, die Aufgabe ohne das Beachten von Regeln und Vorschriften bewältigen zu können.

Möglichkeiten – Erkennen der Möglichkeiten für Abkürzungen und »Optimierungen« mit dem Ziel, Dinge zu »verbessern«.

Planung – Unzureichende Planung und Vorbereitung, was dazu führt, die auftauchenden Probleme »nebenbei« lösen zu müssen.

Oder auch so: »Da muss ich wohl ein wenig tricksen, um das richtig hinzubekommen, aber mit meiner Erfahrung krieg ich das locker hin. Es wird auch keiner merken, wenn wir hier die Regeln ein wenig überschreiten. Planen ist sowieso nur was für Anfänger, ich löse das Problem dann, wenn es auftaucht!«

Mit dieser Einstellung werden Sie als Pilot unter Umständen nicht sehr alt werden und bringen womöglich auch noch andere in Gefahr!

Einflussfaktoren auf menschliches Versagen

Menschliches Verhalten wird durch viele verschiedene Faktoren beeinflusst. Wir unterscheiden in der Fehlerforschung häufig die externen und internen Faktoren für menschliches Fehlverhalten.

Interne Faktoren

Als Interne Faktoren bezeichnen wir Dinge, die sich innerhalb des Menschen auswirken. Hier wird nach drei verschiedenen Ebenen unterschieden.
Da sind zunächst die physiologischen und biologischen Faktoren. Hier werden die körperlichen Voraussetzungen betrachtet. Allein dies kann Ursache oder ein Potenzial für Fehler sein. Ge-

rade in der Fliegerei sind wir besonderen Gegebenheiten ausgesetzt. Nicht ohne Grund muss ein Pilot regelmäßig zum Medical. Auch wenn zugegebenermaßen ein gültiges Medical keine Garantie für medizinische Flugtauglichkeit sein muss, so wird hier doch ein allgemeiner Standard festgelegt, ohne den Sie kein Flugzeug führen dürfen. Ein wichtiger Faktor innerhalb dieser Ebene ist z.B. Müdigkeit oder Ermüdung (engl. Fatigue). Ermüdung führt schnell zu Wahrnehmungs- und Entscheidungsfehlern. Nicht umsonst wird diese Problematik in letzter Zeit immer wieder auch durch die Medien thematisiert. Airline-Piloten sitzen teilweise bis zu zwölf Stunden im Cockpit. Die Vorschriften für den nötigen Crew Rest wurden kürzlich durch die EASA überarbeitet. Dies hat jedoch nicht zwingend zu einer Entschärfung dieser Problematik geführt. Es sollte jedoch selbstverständlich sein, dass Menschen, die in sicherheitsrelevanten Berufsfeldern wie der Fliegerei arbeiten, nicht unter Müdigkeit leiden dürfen. Wir werden auf das Thema Ermüdung noch in einem späteren Kapitel detailliert eingehen.
Andere Beispiele können Krankheit oder z.B. auch Sauerstoffmangel sein. Auch soziale Probleme können durchaus ein nicht zu unterschätzender Faktor sein. Ärger, Grübeln oder Probleme können uns von der eigentlichen Aufgabe ablenken und so Fehler provozieren.
Die Faktoren dieser Ebene sind mehr oder weniger für alle Menschen zutreffend. Die Arbeits- und die soziale Umgebung entscheiden, inwieweit diese Faktoren direkten Einfluss auf Fehler oder Sicherheit haben.
Die zweite Ebene von internen Faktoren legt das individuelle Wissen sowie unsere Fertig- bzw. Fähigkeiten als Fehlerursache zugrunde. Wir haben diese Faktoren bereits im Kapitel Airmanship behandelt. Wie bereits erwähnt, haben wir es hier selbst in der Hand, zur Fehlervermeidung beizutragen.
Auf der dritten Ebene werden die Abläufe der menschlichen Informationsverarbeitung und Motivation als mögliche Fehlerquellen betrachtet. Teil davon sind z.B. die bereits oben beschriebenen Verhaltensmuster wie »similarity matching«, »frequency gambling« oder auch »confirmation bias« sowie die Schonung von Ressourcen. Diese Verhaltensmuster sind in ihrer Ausprägung individuell sehr verschieden. Es kann also durchaus sein, dass ein Individuum schnell in eines der oben beschriebenen Muster verfällt, währenddessen eine andere Person analytischer und rationaler vorgeht. Auch kann es durchaus sein, dass wir je nach Situation mehr oder weniger anfällig für eines dieser Verhaltensmuster sind. Wichtig ist, dass sich der Mensch dieser psychologischen Verhaltensmuster bewusst ist, um zu erkennen, wann wir uns dieser potenziellen Fehlergefahr aussetzen.

Externe Faktoren

Als externe Faktoren bezeichnen wir Dinge, die unser Handeln von außen beeinflussen. Darunter verstehen wir z.B. unser Arbeitsumfeld, Organisationsfaktoren, die Aufgabe oder auch ein Team.
Zum Arbeitsumfeld gehören dabei Dinge wie Arbeitszeiten, Lärmbelastung, oder die Abstimmung von Mensch zu Mensch sowie zwischen Mensch und Maschine. Um potenzielle Fehlerquellen auszuschalten, sollte man z.B. dafür sorgen, dass die Arbeitszeiten genügend Pausen enthalten (direkte Verbindung zum Faktor Müdigkeit/Fatigue). Falls eine hohe Lärmbelastung besteht, ist Gehörschutz unter Umständen unverzichtbar. In diesem Fall muss aber auch der Kommunikationsablauf auf diese Tatsache abgestimmt sein. Falls die Maschine-/Mensch-Schnittstelle schlecht konstruiert ist, kann das eine Fehlerquelle für Fehlbedienungen sein.

Ein nicht zu unterschätzender Bereich externer Faktoren ist die Firmenpolitik oder Kultur. Dabei geht es primär darum, wie in bestimmten Situationen gehandelt wird, ob die Sicherheit oder der Profit im Vordergrund steht. Im Feld der Fliegerei kann das die Firmenpolitik einer Fluggesellschaft genauso sein wie die Kultur eines Flugsportvereins.

Gefährliche Verhaltensweisen

Die Fliegerei birgt viele Gefahren. Eine der größten Gefahren für den Piloten ist allerdings sein eigenes Verhalten oder die eigene Einstellung. Viele Piloten haben für ihr schlechtes Verhalten mit ihrem Leben bezahlt. Verhalten wie dieses bleibt unter Umständen lange verborgen, anderes kündigt sich lange vor einem Unfall bereits an. Vielleicht haben Sie an sich selbst schon einmal eine solche gefährliche Einstellung erfahren. Niemand ist davor immun. Der Schlüssel liegt aber darin, an sich selbst ein solches Verhalten zu erkennen. Nur wenn das der Fall ist, können Sie etwas ändern. Vermutlich war jeder von uns schon einmal in einer Situation, bei der er sich rückblickend lieber anders verhalten hätte. Ein Pilot, der auf so eine Situation zurückblickt, hat vielleicht das Glück, diese auch überlebt zu haben. Nicht alle haben dieses Glück!
Im Folgenden wollen wir einen Blick auf die am häufigsten vorkommenden gefährlichen Verhaltensweisen werfen.

Pressing
Unter »Pressing« verstehen wir ein Verhalten, bei dem wir uns einer gewissen Gefahr oder kritischen Situation durchaus bewusst sind, aber trotzdem versuchen den ursprünglichen Plan auch entgegen bestehender Regeln und Vorschriften durchzusetzen. Warum verhalten wir uns so?
Nun, zuerst einmal verfügt jeder Flieger über eine gesunde Portion an Selbstvertrauen und er liebt den Gedanken, dass er diese Situation meistern kann (»Ich kann das!«). Wir Flieger werden in einer gewissen Weise sogar zu diesem Verhalten erzogen. Häufig ist mit einem erfolgreichen »Pressing« auch eine gewisse Art von Anerkennung unter Kollegen oder Vereinskameraden verbunden.
Trotzdem ist »Pressing« nicht anderes als ein Übertreten von Regeln. Manchmal ist es sogar fester Bestandteil einer Kultur.

Wir nahmen mit zwei Flugzeugen an einer kleinen Übung in Frankreich teil. Unsere beiden Crews bestanden aus jeweils einem erfahrenen und einem jüngeren Crewmitglied. Ich war der jüngere der beiden Piloten. Die kleine Übung war aufregend und ich lernte an diesen beiden Tagen viel neues. Am Freitag stand die Rückverlegung nach Norddeutschland an. An sich keine große Sache. Der Weg war relativ kurz, weniger als eine Stunde Flugzeit. Ich war als Rottenflieger mit einem sehr erfahrenen WSO (Waffensystemoffizier) eingeteilt. Meine Aufgabe bestand nur darin, am Flügel meines erfahrenen Rottenführers nach Hause zu fliegen.
Leider entsprach das vorhergesagte Flugwetter nicht wirklich dem, was wir

für die Landung an unserem Heimatflugplatz brauchten. Zu Hause herrschte dichter Nebel mit wenig Aussicht auf Besserung. Wir entschlossen uns, einige Zeit zu warten.
Als sich nach einer Stunde das Wetter nicht gebessert hatte, entschlossen wir uns den Flug zu einem anderen Flugplatz im norddeutschen Raum mit besseren Wetterbedingungen durchzuführen. Wir planten allerdings auch darauf, einen Anflug an unserem Heimatplatz zu versuchen und gegebenenfalls dort zu landen. Der Formationsstart und der Reiseflug waren ohne Probleme. Wir holten Informationen über das Wetter unseres Heimatplatzes ein: »JE 21 formation, here is your weather at Jever: Colorstate is red, visibility 400 meters in fog, vertical visibility is zero, winds are 270 with 3 knots. Say your intentions!«
Mit diesem Wetter war eine Landung eigentlich nicht möglich. Es ist allerdings durchaus legitim, unter diesen Bedingungen einen Übungsanflug zu machen um das Fliegen unter diesen schlechten Wetterbedingungen zu üben. Falls wir die Landebahn entgegen unserer Erwartung dann sehen konnten, würden wir aus dem Anflug einfach landen. Mein Rottenführer entschloss daher dazu, die Formation aufzulösen und einen Anflug zu versuchen. Ich würde ihm in einem gewissen Abstand folgen.
Mein Rottenführer war allerdings weitaus erfahrener als ich. Er besaß eine Fluglehrerberechtigung und durfte Anflüge unter Wetterbedingungen bis zu 800 Meter Sicht und 200 Fuß Wolkenuntergrenze durchführen. Sieht man an diesen Untergrenzen die Landebahn nicht, muss man durchstarten.
Ich selbst durfte zu dieser Zeit nur Anflüge bis 1600 Meter Sicht und einer Wolkenuntergrenze von 300 Fuß durchführen. Ich musste also wesentlich früher durchstarten. Trotzdem sahen wir dem Anflug relativ gelassen entgegen. Immer wieder hatte ich Geschichten der erfahrenen Piloten unserer Staffel gehört, die bei solchen Bedingungen ohne Probleme gelandet waren. Das wird schon klappen. Außerdem war die Alternative wenig verlockend. Das würde eine Landung am Ausweichplatz in Verbindung mit einer sechsstündigen Zugfahrt bedeuten, noch dazu an einem Freitag.
Wir machten unsere Checks und bereiteten uns auf den Anflug vor. Schon über hundertmal hatte ich hier so einen Anflug gemacht, alles Routine. Ich erwartete eigentlich nur noch die Meldung über Funk, dass mein Rottenführer erfolgreich gelandet war. Stattdessen hörten wir nur: »JE 21A is missed approach!«. Mein Rottenführer war gerade durchgestartet! Dann musste das Wetter wirklich so schlecht sein wie vorausgesagt. Mein erfahrener WSO sagte daraufhin nur: »Flieg ruhig bis auf 200 Fuß runter, wir schauen uns das mal an.« Der Anflug verlief ohne Probleme. Wir führten einen, durch den Controller am Boden geführten, Präzisionsanflug durch. Bei 200 Fuß angekommen sagte er, »At decision height«. Wir müssen die Landebahn jetzt sehen oder durchstarten. Ich sah vor mir nur einen dunklen grauen Vorhang. Ich schob die Gashebel nach vorne und startete durch. Wieder im Steigflug informierte uns unser Rottenführer, dass wir es

noch einmal versuchen würden, Treibstoff hatten wir genug. Auf unserem zweiten Anflug einigten wir uns darauf, etwas »verzögert« durchstarten zu wollen, um noch ein paar Fuß herauskitzeln zu können. Manchmal war das entscheidend, und konnte unter Umständen durchaus dazu führen, die Landebahn doch noch identifizieren zu können. An diesem Tag jedoch war das Wetter so schlecht, dass auch unser zweiter Versuch misslang und wir zum Ausweichplatz flogen. Das Resultat war die befürchtete sechsstündige Zugfahrt.

Auf den ersten Blick erscheint diese Geschichte wenig spektakulär. Trotzdem ist sie ein gutes Beispiel für »Pressing«. Was war denn schon passiert? Wir hatten nur versucht, die beiden Flugzeuge bei schlechtem Wetter nach Hause zu bringen. Falls uns das gelungen wäre, hätten wir vermutlich noch ein Lob und einen Schulterklopfer dafür bekommen. Trotzdem hatten wir die Regeln gebrochen (oder vielleicht eher »ausgedehnt«). Dazu kommt, dass ich mit Sicherheit ein paar unangenehme Fragen hätte beantworten müssen, wenn ich mein Flugzeug bei diesem schlechten Wetter erfolgreich gelandet hätte, während mein sehr viel erfahrener Rottenführer mit seinen sehr viel niedrigeren Wettereinschränkungen am Ausweichflugplatz stand. Er sagte mir hinterher, dass er sogar bis 150 Fuß hinuntergeflogen war. Wir hatten beide die Regeln gebrochen. Aber warum? Im Nachhinein war die Entscheidung die Untergrenze für den Anflug bewusst zu unterschreiten natürlich falsch. Trotzdem taten wir es beide. Ich habe schon anfangs erwähnt, dass Staffelkameraden öfters ähnliche Geschichten an der Bar erzählten. Jeder von ihnen ist dann natürlich auch erfolgreich gelandet. Es gehörte sozusagen zu unserer Kultur, in diesem Falle die Regeln etwas zu dehnen. Jeder tat es. Es war normal für uns. Als junger Pilot orientiert man sich schnell an dem Vorbild der erfahrenen Flieger im Umfeld. Man will ja schließlich auch dazugehören. Falls man in bestimmten Situationen dann nicht mitzieht, wird man schnell links liegen gelassen oder als nicht kompetent eingestuft. So etwas möchte man natürlich verhindern.

Unumstößliche Tatsache ist jedoch: »Pressing« ist gefährlich! In einigen Beispielen der vorangegangenen Kapitel haben die verunglückten Piloten »gepresst«. Besonders in Situationen mit schlechtem Wetter oder unter Zeitdruck neigen wir dazu, die Regeln etwas zu überschreiten.

Aber was können wir dagegen tun? Ganz einfach: »Pressing« vermeiden!

Die wichtigste Erkenntnis zum Vermeiden von »Pressing« ist eine ehrliche, persönliche Grundeinstellung und das Akzeptieren von Regeln und Vorschriften als Schutzfunktion. Das klingt einfach, ist es aber unter Umständen nicht. Falls Sie sich in einer Situation wiederfinden, bei der Sie sich dabei ertappen, ein Risiko eingehen zu wollen, dem Sie sich normalerweise nicht aussetzen würden, dann fragen Sie sich – warum? Rechtfertigt das erhöhte Risiko wirklich das erhoffte Resultat? Wie hoch ist der Preis dafür, wenn es doch schiefgeht? Sie kennen die Frage: »Ist es das wirklich wert?« Ein Problem beim Beantworten dieser Frage gibt es aber: Wir Menschen sind nicht wirklich gut darin, Risiken und Wahrscheinlichkeiten neutral zu bewerten und einzuschätzen. Wie wir darin besser werden, wird das Kapitel 7 – Risikomanagement behandeln.

Es gibt drei einfache Regeln, die uns dabei helfen, »Pressing« zu vermeiden:

1. Halten Sie sich an bestehende Regeln und Vorschriften!
Das ist leichter als Sie denken!

2. Bleiben Sie innerhalb der Limits Ihres Flugzeuges!
   Voraussetzung dafür ist natürlich diese auch zu kennen!

3. Haben Sie immer einen Plan B!
   Wirklich IMMER! Dieser erfüllt dann natürlich auch die ersten beiden Regeln!

Eine weitere gefährliche Verhaltensweise, die mit »Pressing« eng verknüpft ist, ist die »Das-schauen-wir-uns-mal-genauer-an«-Krankheit.
Piloten gehören von Natur aus einer sehr neugierigen Spezies an. Das gehört wohl ein wenig zu unseren Abenteurer- und Entdeckergenen. Allerdings kann uns diese Neugier schnell in eine unangenehme Lage bringen. Im vorherigen Beispiel spielte das Wetter die Hauptrolle. Warum hatten wir uns dazu entschlossen, diesen Anflug trotz des zu schlechten Wetters durchzuführen. Nun, wir wollten uns natürlich vergewissern, ob der Wetterberater auch wirklich Recht hat. »Das schauen wir uns mal an«. Es kommt nämlich durchaus vor, dass der sich auch mal irrt.
Natürlich führt ein solches Verhalten nicht immer zu einer gefährlichen Situation. Manchmal tun wir es in der Militärfliegerei sogar gezielt. Im morgendlichen Wetterbriefing wird der Übungsluftraum als nicht nutzbar erklärt. Es kann durchaus sein, dass man sich in diesem Falle dazu entschließt, trotzdem eine Formation mit Luftkampfauftrag dorthin zu schicken, um sich die Situation »einmal anzusehen«. Während meiner Zeit in den USA wurde bei unklaren Wetterlagen z.B. ein sogenanntes Wetterflugzeug mit einem erfahrenen Fluglehrer gestartet, um die Wettersituation für den Übungsluftraum zu überprüfen und zu beurteilen. Diese beiden Verfahren haben allerdings eines gemeinsam: Wenn man sich an die drei oben genannten Regeln hält, ist die Anwendung dieser Verfahren durchaus legitim und gewollt.
Trotzdem sollten wir uns der möglichen Gefahren bei diesem Verhalten bewusst sein.

Der »unverwundbare Macho Typ«
Der »Macho-Pilot« sieht sein Flugzeug und den Luftraum als seine persönliche Spielwiese an. Hier kann er beweisen, dass er besser ist als andere Piloten. Auch kann er hier zeigen wie unfehlbar und unverwundbar er ist. Diese Einstellung kann dazu führen, dass Piloten, die von sich behaupten die Besten der Besten zu sein, gezwungen sind sich ständig neu beweisen müssen. Sie tun dies in erster Linie um anderen Flieger in ihrem Umfeld zu imponieren und um Ihren Status zu festigen oder noch weiter zu verbessern. Dies führt nicht selten zu kritischen Situationen. Oft führen Konkurrenz- oder Wettbewerbssituationen zu machohaftem Verhalten. So sind z.B. Natoübungen (Red Flag, Green Flag), Trainingsflüge im Luftkampf oder auf dem Schießplatz oder Kunstflugwettbewerbe für solch ein Verhalten ein fruchtbarer Boden. In diesen Szenarien kann ein großes Ego in einem Flugzeug dann ebenso gefährlich sein wie eine Schachtel Streichhölzer und eine Kiste Dynamit. Wie es der Name Macho schon sagt, ist dies vorwiegend eine männliche Eigenschaft, was nicht heißen soll, dass gelegentlich nicht auch Frauen betroffen sind.
Eine weitere negative Eigenschaft von Macho-Piloten ist der Glaube der eigenen Unverwundbarkeit, bzw. Unfehlbarkeit. Sie glauben, dass Pech oder Unfälle nur anderen passieren. Falls eine brenzlige Situation überstanden wird, sind dafür nur die eigenen herausragenden Fähigkeiten verantwortlich. Sie wird keinesfalls als Warnung für die Zukunft verstanden. Diese Art von Piloten sind potenzielle Zeitbomben. Sie wissen, dass Unfälle passieren können, jedoch sind sie

COBRA KAI FLIGHT ACADEMY
N855T

überzeugt davon, dass diese nur anderen passieren. Ebenso sind sie davon überzeugt, in jeder Situation die richtige Antwort parat zu haben und durch ihr herausragendes, weit überdurchschnittliches Können jede Situation meistern zu können.
Diese Art von Verhalten entwickelt sich jedoch in der Regel erst über einen gewissen Zeitraum. So entwickeln Piloten diese Eigenschaft vorwiegend mit zunehmender Erfahrung. Der Glaube an die eigene Unverwundbarkeit führt oft zu Unaufmerksamkeit und schlechten Entscheidungen. Wie erkenne ich ein solches Verhalten und wie gehe ich damit um?
Oft überspielt ein solches Verhalten nur die Unsicherheit einer Person. Das wirkliche Vorbild ist eigentlich eher derjenige, der sich an Regeln und Vorschriften hält und trotzdem in effizienter und sicherer Art und Weise seine fliegerischen Ziele erreicht. Es ist viel wichtiger, Kameraden und Kollegen mit einem solchen Verhalten zu »beeindrucken«, als sich in Situationen zu begeben, die man hinterher nicht mehr beherrschen kann, nur weil man zeigen wollte, was für ein toller Flieger man ist.
Mit der eigenen Unverwundbarkeit verhält es sich ähnlich. Als Piloten glauben wir natürlich nicht daran, in einen Unfall verwickelt zu werden (oder ist das mehr eine Hoffnung?), sonst würden wir ja gar nicht erst in den Flieger einsteigen, oder? Wir verdrängen diesen Gedanken. Zugegeben ist die Wahrscheinlichkeit eines solchen Falles eher gering. Trotzdem ist es genau dieser Gedanke, der für einen Flieger so gefährlich ist. »Mir passiert schon nichts!« Jeder von uns hat hin und wieder eine solche Einstellung. Ich selbst natürlich auch.
Wichtig ist es aber, eine Einstellung zu entwickeln, bei der ich mir der Gefahren und Herausforderungen, denen ich mich stelle, bewusst bin. Im Umfeld der Fliegerei sollte ich allerdings noch einen Schritt weitergehen. Hier reicht es nicht immer, sich der Gefahren nur bewusst zu sein. Ich muss auch darauf vorbereitet sein! Je besser ich auch auf unvorhersehbare Situationen vorbereitet bin, desto höher sind die Chancen, diese auch zu meistern. Glück allein reicht dazu meist nicht aus.
Falls Sie erkennen, dass Sie doch in einigen Situationen mehr »Glück als Verstand« gehabt haben (Sie können das Wort Verstand gerne mit »Können« oder »Vorbereitung« ersetzen), dann nehmen Sie sich die Zeit und denken darüber nach, warum Sie damals so gehandelt haben, und was sie hätten besser machen können. Hätte eine bessere Vorbereitung zu einem anderen Ergebnis geführt? Würde ich mich wieder in eine solche Situation bringen? Lernen Sie aus Ihren Fehlern!
Dazu gehört natürlich auch die ehrliche Erkenntnis, selbst Fehler gemacht zu haben.

Resignation

Mit diesem Begriff kann vermutlich jeder etwas anfangen. Sie kennen das bestimmt: Die eigene Fußballmannschaft liegt 0:4 zurück, hat innerlich aufgegeben. Es existiert kein Ansporn weiterzukämpfen, man fügt sich in das Schicksal der Niederlage. Sie mögen keinen Fußball? Das lässt sich auch auf andere Bereiche einfach übertragen.
Egal in welchem Kontext: Eine solche Situation haben Sie gewiss auch schon selbst einmal erlebt. Sie ist ja durchaus nachvollziehbar. Aus individualpsychologischer Perspektive kann Resignation durch die Feststellung ausgelöst werden, dass ein angestrebtes Ziel mit den zur Verfügung stehenden Mitteln nicht mehr erreichbar ist. Im Sport mag das bis auf die folgende Medienschelte und die unvermeidliche »BILD«-Schlagzeile keine weiteren ernsten Folgen haben.
Wenn wir aber ganz alleine in unserem kleinen einmotorigen Flugzeug sitzen, sieht das leider ganz anders aus. Sie sitzen im Cockpit und haben die Orientierung verloren, dazu geht der

Treibstoff zur Neige und Sie sind in schlechtes Wetter eingeflogen. Natürlich können wir uns jetzt fragen, wie wir hier hineingeraten sind, aber damit lösen wir das Problem nicht. Auch lösen wir das Problem nicht damit, wenn wir uns jetzt unserem Schicksal ergeben und hoffen, dass alles doch noch irgendwie gut ausgehen wird. In einem Flugzeug in brenzligen Situationen aufzugeben ist keine Option!

Resignation bekämpfen

Die beste Art mit Resignation fertig zu werden ist es natürlich, noch einen Ausweg zu haben. Auch wenn dieser auf den ersten Blick nicht ersichtlich erscheint, lohnt es sich weiter nach Lösungsmöglichkeiten zu suchen. Der Schlüssel zu dieser Lösung liegt in guter Flugvorbereitung und angeeignetem Wissen. In den meisten Fällen gibt es noch einen Ausweg, ganz gleich wie schlecht die Situation ist.

Erinnern Sie sich an den United Airlines-Flug 232 aus Kapitel 3. Niemand hat daran geglaubt, dass aus diesem Flugzeug irgendjemand lebend heraus kommt. Trotzdem suchten Kapitän Haynes und Denny Fitch nach einer Lösung und retteten damit neben ihrem eigenen auch das Leben vieler Passagiere.

Diese Geschichte kann sicherlich als Musterbeispiel dienen. Erinnern Sie sich daran, falls Sie in eine scheinbar ausweglose Situation geraten sollten. Dann denken Sie an das, was Sie gelernt haben und handeln Sie – resignieren Sie nicht!

Complacency – Selbstzufriedenheit

Nach Aussage der USAF-Flugsicherheitszeitschrift ist »Complacency« einer der Killer Nummer 1 unter erfahrenen Piloten. Was bedeutet »Complacency« – Selbstzufriedenheit?

Piloten werden »complacent«, wenn sie in täglicher Routinearbeit die »normale« Wachsamkeit außer Acht lassen. Gerade bei Routineflügen ist diese Einstellung sehr gefährlich. Man gewöhnt sich schnell an immer die gleichen Ab- und Anflugverfahren. Auch die Route in den Übungsluftraum ist gleich. Der Luftraum wird irgendwann sehr vertraut, man kennt jede Waldkante, jeden Referenzpunkt am Boden – man fühlt sich sicher!

Sie haben das bestimmt schon mal gehört: »Ich kenne mich hier am Platz aus wie in meiner Westentasche. Ich bin diese Manöver schon tausendmal geflogen. Ich mache das schon jahrelang so! Ich habe alles gesehen, und alles gemacht (»seen it all, done it all!«).«

Doch wenn wir uns unserer Sache zu sicher sind, machen wir Fehler:

1. Wir bereiten uns nicht mehr gründlich vor!
Warum auch, ich kenne mich ja bestens aus hier!

2. Wir planen nicht mehr voraus!
Warum auch, ich hab ja schon alles gesehen!

3. Wir hören auf, uns weiterzubilden und zu üben!
Warum auch, hab ich alles schon gemacht, ich kann alles, was soll mir da passieren?

Doch gerade wenn Dinge zur Routine werden, dürfen wir unsere Aufmerksamkeit nicht schleifen lassen! Seltsamerweise passieren solche Dinge immer dann, wenn man nicht damit rechnet:

Luftkampfausbildung über der Nordsee. Zwei gegen Einen (oder »2vs1« wie wir sagen). Es gibt wenig Dinge, die in der Militärfliegerei mehr Spaß machen als »Air Combat Maneuvering«, kurz ACM.
Für unsere Flugschüler war ACM immer eine ganz besondere Herausforderung. Damals (und heute eigentlich auch noch) war das sozusagen die Königsdisziplin im Luftkampf. Dementsprechend war auch der Respekt gegenüber diesen Übungsflügen. Unsere beiden Schüler hatten jeweils einen Fluglehrer im Rücksitz und waren noch am Anfang der ACM-Ausbildung.
Für die Lehrer sind diese Flüge schon ziemlich spannend, denn in dieser Phase passieren häufig Fehler, die unter Umständen ein Eingreifen erfordern. Entgegen den Erwartungen aller Lehrer schlugen sich unsere beiden Probanden allerdings recht beachtlich. So beachtlich, dass wir mit einem guten Gefühl zum Stützpunkt zurückflogen. Wir entspannten uns alle ein wenig und flogen in lockerer Formation.
Umso überraschter waren wir, als einer der Schüler beim Einflug in die Platzrunde fast die ganze Formation durch die Einleitung einer Kurve in die falsche Richtung vom Himmel geholt hätte. Wir Lehrer jedenfalls hatten nach der Landung alle noch einen stark erhöhten Pulsschlag.
An diesem Tag waren wir Fluglehrer alle »complacent« gewesen. Der schwierige Teil des Fluges wurde von den Schülern überdurchschnittlich gut bewältigt. Daraufhin lehnten wir uns alle zurück und ließen uns durch eine einfache Unaufmerksamkeit überraschen. Wir mussten ja nur noch landen. Die Lehre daraus ist einfach:
Der Flug endet erst, wenn die Triebwerke abgestellt sind und wir im Crewbus sitzen, nicht eine Minute früher. In der englischen Sprache gibt es dazu einen einfachen Spruch: »Never let your guard down!«– »Sei niemals unachtsam!«

Get-homitis – Die »Nachhause wollen«-Krankheit

Innerhalb der USAF stellte man vor einigen Jahren fest, dass sich besonders viele Unfälle vor oder an Wochenenden ereigneten. Man stellte fest, dass Piloten sich in kritische Situationen brachten, um noch rechtzeitig für das Wochenende zum Heimatplatz zurückzukehren, oder das extra geplante Wochenendziel für den Langstreckenflug noch zu erreichen. Dafür gingen sie unnötig hohe Risiken bei der Flugplanung ein. So wurden z.B. grenzwertige Wetterlagen akzeptiert oder Treibstoff bis zum Letzten ausgereizt. Man ließ sich nur wenig Spielraum bei unvorhergesehenen Situationen. Die Folgen davon waren diverse Unfälle. Das Problem ist: Wie bei einer Grippe ist kein Pilot gegen diese Krankheit immun:

Ich war mit einem Kameraden im Rahmen einer Airshow für ein langes Wochenende auf einer US-Luftwaffenbasis im Osten der USA. Solche Ereignisse sind für uns Militärflieger eine gern gesehene Abwechslung. Wir hatten zu diesem Zweck eine perfekt herausgeputzte T-38 mit Reisebehälter überführt, die für das Statik Display (ausgestellt zur Besichtigung) vorgesehen war. Am Sonntag sollten wir wieder nach Texas zurückkehren. Ich musste an diesem Sonntag zurück nach Hause, da wir am Nachmittag einige neue Staffelmitglieder für ein Barbecue zu uns nach Hause eingeladen hatten. Ich wollte meine Frau schließlich nicht mit den Gästen alleine bei uns zu Hause sitzen lassen. So weit so gut. Um nach Hause zu kommen benötigten wir zwei Zwischenstopps. Der erste Flug verlief wie geplant. Als wir dann für den zweiten Flug das Wetter prüften, stellten wir fest, dass unser geplantes Ziel zur Zeit aufgrund tiefliegender Bewölkung nicht anfliegbar war. Dadurch wurde auch die Wahl unseres Ausweichflugplatzes ein Problem. Wir mussten einen Platz wählen, der relativ weit vom Zielflugplatz weg lag. Das bedeutete, dass wir mit dem Treibstoff ziemlich am Limit waren. Die Winde verbesserten die Situation auch nicht unbedingt, wir hatten Gegenwind, ca. 40 Knoten direkt »auf der Nase«, das half unserer Spritberechnung nicht wirklich. Da das Wetter eine Landung zunächst nicht zuließ, warteten wir. Ein Anruf mit dem Handy daheim: »Es wird ein wenig später, aber das passt schon noch!«. Die Begeisterung am anderen Ende hielt sich in Grenzen, aber was soll man machen.

Die Vorhersage für den Zielflugplatz war eigentlich gut. In einer halben Stunde würde sich das Wetter verbessern. Also tranken wir eine Coke und starrten auf den Wetterbildschirm. Zu unserer Überraschung trat die vorhergesagte Wetterverbesserung wirklich ein, sogar zehn Minuten früher als gedacht. Also schnell raus auf das Flugfeld, den Flieger angelassen und los. In der Luft stellten wir dann leider fest, dass die Winde stärker waren als eigentlich vorhergesagt. Wir verbrauchten mehr Treibstoff als geplant und eigentlich waren wir über dem Limit. Wir ließen uns regelmäßig Wettermeldungen für unseren Zielflugplatz geben. Auch das Wetter dort war an der Grenze. Wir entschlossen uns dazu, einen Anflug zu versuchen und dann, falls wir nicht aus dem Wetter herauskommen sollten, zum Ausweichplatz zu fliegen.

Wir überprüften laufend unseren Treibstoff und wir wussten beide, dass wir uns den Anflug eigentlich nicht mehr erlauben konnten und schon vor Erreichen des Endanflugpunktes hätten zum Ausweichflugplatz fliegen müssen. Wir machten den Anflug trotzdem. Kurz vor der Entscheidung, den Ausweichplatz anzufliegen, teilte uns die Kontrollstation mit, dass sich das Wetter gerade verbesserte und jetzt 300 Fuß über den Limits lag. Da entschlossen wir uns, den Anflug zu versuchen.

Wir hatten Glück! Wir sahen die Landebahn früh und landeten trotz einigen Böen sicher. Im Nachhinein aber war die Entscheidung zur Landung am Zielflugplatz falsch! Wir hätten zum Ausweichplatz fliegen müssen, Punkt!

Die Tatsache, dass wir sicher gelandet waren (und ich dann pünktlich zu Hause war), macht die Entscheidung nicht besser. Wir haben an diesem Tag unser Glück herausgefordert und Glück gehabt. Ich habe mich an diesem Tag von Motiven leiten lassen, die mit der sicheren Durchführung des Fluges nichts zu tun hatten. Mein Ziel war pünktlich zu Hause zu sein, nichts anderes. Dafür ging ich ein zu hohes Risiko ein. Der Flug zum Aus-

weichplatz hätte länger gedauert, aber er wäre sicherer gewesen. Die Frage ist, wie wertvoll eine Stunde im Vergleich zu einem eventuellen Unfall ist?

Situationen wie diese führen Menschen immer wieder in Versuchung. Das Problem ist: Es geht oft genug gut! Wirklich entscheidend ist aber nur der Tag, an dem es schief geht. Dann ist es völlig gleichgültig, wie oft es vorher gut gegangen ist!
Manchmal geht es nicht nur um ein Barbecue, sondern um einen Job oder um viel Geld! Je nach Schwere eines externen Motivs kann diese Versuchung sehr groß werden. Doch im Bereich der Fliegerei sollte es solche starken externen Motive eigentlich nicht geben – weder in der kommerziellen noch der Privatfliegerei. Und eigentlich auch sonst nirgends, wo es potenziell um das eigene oder das Leben anderer geht, wie z.B. im Straßenverkehr, wo derlei Verhalten leider auch alltäglich ist.

Selbstüberschätzung
Wir alle kennen Personen, die von sich behaupten, schon alles gesehen oder erlebt zu haben. Ganz gleich mit was für einem Problem man diese Menschen konfrontiert, sie behaupten immer eine Lösung zu haben und mit allem fertig zu werden.
Von einer solchen Einstellung sind oftmals junge Piloten betroffen. Sie wollen mit den erfahrenen Fliegern mithalten und beweisen, dass sie genauso gut fliegen können wie sie. Darum werden oftmals unnötigerweise hohe Risiken eingegangen.
Aber auch erfahrene Piloten können dieser Einstellung zum Opfer fallen, wenn sie mit zunehmender Erfahrung die nötige Sorgfalt vermissen lassen.

Selbstüberschätzung bekämpfen
Wenn Piloten glauben, wirklich alles zu wissen und alles gesehen zu haben, sollten sie sich selbst hin und wieder mal einige Fragen aus den Handbüchern stellen, um herauszufinden, ob dem wirklich noch so ist. Eine andere Methode könnten Fragen sein, die z.B. ein Vereinsmitglied stellt. Wenn man sich dieser Herausforderung nicht stellen möchte, ist das ein gutes Indiz dafür, dass man eben doch nicht alles weiß. Selbst wenn Sie sich dieser Herausforderung stellen, werden Sie sicher schnell feststellen, wie viel Sie eigentlich doch nicht (mehr) wissen.
Als ein »Single Seat Pilot« haben sie in der Regel nicht den Luxus, sich mit einem Copiloten auszutauschen und eventuell eine zweite Meinung zu hören. Darum ist es umso wichtiger, sich nach einem Flug noch einmal mit der eigenen Leistung auseinanderzusetzen und darüber nachzudenken, was vielleicht nicht so gut funktioniert hat. Ehrlich zu sich selbst zu sein ist hier am wichtigsten. In jedem Flug gibt es irgendetwas, was nicht so gut gelaufen ist. Der Tag, an dem ein Pilot denkt alles zu wissen, ist vermutlich der Tag, an dem ihm das Gegenteil bewiesen wird.

Das Flugshow-Syndrom
Flugshows sind eine tolle Sache. In keiner fliegenden Staffel gibt es einen Piloten, der nicht gerne der Flugshow Pilot (Flying Display Pilot) für das kommende Jahr sein möchte. Wer möchte nicht gerne seine herausragenden fliegerischen Fähigkeiten vor mehreren tausend Menschen zeigen. Aber es muss gar keine große Luftfahrtveranstaltung sein.

Überflug bei einem Footballspiel in den USA vor über 100.000 Zuschauern.

Manchmal reicht es auch schon, die Familie, Freunde oder Bekannte mit einer kleinen »privaten« Flugshow beeindrucken zu wollen. Jedes Jahr verunglücken jedoch Piloten bei dem Versuch, andere mit Flugmanövern beeindrucken zu wollen, die sie nicht beherrschen oder falsch einschätzen.

Während eines Familientages stürzte ein Tornado bei einer Flugvorführung ab. Der Pilot verlor während eines der geplanten Manöver die Kontrolle über das Flugzeug. Beide Besatzungsmitglieder konnten sich glücklicherweise mit dem Schleudersitz retten. Die anschließende Unfalluntersuchung ergab, dass der Pilot ein System des Flugzeuges (SPILS – Spin Protection and Incidence Limitation System) absichtlich deaktiviert hatte, was dabei hilft, das Flugzeug innerhalb der Überziehgrenzen zu halten. Damit wollte er die Vorführung spektakulärer gestalten, da das Flugzeug so manövrierfähiger wirkt. Bei dem geplanten Manöver wurden dann die Überziehgrenzen des Flugzeugs überschritten, es geriet außer Kontrolle und stürzte ab.

Es ist sicherlich toll, im Bekanntenkreis die Anerkennung für einen spektakulären Vorbeiflug zu bekommen. Auf der anderen Seite ist vermutlich nichts schlimmer, als wenn die Freunde oder Bekannten Zeugen des eigenen (unter Umständen tödlichen) Absturzes werden.
Die meisten der Zuschauer hätten beim obigen Beispiel keinen Unterschied zu einer Flugvorführung mit eingeschalteten SPILS bemerkt.

Bekämpfen des Flugshow Syndroms
Im Rahmen von Wettbewerben ist die Versuchung, die Grenzen zu »pushen«, vermutlich am größten. Der erste Schritt zum erfolgreichen Bekämpfen dieser sehr gefährlichen Einstellung ist es, diese zunächst einmal zu erkennen. Der Pilot muss sich dann von dem Gedanken frei machen, sein fliegerisches Können nur beweisen zu können, wenn er seine persönlichen Grenzen und die des Flugzeugs bis zum letzten ausreizt (oder sogar darüber hinaus).

Wie oben schon geschrieben, werden die Zuschauer den Unterschied eines riskanten Manövers zu einem sicheren vermutlich vom Boden aus ohnehin nicht unterscheiden können. Und der Punktrichter bewertet am Ende die Präzision des Manövers, nicht das Risiko mit dem es geflogen wurde.
Das Internet ist voll von Videoclips mit Piloten, die ihre Grenzen und die ihres Flugzeugs überschritten und dafür den ultimativen Preis bezahlt haben. Sicherlich möchte kein Pilot der Hauptdarsteller eines solchen Videos sein.

Gefährliche Einstellungen zum Schluss
Jeder Pilot ist für eine oder auch mehr der eben beschriebenen gefährlichen Einstellungen empfänglich. Wir müssen uns diesem Problem bewusst sein. Auch sind wir nicht immer gleich empfänglich oder immun gegenüber diesen Einstellungen. Je nach Situation kann sich ein Mensch durchaus anders verhalten. Vermutlich hat jeder Pilot sich schon einmal in einer der oben geschilderten Situationen wiedergefunden. Wichtig ist es, aus diesen Situationen zu lernen. Zu verstehen, warum wir uns in eine solche Situation haben bringen lassen, und das beim nächsten Mal verhindern. Wenn Sie derjenige sind, der aus seinen Fehlern aktiv lernt und so ein positives Vorbild für andere ist, werden Sie feststellen, dass diese Art von Respekt viel mehr wert ist, als einfach nur als »toller Flieger« dazustehen.

Fehler im System – aktive und latente Fehler

In der Fehlerforschung unterscheidet man häufig zwischen aktiven und latenten Fehlern in einem System.

Aktive Fehler
Aktive Fehler haben immer einen sofortigen Effekt. Hier steht meistens der Mensch im Mittelpunkt. Der aktive Fehler steht unmittelbar mit der Handlung des Operateurs innerhalb eines komplexen Systems im Zusammenhang. Ganz gleich ob es sich hierbei um Flugsicherungspersonal, Schiffsoffiziere, Kontrollraumpersonal eines Atomkraftwerks oder Piloten handelt. Im Umfeld der Fliegerei finden wir hier den viel zitierten »Pilotenfehler«. Am Ende ist das der Fehler, der das Flugzeug zum Absturz bringt weil z.B. das falsche Triebwerk abgeschaltet wurde. Man könnte die Unfalluntersuchung hier nach Aufdecken des aktiven Fehlers leicht beenden. Wir haben ja den »Schuldigen« gefunden. Wir verfallen häufig in dieses Schema. Der Mensch, der diesen aktiven Fehler beging, ist die Ursache für den Unfall. Falls wir unsere Untersuchung hier schon beenden, werden wir den wahren Grund für das Auftreten des aktiven Fehlers (des menschlichen Versagens) vermutlich nicht herausbekommen. Die Sache ist nämlich nicht ganz so einfach.

Latente Fehler
Die Fehlerforschung vertritt heute die Ansicht, dass der aktive Fehler in der Regel nichts weiter

als die Folge eines oder auch mehrerer Fehler im System ist. Für diese ist der Verursacher des aktiven Fehlers aber vielleicht gar nicht alleine verantwortlich. Es lohnt sich also durchaus, den Fehlern im System etwas genauer auf den Grund zu gehen. Denn nur hier finden wir unter Umständen die wahre Ursache für einen Unfall.
Latente Fehler befinden sich bereits im System. Ein Problem dieser Fehler ist, dass wir sie nicht kennen. Der latente Fehler wird in der Regel erst durch einen aktiven Fehler eines Operateurs aufgedeckt. Er ist bereits sehr lange im System vorhanden und bleibt bis zu seinem Auftreten unentdeckt. Man spricht deswegen manchmal von latenten Zuständen – »latent conditions«. Sie warten nur darauf, ihren Effekt zu zeigen.
Ein weiteres Problem ist dabei, dass latente Fehler oft zeitlich und räumlich weit entfernt vom eigentlichen aktiven Fehler gemacht werden und seit langem in ein komplexes System implementiert sind (z.B. durch ein Design, dass vor zehn Jahren vielleicht eine gute Idee war, heute aber leider nicht mehr). Sie werden oft erst durch aktive Fehler aufgedeckt.
Beispiele dafür sind in der Geschichte vielfältig. Latente Fehler waren u.a. bei den Unfällen von Tschernobyl, Bophal, dem Heysel Stadion, Three Mile Island oder der Challenger Katastrophe die Hauptursache. Latente Fehler sind eine der größten Gefahren in einem komplexen System. Oft werden Unfälle und Katastrophen nach aktiven Fehlern untersucht. Aktive Fehler werden bei diesen Unfällen auch häufig gemacht – aber eben häufig nur als Folge von latenten Fehlern, die jetzt erst sichtbar werden. Viele der Hauptursachen eines Unfalls waren lange vor dem eigentlichen Unfall präsent, lange bevor ein aktiver Fehler den latenten aufgedeckt hat.

Die Fehlerkette - »Chain of events«

In der heutigen Unfallforschung und Unfalluntersuchung wird es also immer wichtiger, gerade die latenten Fehler zu identifizieren und zukünftig zu eliminieren. Eines der wohl wichtigsten Werkzeuge für eine solche Analyse ist bis heute das Modell der Fehlerkette nach James Reason. Es ist auch unter dem Namen »Swiss Cheese Model« – zu Deutsch: »Schweizer Käse-Modell« – bekannt, bei welchem die einzelnen Ereignisse die Löcher in den Käsescheiben sind. Wenn alle Löcher deckungsgleich sind, kommt es zum Unfall.
Sie kennen vermutlich alle die Redewendung der »Kette der Ereignisse«; Reason stellt diese Kette der Ereignisse in diesem Modell in verschiedenen Ebenen dar.
Am Anfang steht die **Entscheidungsebene**. Nach Prof. Reason sind Unfälle in einer Organisation oft mit fehlerhaften Entscheidungen durch Designer oder dem Management verbunden. Das bedeutet nicht, dass auf der Managementebene grundsätzlich schlechte Arbeit geleistet wird, aber es hat sich gezeigt, dass bei Unfällen oftmals eine große Anzahl von Managemententscheidungen sich im Nachhinein als schlecht oder falsch herausstellen. Diese Entscheidungen können leider nicht immer vermieden werden, da sie oft in Abhängigkeit von Effizienz und Sicherheit gefällt werden. Das eine leidet oft unter dem anderen. Das Pendel zwischen Sicherheit und Effizienz werden wir im Kapitel Risikomanagement noch genauer betrachten. Sicher ist aber, dass die Lösung immer nur einen Kompromiss darstellen kann.

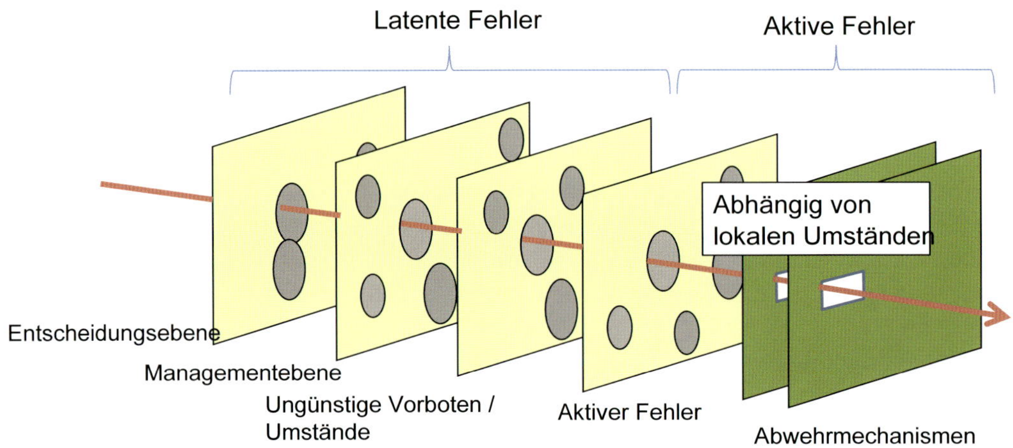

Fehler Modell nach James Reason (Swiss Cheese Model)

Die Konsequenzen fehlerhafter Entscheidungen können sich in der **Managementebene** unterschiedlich auswirken. So kann es dazu kommen, dass fehlerhafte Entscheidungen erkannt und hier neutralisiert werden. Gute Entscheidungen werden hier eventuell noch besser.
Andererseits kann es aber auch sein, dass fehlerhafte Entscheidungen nicht bemerkt werden bzw. dass selbst gute Entscheidungen durch das Management in dieser Ebene verschlechtert werden. Die Kompetenz dieser Ebene ist also eine der Schlüsselstellen für den weiteren Weg.
Mängel in dieser Ebene beeinflussen die **Vorboten** von ungünstigen Umständen in einer komplexen Art und Weise. Defizite im Trainingsbereich sind z.B. ein solcher Vorbote. Diese Defizite können aber nun selbst in eine Reihe von unterschiedlichen Vorboten führen: hoher Arbeitsaufwand, übermäßiger Zeitdruck, unangemessene Wahrnehmung von Gefahren, Überforderung, Ignoranz des Systems oder Motivationsprobleme.
Genauso kann jeder dieser Vorboten ein Produkt verschiedener Mängel aus der vorherigen Managementebene sein. Übermäßiger Zeitdruck kann z.B. durch schlechte Planung, schlechte Vorgaben und Regeln, Mängel in Fertigkeiten (Skills), Wissen oder schlechter Wartung entstanden sein.
Das Erkennen eines Fehlers auf dieser Ebene, ebenso wie auf der Ebene davor, kann eine Vielzahl von dadurch bedingten Fehlern im weiteren Verlauf der Fehlerkette eliminieren. Deswegen ist es so wichtig, diese latenten Fehler ausfindig zu machen und sie zu korrigieren.
Die nächste Ebene betrifft den **aktiven Fehler (unsafe act)**. Er ist abhängig von der inneren Einstellung und den äußeren Umständen. Ein »unsafe act« ist etwas mehr als ein Fehler oder eine Violation. Es handelt sich dabei um einen Fehler oder eine Violation in der Gegenwart eines Ereignisses. Beispiel: Das Nicht-Tragen eines Sicherheitshelmes ist noch kein unsafe act, es wird allerdings dazu, wenn dieses Verhalten in einem Umfeld passiert, bei dem etwas von oben herunterfallen kann, z.B. auf einer Baustelle.
Um unvorhergesehenen Umständen Rechnung zu tragen, werden häufig zusätzliche **Abwehr- oder Verteidigungsmechanismen** installiert. Diese Mechanismen können unterschiedlicher

Natur sein. Sie können einfach sein, wie z.B. Schutzkleidung oder ein Helm, oder eine hochkomplexe Anordnung von automatisierten technischen Sicherheitsvorkehrungen. Dabei wird der Faktor Mensch ebenfalls berücksichtigt. Aber auch eine banale Checkliste kann bereits ein Abwehrmechanismus sein.
Nun ist es keinesfalls so, dass wir ständigen Katastrophen oder Unfällen ausgesetzt sind. Nur wenige aktive Fehler führen im Endeffekt hinterher auch zum Unfall. Vielmehr gibt es oft eine Reihe von verschiedenen ursächlichen Faktoren. Einige dieser Fehler sind latente Fehler, andere sind lokal auftretende Umstände und aktive Fehler – häufig gekoppelt mit besonderen äußeren Umständen wie z.B. bei der Challenger-Katastrophe, wo erst die ungewöhnlich tiefen Außentemperaturen die Dichtungsringe der Raketen so stark beinträchtigten, dass es zum Unfall kam. Die Dichtungen an sich waren nicht optimal konstruiert gewesen, doch erst im Zusammenspiel mit den Temperaturen weit unter Null kam es zum Versagen.
Sind dem Operateur die Umstände des Sicherheitsstatus nicht bewusst, gibt es Lücken im System, die ihm nicht bekannt sind, kann es zu einer tödlichen Kombination oder Interaktion von aktiven Fehlern und ineffektiven Abwehrmechanismen kommen.

Die Löcher im Käse
Aber warum sprechen wir von diesem Modell als »Swiss Cheese Model«? Die Löcher der einzelnen Ebenen repräsentieren potenzielle Fehler. Die Zeitfenster für diese Löcher sind nicht konstant und unterliegen ständiger Veränderung. Das bedeutet, dass nicht zwangsläufig ein Fehler auf einer der Ebenen des Fehlermodells auch zum Unfall führt. Oftmals wird die Fehlerkette durch einfache Handlungen unterbrochen.
Hier ein Fallbeispiel für eine Fehlerkette:

Die nahezu brandneue Boeing 737-400 von Britisch Midland befand sich am 08.01.1989 auf dem Flug von London nach Belfast. Die Maschine war erst kürzlich auf -400er-Standard aufgerüstet worden, was viele verschiedene Verbesserungen enthielt. So wurden z.B. die Triebwerke verändert und das Cockpit auf moderne Anzeigen umgerüstet (Glass Cockpit).
Im Steigflug kam es dann bei 28.300 Fuß zu einem Triebwerksschaden im linken Triebwerk. Eine Schaufel hatte sich von der Welle gelöst und zerstörte Teile des Triebwerks.
Die Piloten konnten die Ursache des Problems nicht feststellen, sie hörten nur einen Knall und spürten deutliche Vibrationen. Dazu drang Rauch in das Cockpit ein.
Die Piloten entschieden sich dazu, zum Ausweichflugplatz zu fliegen – East Midland Airport. Danach widmeten Sie sich wieder dem Flugzeug, sie versuchten das beschädigte Triebwerk zu identifizieren. Da sie vom Cockpit die Triebwerke nicht sehen konnten, mussten sie sich an anderen Anzeigen orientieren.
Sie entschieden sich dazu, das rechte Triebwerk abzustellen, da sie die Rauchentwicklung im vorderen Bereich der Kabine darauf zurückführten. Die Klimaanlage der 737 wird durch Zapfluft der beiden Triebwerke versorgt. Dabei ist das linke Triebwerk für die Versorgung des Cockpits zu-

ständig, während das rechte die Kabine versorgt. Jedoch wurde genau diese Anordnung in der neuen -400-Serie geändert, so dass nun die Luft vermischt wurde, und nun das linke Triebwerk das Cockpit und den vorderen Teil der Kabine versorgt, während das rechte Triebwerk den hinteren Teil der Kabine versorgt.
Beide Piloten hatten noch nicht viel Erfahrung auf der 737-400, die gerade erst bei British Midland eingeführt worden war. Sie hatten jedoch sehr viel Erfahrung auf der alten 737 gesammelt und so nahmen sie fälschlicherweise an, das fehlerhafte Triebwerk identifizieren zu haben.
Für sie folgerichtig stellten sie daraufhin das rechte (noch funktionierende) Triebwerk ab. Es erfolgte keine Information aus der Kabine an die Piloten.
Als die Piloten das rechte Triebwerk ausschalteten, stoppten der Rauch und die Vibrationen. Dies war aber nur purer Zufall, da durch das Abschalten der automatischen Schubregelung (Autothrottle) des rechten Triebwerks auch der Kraftstofffluss im linken Triebwerk verringert wurde. Dadurch wurde kein zusätzlicher Kraftstoff mehr verbrannt, die Leistung reduzierte sich und dies stoppte die Vibrationen, wodurch die Piloten im festen Glauben waren, das Richtige getan zu haben.
Die Piloten hätten anhand der Vibrationsanzeigen jedoch leicht das beschädigte Triebwerk identifizieren können. Diese Anzeigen galten allerdings in der alten 737 als sehr problematisch und unzuverlässig, in der -400er-Version funktionierten sie hingegen perfekt.
Eine interne Anweisung der Fluggesellschaft schreibt den Piloten vor, die Notfallmaßnahmen nochmals zu überprüfen, um eventuelle Fehler zu bemerken. Doch gerade als der Kapitän diese Maßnahmen durchführen wollte, wurde er durch einen Funkspruch der Kontrollstation abgelenkt.
Im Anflug auf East Midland Airport mussten die Piloten die Leistung des linken Triebwerks wieder erhöhen um die Geschwindigkeit halten zu können. Dadurch wurde das linke Triebwerk völlig zerstört. Verzweifelt versuchten sie nun ein Triebwerk wieder zu starten, doch die Geschwindigkeit, die dazu nötig ist, war zu gering.
Die Piloten wussten nun, dass sie die Landebahn nicht erreichen würden, sie waren aber noch in der Lage die kleine Stadt Kegworth im Anflugsektor zu überfliegen, bevor das Flugzeug 0,3 Meilen vor der Landebahn fast direkt auf der Autobahn M1 aufschlug.
Beim Absturz kamen 47 Personen ums Leben, 79 Passagiere und Crewmitglieder überlebten das Unglück.

Auf den ersten Blick ist die Ursache klar. Die Piloten, die das falsche Triebwerk abstellten, obwohl alle Anzeigen im Cockpit korrekte Werte lieferten, waren offensichtlich die Ursache für diesen Unfall. Trotzdem wollen wir uns die Mühe machen, diesen Unfall anhand des Fehlermodells kurz zu analysieren.

Kurze Analyse des Unfalls British Midland anhand der Fehlerkette

Entscheidungsebene

Die Analyse des Unfalls ergab später, dass die Triebwerkmodifikationen dazu führten, bei hoher Leistung und über 25.000 Fuß Höhe ungewöhnliche Vibrationen zu verursachen. Dadurch kam es zu Ermüdungsbrüchen in den Schaufeln. Nachdem dies festgestellt wurde, mussten alle bis dahin ausgelieferten Boeing 737-400 am Boden bleiben, bis weitere Modifikationen erfolgten.
Der größte Fehler auf dieser Ebene war sicherlich die Tatsache, dass die neuen Triebwerke nicht in der Luft getestet wurden, sondern nur auf dem Prüfstand liefen. Da das Vibrationsproblem aber nur in der Luft im realen Flugbetrieb unter bestimmten Bedingungen auftrat, wusste bei der Zulassung des Flugzeugs niemand etwas von diesem Problem. Es wurde nicht gegen damalige Vorschriften oder Gesetze verstoßen. Da es sich nur um eine Modifikation eines existierenden Triebwerkes handelte, war ein Test auf dem Prüfstand nach damaligem Kenntnisstand ausreichend.
Seit diesem Unfall müssen nun alle signifikanten Änderungen an Turbofan-Triebwerken unter realen Flugbedingungen getestet werden.
Die Entscheidung, die neuen Triebwerke nur auf dem Prüfstand zu testen ist nachvollziehbar. Die Firma Boeing handelte nach geltenden Regeln und ist daran interessiert, etwaige langwierige Testszenarien auf dem Prüfstand kosteneffizient zu erledigen. Ob diese Schwierigkeiten mit anderen Prüfmethoden hätten identifiziert werden können, ist unklar. Klar ist: Eine Erprobung unter realen Testbedingungen hätten diesen Unfall verhindert. So aber blieb ein Loch in der ersten Ebene unseres Fehlermodells unentdeckt.

Managementebene

Die 737-400 war brandneu. Auch für die Piloten der Fluggesellschaft. Trotzdem wurden die Piloten nur theoretisch auf die neue Version vorbereitet. Ein Simulatortraining gab es nicht. Es existierte noch nicht einmal ein Simulator der -400er-Version in England. Trotzdem wurden die Piloten verzugslos auf dem neuen Muster eingesetzt. Das Resultat waren schlecht vorbereitete Piloten, die nur rudimentäre Kenntnisse aus dem Handbuch der neuen Version hatten, oder (was viel schlimmer war) altes Wissen der früheren 737-Version einfach auf das neue -400 Modell anwendeten:

- Mangelndes Wissen über die geänderte Klimaanlage.
  Die Klimaanlage diente in der alten Version als eine Entscheidungshilfe zur Identifikation eines beschädigten Triebwerks.

- Kein Vertrauen in die Vibrationsanzeige.
  In der alten Version war diese Anzeige unzuverlässig und wurde durch die Piloten in der Regel ignoriert. In der neuen Version funktionierten diese Anzeigen sehr präzise.

- Umstieg auf ein modernes Cockpit.
  Die Ergonomie und Darstellung der Instrumente änderte sich grundlegend. Beide Piloten hatten Schwierigkeiten, die korrekt anzeigenden Instrumente richtig zu interpretieren. Beispiel Vibrationsmesser: Alte Version – relativ groß aber unzuverlässig; neue Version – klein, unübersichtlich aber präzise.

Die mangelnde Ausbildung der Piloten auf dem neuen Muster trug in großem Maße dazu bei, dass hier ein Loch in der Managementebene der Fehlerkette nicht geschlossen werden konnte.

Vorboten und ungünstige Umstände
Hier kommen viele verschiedene Dinge zusammen. So z.B. das Nachlassen der Vibrationen und des Rauches im Cockpit nach Abschalten des falschen Triebwerks. Diese Signale bedeuteten für die beiden Piloten in dieser Stresssituation sicherlich, dass sie bis jetzt alles richtig gemacht hatten. Umso überraschender war dann der spätere komplette Ausfall des noch laufenden Triebwerks. Sie vermuteten so sogar, dass nun auch das andere Treibwerk ausgefallen war. Auch die Tatsache, dass keine Informationen aus der Kabine ins Cockpit gelangten ist sicherlich nicht hilfreich gewesen. Aus der Kabine war klar zu erkennen, dass das linke Triebwerk Funken sprühte und brannte. Jedoch erfolgte weder eine Nachfrage aus dem Cockpit, noch eine Information an das Cockpit.

Aktive Fehler
Sicherlich haben die beiden Piloten hier den (die) aktiven Fehler begangen. An erster Stelle das Abschalten eines funktionierenden Triebwerks. Als sie den Fehler letztendlich bemerkten war es bereits zu spät.
Auch entschieden sie sich sehr schnell für das Abschalten eines Triebwerks ohne vorher eine gründliche Analyse anhand der Cockpitinstrumente durchzuführen.

Abwehrmechanismen
Die Fluggesellschaft schrieb bei Notverfahren eine erneute Überprüfung der durchgeführten Notverfahren vor. Diese soll dazu dienen, eventuelle Fehler zu identifizieren und zu korrigieren. Vermutlich hätte dieser Mechanismus funktioniert, wenn der Kapitän nicht an dieser Stelle durch den Funkspruch der Bodenstation abgelenkt worden wäre.
Dies macht deutlich, dass der Erfolg eines solchen Mechanismus immer von der vorherrschenden Situation abhängig ist und keine Garantie darstellt.

Abschlussbericht
Der Abschlussbericht gab hinterher 31 verschiedene Sicherheitshinweise. Die beiden Piloten überlebten den Absturz schwer verletzt und wurden nach dem Untersuchungsverfahren von der Fluggesellschaft entlassen.

> *»Pilotenfehler ist eine nette Bezeichnung. Es bedeutet, dass es ganz egal ist, wer etwas entwirft oder konstruiert, herstellt und sich an die Spezifikationen hält. Derjenige hat alles richtig gemacht. Nur die zwei Typen vorne im Cockpit haben alles falsch gemacht.«*
> *(First Officer, Midland Flight BD 092)*

Sicherlich ist die »Ursache Personal« bei diesem Unfall nicht ganz von der Hand zu weisen. Hätte man nur ein wenig mehr Zeit auf die korrekte Analyse des Problems verwendet, wäre es nicht zu dieser Katastrophe gekommen. Allerdings stellt sich auch die Frage, wie in unserer heutigen modernen Zeit, ein derartiger Konstruktionsfehler für die Serienfertigung zugelassen werden kann. Hier spielen sicherlich viele Faktoren eine Rolle, wie z.B. Zeit und Geld. Der Hersteller hat ein Interesse daran, sein Flugzeug zu verkaufen. Langwierige Tests (die per Gesetz auch nicht vorgeschrieben waren) kosten zusätzliches Geld und Zeit.
Die Fluggesellschaft will die neuen Flugzeuge schnell einsetzen. Eine gründliche Umschulung der Piloten kostet ebenfalls Geld und Zeit. Da sich das eigentliche Muster ja nicht geändert hat (immer noch eine 737, nur besser), verzichtete man darauf und gab den Piloten nur ein neues Handbuch zu lesen.
Diese Vorgehensweisen erscheinen ebenfalls sehr fragwürdig, werden aber durch marktwirtschaftliche Bedingungen diktiert. Hier geht Effizienz ohne Frage über Sicherheit. Das schwächste Glied in der Kette der Ereignisse ist dann aber wieder der Mensch.

Was bedeutet das für den Privatpiloten?
Die Fehlerkette nach Reason hat leider einen ganz entscheidenden Nachteil. Sie wird zur Analyse von Unfällen herangezogen, die schon geschehen sind. Als Privatpilot nützt mir das aber herzlich wenig, ich möchte ja wissen, wie ich Gefahren im Vorfeld identifizieren kann. Genau mit dieser Thematik werden wir uns im Kapitel Risikomanagement befassen. Dort werden wir Strategien kennenlernen, mit denen wir uns gezielten auf Gefahren und Risiken vorbereiten können.
Sie werden sich nun vielleicht fragen, warum auch die Fehlerkette für den Privatpiloten von Bedeutung ist. Wenn ein Pilot in eine potenziell gefährliche Situation gerät, wird er sicherlich nicht sagen: »Ich befinde mich gerade in einer sich aufbauenden Fehlerkette, und jetzt arbeite ich die verschiedenen Käsescheiben ab, und das Problem ist gelöst!«
Die Schwierigkeit besteht nämlich schon allein darin, überhaupt zu erkennen, dass ich mich innerhalb einer sich aufbauenden Fehlerkette befinde. Ich behaupte, dass jeder Pilot sich schon einmal innerhalb einer sich aufbauenden Fehlerkette befunden hat. Diese Tatsache wird den meisten allerdings erst hinterher wirklich bewusst. Warum es trotzdem nicht zu einem Unfall kam, hat dann meist verschiedene Gründe.
Das Ziel muss es sein, einige der Löcher in den Käsescheiben zu verschließen. Als Pilot sind wir dabei meist auf die hinteren Scheiben begrenzt, auf diese können wir noch am meisten Einfluss nehmen. Aber zusätzlich zu Können, Wissen und einer gründlichen Vorbereitung, ist es möglich, noch weitere Schutzmechanismen zu installieren, um einer gefährlichen Situation zu entkommen. Dazu bedarf es keines großen Aufwandes, denn wir alle besitzen diese Fähigkeiten, diese Schutzmechanismen. Wichtig ist nur, dass wir diese auch erkennen!

Wir nennen sie: **»RED FLAG-Warnungen«**

Die »roten Flaggen« stellen sozusagen die letzte Warnung dar. Sie sollen dem Piloten dabei helfen, Entscheidungen nochmals zu hinterfragen, oder das Problem zu analysieren. Aber was genau sind die Signale für diese RED FLAGS?

- Uneindeutigkeiten/ungelöste Diskrepanzen:
  Informationen weichen voneinander ab oder machen keinen Sinn.
- Leeres Gefühl oder Konfusion:
  Man hat das Gefühl alles läuft an einem vorbei, man hat keine Kontrolle und lässt Dinge einfach geschehen.
- Fixierung und Voreingenommenheit:
  Tunnelblick, Voreingenommenheit verschleiert die eigentliche Realität.
- Schlechte Kommunikation:
  Keine, uneindeutige, unvollständige oder nicht erwartete Kommunikation.
- Regelverletzungen:
  Unterschreiten von Minima, nicht Einhalten von Vorschriften.
- Nichteinhalten von Parametern:
  Höhen, Geschwindigkeiten, Richtungen werden nicht eingehalten.

Falls man als Pilot eines (oder mehrere) dieser Symptome im Flug an sich entdeckt, sollte man schnellstens den mentalen »Reset-Knopf« drücken, und beginnen Dinge im Cockpit zu priorisieren. Wie man in so einem Fall am besten vorgeht und einige nützliche Hilfen dazu, finden Sie später im Kapitel 9 »Verhalten bei Notfällen«.
Manchmal reicht es allerdings schon aus, einfach nur den Mund aufzumachen:

Der folgende Zwischenfall ereignete sich in einer nebligen Nacht in Providence, Rhode Island, USA. In dieser Nacht war es so nebelig, dass vom Tower das Rollfeld nicht eingesehen werden konnte. Auch die Flugzeuge hatten Schwierigkeiten, sich am Boden beim Rollen zu orientieren. Eines der landenden Flugzeuge bekam nach Verlassen der Landebahn die Anweisung, zum Parken auf die Fläche vor dem Terminal zu rollen. Wegen des dichten Nebels bog die Maschine allerdings eine Abzweigung zu früh ab. Als sich die Maschine nun auf diesem Rollweg wieder der Startbahn näherte, bat die Besatzung mit einer falschen Positionsangabe um eine Präzisierung der Rollfreigabe, da man sich der eigenen Position nicht wirklich sicher war. Der Tower wiederholte die urspüngliche Freigabe nochmals und die Maschine rollte weiter auf die Startbahn wo gerade eine andere Maschine startete. Die beiden Flugzeuge verfehlten sich nur um wenige Meter. Daraufhin entbrannte eine Diskussion auf dem Funk zwischen der Maschine und dem Tower, bei der man versuchte die Situation zu klären. Leider wurde dies durch unpräzise Positionsangaben erschwert.
Entnervt erteilte der Tower dann einer wartenden Maschine trotz der unklaren Situation eine Startfreigabe. Trotz des Hinweises der Besatzung, dass sie sich auf einer aktiven Startbahn befinden, wiederholte der Towerkontroller die Startfreigabe.
An dieser Stelle hätte die Katastrophe seinen Lauf nehmen können. Allerdings gab es in dieser Nacht glücklicherweise eine Person, bei der eine Red Flag-Warnung ausgelöst wurde.
Der Kapitän der auf die Startfreigabe wartenden Maschine teilte dem To-

wer mit: »Tower, bevor ihr nicht geklärt habt, was genau da vor sich geht, ziehen wir es vor, dort zu bleiben wo wir gerade sind.«

Dieser einfache Satz durchbrach die gesamte Fehlerkette. Es braucht nicht immer eine Heldentat oder überdurchschnittliches Können um eine gefährliche Situation zu meistern. Manchmal reicht es, wenn man aufmerksam zuhört. Vermutlich denken Sie jetzt, dass der Kapitän ja nur gesunden Menschenverstand angewendet hat, und Sie haben Recht. Es ist trotzdem erschreckend, wie wenig wir manchmal davon Gebrauch machen.
Aber wann sind wir eigentlich am anfälligsten für Fehler? Man hat in verschiedenen Studien von Flugunfällen festgestellt, dass sich die Fehlerwahrscheinlichkeit unter bestimmten Bedingungen erhöht.
Dazu gehören z.B. die folgenden Bedingungen, aufgelistet in der Reihenfolge von hohem Einfluss bis geringerer Einfluss auf die Fehlerwahrscheinlichkeit:

- Unbekannte Situationen
- Zeitdruck
- Schlechte Mensch-/Maschine-Schnittstelle
- Fehler nicht mehr umkehrbar
- Informationsflut/Überlastung
- Falsche Risikoanalyse
- Schlechte Systemrückmeldung
- Unerfahrenheit
- Schlechte Aufmerksamkeit
- Ausbildungsmängel
- Schlafstörungen

Gemäß dieser Liste sind wir also in Situationen, die wir nicht kennen und unter Zeitdruck stehen, der häufigsten Wahrscheinlichkeit ausgesetzt, einen Fehler zu begehen. In diesen Situationen ist die Wahrscheinlichkeit, einen Fehler zu begehen um ein Vielfaches höher (17 bzw. 11 Mal). Leider sind Zeitdruck sowie unbekannte Situationen Attribute, die wir in der Fliegerei recht häufig vorfinden. Kommen dann noch andere Dinge wie eine schlechte Mensch-/Maschine-Schnittstelle (z.B. neues Glascockpit) oder Unerfahrenheit hinzu, haben wir unter Umständen ein ernstes Problem. Der Begriff der Erfahrung ist hierbei differenziert zu betrachten: Im Beispiel von Flug BD 092 waren beide Piloten generell sehr erfahren. Allerdings hatten sie wenig Erfahrung mit der neuen 737-400. So ist also auch gerade für eigentlich erfahrene Piloten der Umstieg auf ein neues Muster nicht selten mit einigen Herausforderungen verbunden.

Der Human Error – eine andere Sichtweise

Die gängige Sichtweise menschlichen Versagens zielt darauf ab, dass der Mensch Ursache für Unfälle ist. Es wird viel Aufwand betrieben, um schlechte Entscheidungen, ungenügende Analysen und schlechtes Urteilsvermögen des Menschen bei Unfällen aufzudecken. Diese Sichtweise nennt man nach Sidney Decker auch die »Bad Apple«-Theorie.

Diese Theorie besagt, dass komplexe Systeme funktionieren, solange die unzuverlässigen Menschen innerhalb des Systems keine Fehler machen. Die Menschen werden allgemein als die »Bad Apples« bezeichnet. Unfälle im System werden durch menschliches Versagen verursacht, er ist zu 75–85% verantwortlich (diese Zahl kommt uns doch bekannt vor, oder?). Wenn Fehler im System auftreten, sind sie überraschender Natur. Sie sind unerwartet und gehören per se nicht ins System. Das »Bad Apple«-System ist in seiner Erklärung überaus erfolgreich und das hat viele Gründe.

Zunächst einmal benötigen wir in einem komplexen System viele Ressourcen. Finanzieller Druck und Zeit haben unmittelbaren Einfluss auf den Erfolg des Systems. Fehler können und wollen wir uns nicht leisten. Passieren nun Fehler ist es eine ganz natürliche Reaktion, den Schuldigen identifizieren zu wollen. Wir wollen wissen, wer verantwortlich ist. Warum etwas passiert, steht für uns zunächst erst an zweiter Stelle. Auch ist es einfach zu behaupten, dass ein Mensch durch einen dummen Fehler die Sicherheit des komplexen Systems gefährdet hat. Das System hätte nämlich einwandfrei funktioniert, wenn sich der Mensch an alle Regeln und Vorschriften gehalten hätte. Dies dient der Organisation, das Gesicht zu wahren und den Schwarzen Peter jemand anderem zuschieben zu können.

Werden Unfälle in einem solchen System dann untersucht, werden nur selten die äußeren Umstände und das Situationsbewusstsein der beteiligten Personen als beitragende Faktoren berücksichtigt und das Wissen über »Human Factors« ist bei den Unfalluntersuchern höchstens eingeschränkt vorhanden.

Die Organisation wird hinterher behaupten, dass ihr System grundsätzlich sicher ist und funktioniert, solange es nicht durch unzuverlässige Personen sabotiert wird. Vor diesen Personen muss das System dann geschützt werden – im Klartext bedeutet das:

Mehr Regeln und Vorschriften
Der Raum für Fehler soll eingeschränkt werden.

Der Mensch wird durch Technik ersetzt
Maschinen machen keine Fehler.

Entfernen der Bad Apples aus dem System
Einführen von Bestrafungen.

Aber funktioniert das?

Vermutlich nur bedingt, da durch die oben beschriebenen Maßnahmen die wirkliche Ursache des Fehlers wahrscheinlich nicht gelöst wird.

Mehr Regeln und Vorschriften
sind keine Garantie dafür, dass diese auch eingehalten werden.

Den Mensch durch Technik ersetzen
wird neue Fehlerquellen generieren.

Entfernen der Bad Apples aus dem System
beantwortet nicht die Frage, wie viele Bad Apples noch in einem System schlummern. Soll ich auf den nächsten Unfall warten bis der nächste identifiziert ist?

Wir können erkennen, dass die oben beschriebenen Maßnahmen also nur bedingt funktionieren, oder sogar neue Probleme oder Fehler generieren können. Trotzdem greifen wir immer wieder gerne zu den oben beschriebenen Maßnahmen. Sie sind schnell und billig umzusetzen. Wie effektiv sie jedoch tatsächlich sind, ist in der Realität nur schwer zu beurteilen. Sie funktionieren nur solange, bis der nächste Bad Apple das System zum Versagen bringt.

Problematische Unfalluntersuchungen
Natürlich werden auch in einem »Bad Apple«-System detaillierte Unfalluntersuchungen durchgeführt. In diesen Untersuchungen liegt das Hauptaugenmerk auf der Klärung der Unfallursache. Es wird in der Regel extra darauf hingewiesen, dass der Bericht nicht dazu dient, die schuldigen Personen zu identifizieren. Es geht allein um die Ursachenfeststellung. Leider liest sich so ein Bericht hinterher eher wie ein Urteil als ein Beitrag zur Ursachenfindung:

> *Beispiel: »Der Pilot wurde seinen Aufgaben im Sinne eines funktionierenden Crew-Concepts als verantwortlicher Luftfahrzeugführer nicht gerecht und schätzte zudem die vorherrschende Wetterlage falsch ein.«*
> *(Sinngemäße Wiedergabe eines beliebigen Unfallabschlussberichtes)*

In den wenigsten Fällen wird aber wirklich festgestellt, warum es zu einem solchen Verhalten kommen konnte. Untersuchungen zielen darauf ab, die Vergangenheit klären zu wollen. Wir führen aber diese Untersuchungen mit dem Wissensvorsprung der Gegenwart durch. Das heißt, der Unfalluntersucher weiß alles. Das hat unbewusste Einflüsse auf das Ergebnis der Untersuchung. Er weiß genau, dass z.B. die Fahrwerksanzeige beim Landeversuch keine »3 Green« anzeigte. Das hätte der Pilot doch sehen müssen, oder nicht?! Im Bericht steht dann etwa so viel wie:«Der Pilot übersah die unsichere Fahrwerksanzeige und führte den Landeversuch mit eingezogenem Fahrwerk durch.« Welchen Schluss ziehen wir daraus? Vermutlich war der Pilot zu dumm, nicht gut oder erfahren genug.
Diese Art von Untersuchungen und Ergebnissen bringen uns aber nicht viel weiter. Der Zweck einer Unfalluntersuchung sollte vielmehr sein, zu verstehen, warum die Beurteilung und Handlungen in der damaligen Situation für die betroffenen Personen Sinn machten.

Menschen machen Fehler – Menschen wollen aber keine Fehler machen!
Dass Menschen Fehler machen, wissen wir. Das Interessante dabei ist aber, dass wir selbst gar keine Fehler machen wollen. Wir treffen unsere Entscheidungen nach dem Wissen über unser derzeitiges Situationsbewusstsein. Und mit diesem Bewusstsein entscheiden wir uns subjektiv richtig. Vorausgesetzt, wir haben es nicht mit einem Verstoß zu tun.
Der Mensch trifft im subjektiven Bewusstsein für eine bestimmte Situation die für ihn richtige Entscheidung. Ob diese hinterher für die reale Situation richtig ist, hängt von der Diskrepanz zwischen Wirklichkeit und Situationsbewusstsein ab.

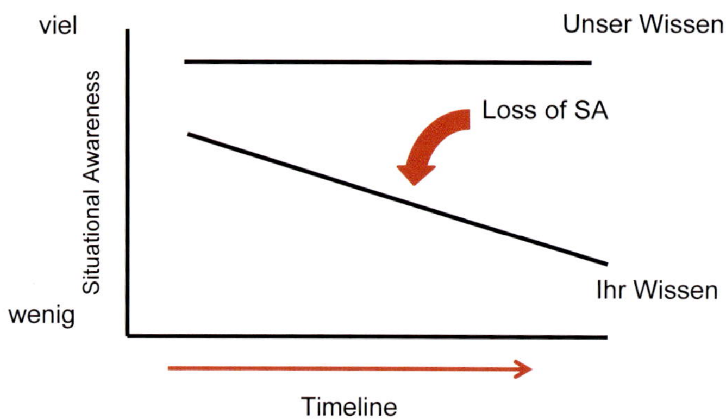

Ab einem bestimmten Punkt erfolgte der Verlust des Situationsbewusstseins.

Wenn man Unfälle untersucht, stellt man fest, dass der Mensch ab einem bestimmten Punkt das Situationsbewusstsein verliert und schlechte (sprich falsche) Entscheidungen die Folge sind. Irgendwann fangen die Dinge an, aus dem Ruder zu laufen.
Bezogen auf unser Beispiel aus Flug MD092 trat dieser Verlust des Situationsbewusstseins schlagartig mit dem Auftreten des Triebwerksproblems auf. Aufgrund der Begleitumstände (verschwinden der Vibrationen bei Abschalten des falschen Triebwerks) wurde der Effekt sogar noch verstärkt, da die Piloten das Problem eigentlich für gelöst hielten und ihre Handlung indirekt als korrekt bestätigt wurde. Ist dieser Verlust des Situationsbewusstseins erreicht, kann die Situation von dort an nur noch schwer entschärft werden, gerade wenn man als Privatpilot allein im Cockpit sitzt.

Im Tunnel
Sie haben das Phänomen des Tunnelblickes bestimmt schon einmal an sich selbst erlebt. Im übertragenen Sinne bedeutet es, dass wir nur noch ganz bestimmte Dinge wahrnehmen und den Überblick in bestimmten Situationen verlieren können. In einer Stresssituation (wie z.B. bei einer Luftnotlage) kann es dann dazu kommen, das Dinge leicht übersehen werden. Dies kann unsere Fähigkeit, eine korrekte Entscheidung zu fällen, negativ beeinflussen.
Aber was genau ist eine korrekte Entscheidung? Für den Unfalluntersucher ist die korrekte Entscheidung vermutlich diejenige, die den Unfall verhindert oder gar nicht hätte entstehen lassen. Diese Entscheidung trifft der Unfalluntersucher aber mit dem (nachträglichen) Wissen um die Gesamtsituation. Über dieses Wissen verfügt der Pilot im Cockpit vermutlich nicht. Um die Situation im Cockpit aber vollständig beurteilen zu können, muss sich der Unfalluntersucher mit der Besatzung in diesen Tunnel begeben. Nur dann kann er Entscheidungen auch situationsbedingt nachvollziehen.

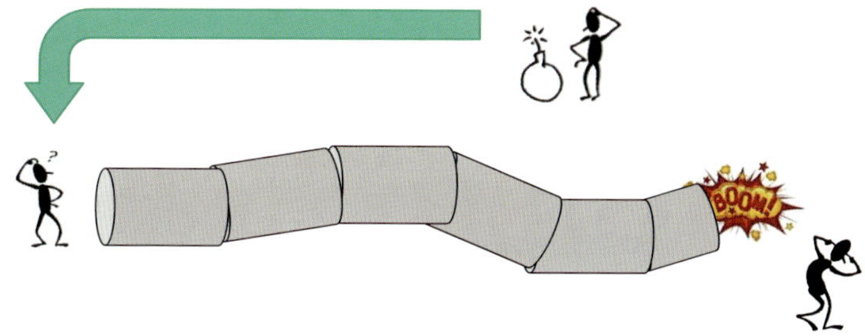

Blick durch den Tunnel.

Nur so kann hinterher herausgefunden werden, warum der Pilot durch bestimmte Ereignisse vielleicht abgelenkt wurde. Ebenso ist der Trainingszustand des Piloten, sein Wissen über Wetter, Flugzeug usw. in diese Betrachtung miteinzubeziehen. Dabei sind Anmerkungen wie, »hätte er zu diesem Zeitpunkt dies und jenes getan…« wenig hilfreich. Alternative Ausgänge hat es bestimmt gegeben, nur wenn keiner von diesen eingetreten ist, ist es für die Untersuchung hinterher ohne Belang.
Einer der Universalsätze in Unfallberichten ist z.B. dieser:

> *»Verlust von CRM führte zu inadäquater Aufmerksamkeitsverteilung und damit zu einer falschen Handlung.«*

Die Frage, die eigentlich beantwortet werden müsste, ist ja eigentlich, wie es zu dem Verlust von CRM oder Situationsbewusstsein kommen konnte. Diese Frage zu beantworten ist unter Umständen schwierig. Aber nur so kann die wirkliche Ursache für Unfälle herausgefunden werden. Genau hier liegt eine der größten Herausforderungen für Human Factors-Spezialisten bei der Untersuchung von Unfällen.
In diesem Kapitel haben wir das »menschliche Versagen« aus verschiedenen Blickwinkeln betrachtet. Auffällig ist, dass es immer bestimmte Dinge zu sein scheinen, die einen besonderen Einfluss auf menschliches Versagen haben. In meinen Augen sind neben den internen und externen Faktoren und schlechten Verhaltensweisen insbesondere drei Dinge besonders wichtig:

- Situationsbewusstsein
- Entscheidungsfindung
- Risikomanagement

Wir werden in den nächsten Kapiteln etwas tiefer in genau diese Themengebiete einsteigen. Sie werden bemerkt haben, dass Sie diese Begriffe auch schon im Kapitel Airmanship gesehen haben. Sie sind Teil des Airmanship Modells. Erinnern Sie sich?
Mehr Wissen (z.B. mein Risiko) führt zu gutem Situationsbewusstsein, was wiederum zu guten Entscheidungen führen soll. So weit so gut. Aber wie genau funktioniert das?
Im nächsten Kapitel werden wir uns etwas genauer mit der menschlichen Wahrnehmung und unserem Situationsbewusstsein befassen.

Kapitel 5

Situational Awareness

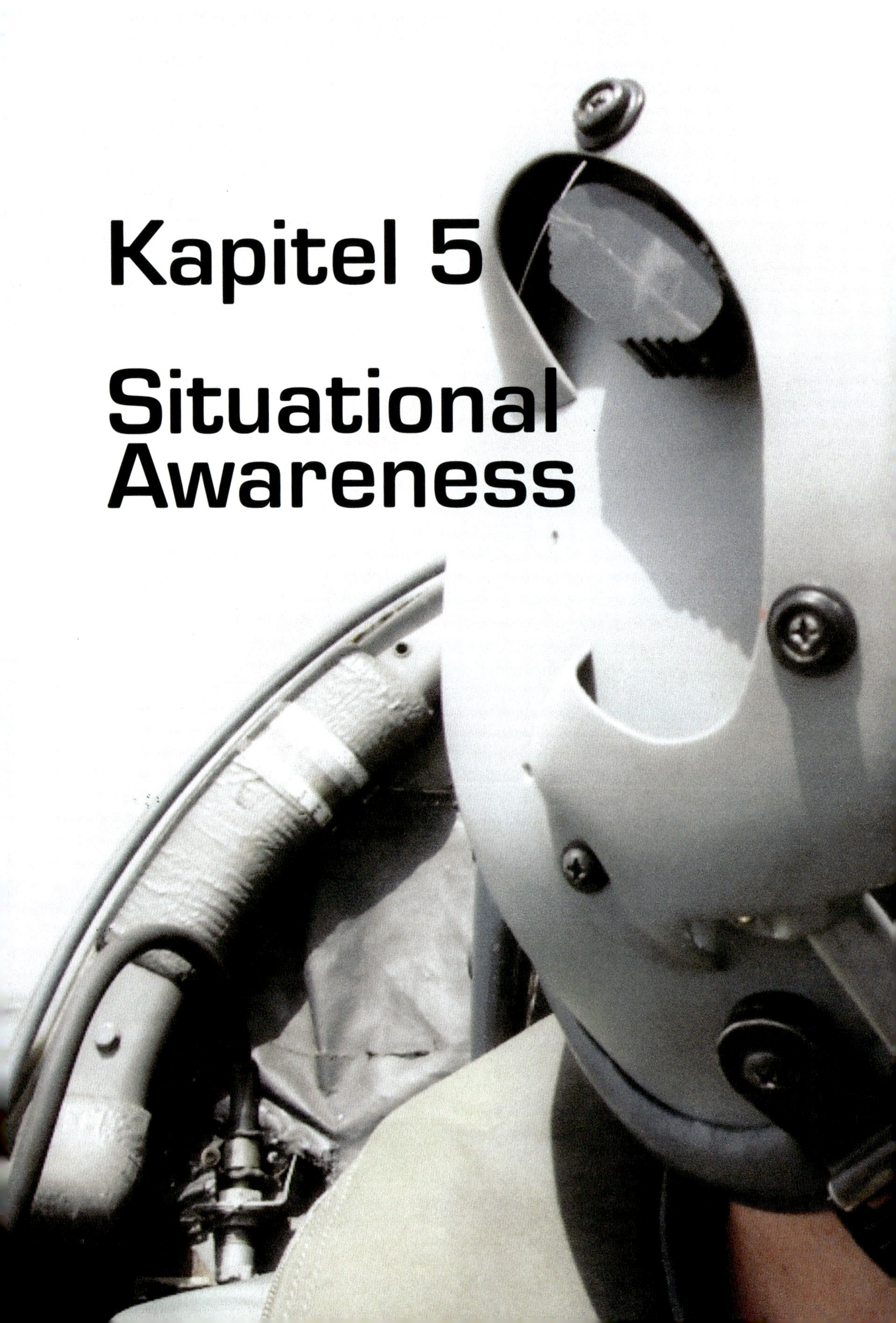

»SA is what you need to know to not be surprised!«
(»SA ist, was man wissen muss, um nicht überrascht zu werden!«)

Quelle: Eurocontrol

Bevor ich mit diesem Kapitel begann stellte ich mir die Frage, wie ich es nennen würde. Eine englische Überschrift würde vielleicht irreführend wirken und Verständnisprobleme wecken. Wie aber kann man »Situational Awareness« – oder abgekürzt SA – am treffendsten übersetzen? Der Begriff Situationsbewusstsein trifft es vielleicht ganz gut, oder lieber doch »Situative Aufmerksamkeit«. Um ehrlich zu sein: Mir gefällt keine der deutschen Ausdrucksweisen. Aus diesem Grund wählte ich auch als Überschrift die englische Version. Es ist auch gar nicht unbedingt von elementarer Bedeutung. Der Begriff, der uns am Ende dieses Kapitels haften bleiben sollte ist: SA

Was genau ist SA?

Man könnte sagen, SA ist wie eine Art Filter durch den jede Handlung eines Piloten gesehen werden muss. SA bildet die Grundlage für gutes Urteilsvermögen und Entscheidungsfindung. Mit SA kann ein Pilot ein mentales Modell seiner derzeitigen Situation erstellen und sogar potenzielle Handlungen für zukünftig eintretende Geschehnisse voraussehen. Schafft er das, kann der Pilot effizient und sicher fliegen. Er kann dadurch sogar potenziell gefährliche Situationen verhindern. Besitzen wir diese SA nicht, übersehen oder ignorieren wir wichtige Informationen und das führt nicht selten zu einem katastrophalen Ende. Die Thematik SA ist sehr komplex und es existieren dafür zahlreiche wissenschaftliche Definitionen und Erklärungen. Alle von ihnen zu behandeln würde den Rahmen dieses Kapitels sprengen. Trotzdem wollen wir versuchen, die in meinen Augen wichtigsten Fragen zum Thema SA zu beantworten.

- **Was ist SA?**
- **Wie erkennen wir den Verlust von SA?**
- **Was sollte ich tun wenn ich SA verliere?**
- **Was kann ich tun um meine SA zu verbessern?**

Nach Mica Endsley (Chef-Wissenschaftlerin bei der USAF) bedeutet SA: »Die Wahrnehmung der Elemente der Umgebung in einer bestimmten Zeitspanne und einem bestimmten Raum, das Verständnis ihrer Bedeutung und die Projektion ihres Status auf die nahe Zukunft.« (Dr. Mica Endsley 1995)

Diese zugegeben wissenschaftlich klingende Definition bedeutet nichts anderes als: Zu wissen und zu verstehen, was um mich herum geschah, was gerade geschieht, und was zukünftig geschehen könnte.

Dieser Ansatz klingt einleuchtend. Aber wie setze ich so etwas um? Wie behalte ich den kompletten Überblick? Im vorangegangen Kapitel haben wir gelernt, dass die Diskrepanz unserer eigenen Wahrnehmung der Realität zur »wirklichen« Realität zum Großteil für schlechte Entschei-

dungen und dem Entstehen von Fehlern verantwortlich ist. Es sollte uns also viel daran liegen, diese Diskrepanz nicht zu groß werden zu lassen.
Um zu verstehen, wie wir so etwas wie SA aufbauen und behalten können, müssen wir zunächst die folgenden Dinge verstehen:

- Wie nimmt der Mensch Informationen wahr?
- Wie werden diese Informationen verarbeitet?
- Wie verteilt der Mensch seine Aufmerksamkeit?

Im Kapitel 6 werden wir dann abschließend noch die letzte Frage klären.

- Wie trifft der Mensch Entscheidungen?

SA

In der militärischen Ausbildung zum Piloten werden Sie mit dem Begriff »SA« sehr früh konfrontiert. In jedem Debriefing und der anschließenden Bewertung eines Ausbildungsfluges hört der Flugschüler etwas über (seine meist nicht vorhanden gewesene) SA.

Ich war gerade in der Ausbildungsphase für das Fliegen in einer Zweierformation. Diese Phase war mit fast 25% der gesamten Ausbildung auf der T-38 sehr intensiv und lang. Wir flogen immer mit zwei Schülern im jeweils vorderen Sitz und zwei Fluglehrern im hinteren Sitz. Es wurde nicht nur geübt in Formation zu fliegen, sondern auch als Formationsführer Verantwortung für die Rotte zu erlernen. Der Formationsführer war dafür verantwortlich, die Rotte im Übungsluftraum zu halten, die jeweiligen Anflug- und Abflugrouten einzuhalten und diese mit der Leitstelle am Boden zu koordinieren. Zusätzlich musste er für den Flügelmann eine stabile Übungsplattform darstellen, damit dieser den engen Formationsflug üben konnte. Der Flügelmann musste währenddessen »nur« in Formation bleiben. Deshalb war bei den Schülern diese Position weitaus beliebter (wenn man das Fliegen in Formation erstmal einigermaßen beherrschte). Man musste nämlich nicht viel denken – sondern einfach nur fliegen. Als Formationsführer hatte man eine verantwortungsvolle und mitunter schwierige Aufgabe. Gerade als junger Flugschüler ist man hier voll gefordert. Man nimmt Aufgaben wahr, die normalerweise erst nach einigen Jahren als Pilot in der Einsatzstaffel gezielt ausgebildet werden.
Damit jeder Flugschüler »in den Genuss« beider Positionen kommt, wer-

den nach der Hälfte des Fluges die Positionen getauscht, das bedeutet: ein Schüler führt den Weg in den Übungsluftraum, der andere den Weg nach Hause. Welches davon schwieriger war hing von der jeweiligen Situation ab (Wetter, Zuteilung des Übungsluftraumes, usw.).
Wir hatten einen von uns nicht unbedingt beliebten Übungsluftraum bekommen. Er gehörte zu den kleineren und lag etwas weiter von der Basis entfernt. Das führte dazu, dass man, um im Luftraum zu bleiben, sehr viel kurven musste und nicht viel Treibstoff zum Üben zur Verfügung hatte. Ich hatte gerade die Führung der Formation übernommen. Eine der größten Schwierigkeiten bestand nun darin, sich innerhalb des Übungsluftraumes zu orientieren. Ich war ja die ganze Zeit »an der Wing« ziemlich damit beschäftigt gewesen, in Position zu bleiben. Jetzt hatte ich auf einmal die Führung und musste die Formation im Luftraum halten. Ich musste nun meinem Schülerkollegen einige Kurven mit wechselnden Parametern bieten, damit er den engen Verbandsflug üben konnte. Die Geschwindigkeit sollte zwischen 200 und 400 Knoten bleiben, bei Schräglagen bis zu 90° und Steigwinkeln bis 30°. Die Nase meines Flugzeuges stieg gerade durch 20° Steigflug und ich leitete eine Kurve nach rechts ein. Das nächste was ich aus meinem Rücksitz hörte war: »I have control, you need to check the airspace border!« Mein Fluglehrer hatte eingegriffen, da meine geplante Kurve die Formation ohne Zweifel aus dem Übungsluftraum geführt hätte.
Im Debriefing war das Resultat des Fluges für mich relativ schnell klar: Ich durfte das am nächsten Tag noch mal üben. Der Eintrag in mein Bewertungsbuch las sich dann ungefähr wie folgt:» Fähnrich R. hatte keine SA über die Lage seiner Formation innerhalb des Übungsluftraums und versuchte eine Kurve einzuleiten die zum Verlassen des Übungsluftraumes geführt hätte. Das Eingreifen des Fluglehrers war deshalb nötig. Fähnrich R. wird diesen Flug erfolgreich wiederholen müssen, bevor er mit dem Training fortschreiten darf.«

Ich hatte also keine SA gehabt. Mir war nicht klar, wie unsere Position innerhalb des Luftraumes war und nahm an, dass ich nach rechts genug Platz hätte. Dabei gab es genug Hinweise darauf, dass ich mich bereits sehr nahe an der Grenze befand. Da waren zum einen meine Navigationsinstrumente und ganz einfach der Blick nach draußen. Gerade diese Grenze lief an einer am Boden parallel verlaufenden Straße entlang. Aber gerade diese Dinge in einer bestimmten Situation zu erfassen ist nicht immer ganz einfach.

SA ist so etwas wie ein Lagebild. Dieses setzt sich aus wahrgenommenen Informationen und Vorwissen aus unserem Langzeitgedächtnis zusammen. Um immer die besten Informationen zur Verfügung zu haben, müssen wir diese ständig aktualisieren. Leider gelingt uns das nicht immer, da unsere Aufmerksamkeit begrenzt ist und wir gerade auf etwas anderes fokussiert sind. So kann es dazu kommen, dass unsere SA nicht unbedingt der tatsächlichen Situation entspricht. Dies fällt uns aber zu diesem Zeitpunkt nicht auf. Erst das Auftreten von Fehlern oder Abweichungen weist uns dann auf diese Missstände hin.

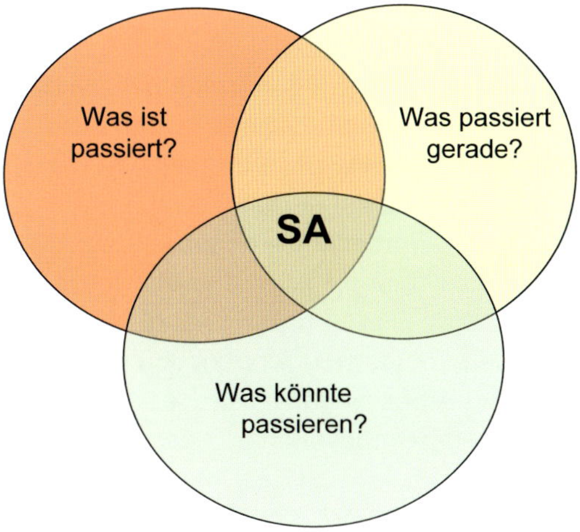

Schaubild von SA.

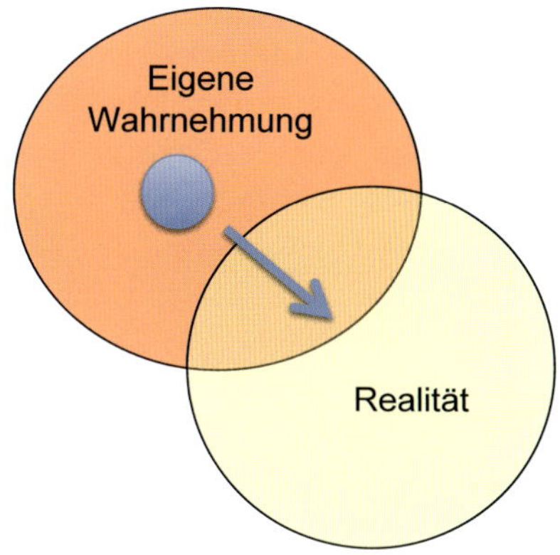

Schaubild der eigenen Wahrnehmung.

Unser Ziel muss es aber bleiben, die Wahrnehmung unserer eigenen Realität mit der wirklichen Realität in Einklang zu bringen. Dabei ist SA mehr als nur Wahrnehmung. Ein Teil von SA ist die wahrgenommene Realität. Diese kann sogar bei unterschiedlichen Crewmitgliedern durchaus verschieden sein. Als Soloflieger haben sie den Luxus einer zweiten Meinung allerdings nicht.
Fast jeder Pilot kennt diesen Satz: »Da habe ich keine SA gehabt.« Die Erkenntnis allein bringt uns leider nicht weiter. Wir wollen herausbekommen, wie SA überhaupt entsteht und wie ich erkennen kann, wenn ich beginne sie zu verlieren. Um dieser Frage auf den Grund zu gehen, müssen wir zunächst einmal verstehen, wie der Mensch überhaupt Informationen aufnimmt und wie diese dann verarbeitet werden.

Sensoren und Informationsverarbeitung

Bevor wir tiefer in diese Thematik einsteigen möchte ich betonen, dass wir in diesem Kapitel unmöglich alle Aspekte von menschlicher Wahrnehmung beleuchten können. Ich habe diejenigen ausgewählt, die mir als Flieger als einleuchtend erschienen und sich in meinen Human Factors-Seminaren über die Jahre bewährt haben. Das bedeutet für uns, dass wir dieses Thema so allgemein verständlich wie möglich behandeln wollen.
Um Informationen aus unserer Umwelt aufzunehmen nutzen wir unsere Sinne. Durch diese Sinne (Sehen, Hören, Schmecken, Riechen und Tasten) nehmen wir Dinge in unserer Umwelt wahr und wandeln diese in für uns nutzbare Informationen um. Diese Prozedur nennt man Enkodierung. Im weiteren Verlauf werden diese Informationen in unserem Gedächtnis verarbeitet und in eine Entscheidung und somit eine Reaktion umgesetzt. Soweit die Kurzform.

Unsere Sensoren erfassen in kurzer Zeit sehr viele Informationen. Für diese Sensoren hat unser Gehirn eigene Ultrakurzzeitgedächtnisspeicher, in denen aufgenommene Informationen kurzzeitig gespeichert werden. Visuelle Informationen werden z.B. ca. 0,5 Sekunden gespeichert, Gehörtes bis zu zwei Sekunden. Damit diese Informationen aber auch bewusst wahrgenommen werden braucht es Aufmerksamkeit. Ist diese nicht vorhanden, fallen die Informationen wieder aus dem Speicher heraus. Diese Kurzzeitspeicher dienen sozusagen als Filter.
Sind Informationen wahrgenommen worden, müssen diese verarbeitet werden. Dies geschieht durch drei Gedächtnisspeicher. Der Erste nutzt die sensorischen Register. Die Informationen werden sozusagen von außen aufgenommen und verarbeitet. Diese Funktion nennt man auch »Bottom-up«-Verarbeitung. Im Gegensatz dazu nutzt die »Top-down«-Verarbeitung von Informationen unsere zwei anderen Gedächtnisspeicher. Unser Arbeitsgedächtnis (oder auch Kurzzeitgedächtnis) und unser Langzeitgedächtnis. Hier werden Informationen aus der Erinnerung abgerufen und verarbeitet.
Die Verarbeitung der Informationen erfolgt dabei zum Großteil über eine Mustererkennung. Dabei muss nicht jeder Reiz einzeln verarbeitet werden. Im Langzeitgedächtnis gespeicherte Schablonen werden mit den wahrgenommenen Informationen abgeglichen. Bei einer Übereinstimmung wird das Objekt erkannt.

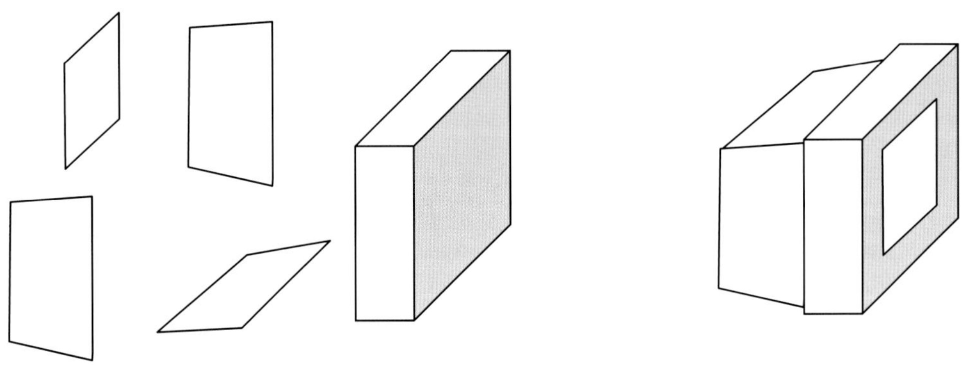

Schaubild »Pattern Matching« am Beispiel Fernseher.

Diese Reduktionsfähigkeit unseres Gehirns vereinfacht die Informationsverarbeitung und verhindert eine Überlastung. Gerade bei vielen verschiedenartigen Informationsquellen übersteigt die Informationsvielfalt oftmals die Menge, die vom Menschen überhaupt aufgenommen und verarbeitet werden kann. Die neuesten modernen Cockpits mit vielen digitalen Bildschirmen sind dafür ein gutes Beispiel. Sie bieten dem Piloten eine Vielzahl von Informationen. Die Schwierigkeit besteht nun aber darin, diese Informationen zu filtern und verarbeiten zu können. Im Cockpit ist zudem die Art der verschiedenen visuellen Quellen eine nicht zu unterschätzende Komponente. Bei analogen Anzeigen reicht oft allein die Position des Zeigers, um die gewünschte Information ablesen zu können. In den alten Bell UH-1D-Hubschraubern der Bundeswehr sind aus diesem Grunde z.B. einige Triebwerksinstrumente verdreht eingebaut. Das führt dazu, dass die Zeiger der Instrumente bei korrektem Triebwerksverhalten alle in die gleiche Richtung zeigen. Abweichungen können so mit einem kurzen Blick schnell erkannt werden, ohne dass das Instrument im eigentlichen Sinne erst »gelesen« werden muss.

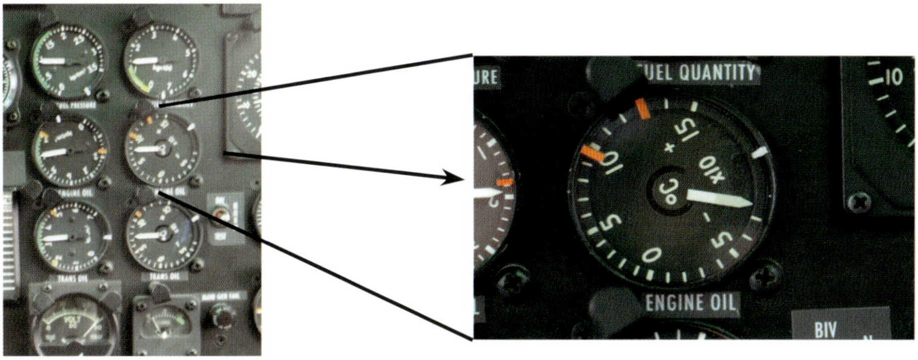

Triebwerksinstrumente in einer Bell UH-1D der Bundeswehr. Man erkennt den »verdrehten« Einbau, damit alle Zeiger bei normalem Status in die gleiche Richtung zeigen – Abweichungen sind so mit einem schnellen Blick erkennbar.

Je nach Art einer digitalen Anzeige erfordert es weit mehr Aufmerksamkeit bei der Informationsverarbeitung, um die gezeigten Werte exakt interpretieren zu können.
Neben visuellen Informationen beanspruchen auditive Informationen (Funkverkehr, Kommunikation im Cockpit oder Warnsignale) ebenfalls Einiges an Aufmerksamkeit und freien Kapazitäten. Die auditive Quelle für Informationen ist auch eine der ersten, die bei Überlastung verloren geht. So kann es durchaus vorkommen, dass ein wichtiger Funkspruch bei hoher Arbeitsbelastung im Cockpit schlichtweg überhört wird.
Auch die Form von verschiedenen Schaltern und Hebeln im Cockpit tragen zur Informationsverarbeitung bei. Haptische Signale können für den Menschen im Cockpit sehr wichtig sein. Aus diesem Grund sind heute viele Schalter in Form der Funktion angepasst, um sie leichter, auch ohne hinzusehen, identifizieren zu können. So hat der Fahrwerkshebel in fast allen Flugzeugen die Form eines Rades oder der Hebel für die Landeklappen ein Flügelprofil.

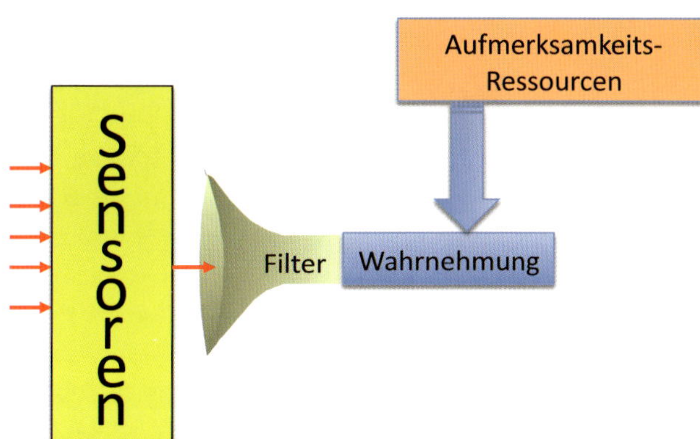

Schaubild Wahrnehmungsfilter.

Um Informationen überhaupt wahrnehmen zu können, braucht der Mensch ein gewisses Maß an Aufmerksamkeit. Zu unseren Aufmerksamkeitsressourcen zählen:

- Selektive Aufmerksamkeit
- Fokussierte Aufmerksamkeit
- Verteilte Aufmerksamkeit
- Dauerhafte Aufmerksamkeit

Unter der selektiven Aufmerksamkeit, umgangssprachlich auch »Cocktailparty-Effekt« genannt, versteht man die Fähigkeit des menschlichen Gehörs, bei Anwesenheit mehrerer Schallquellen eine bestimmte Schallquelle aus dem Gemisch von Störquellen herauszufiltern. Als Beispiel dient dabei das Gespräch auf einer Party bei dem trotz vieler anderer Sprachquellen mit dem direkten Gesprächspartner geredet werden kann und Störquellen herausgefiltert werden. Der Cocktailparty-Effekt ist eng mit der Fähigkeit zur Lokalisation von Schallquellen verbunden. Hat das Gehör die Richtung einer Schallquelle festgestellt, ist es auch in der Lage, die Schallanteile dieser Richtung von Teilen aus anderen Richtungen zu unterscheiden. Bei der fokussierten Aufmerksamkeit beschränken wir uns nur auf einen bestimmten Wahrnehmungsbereich. Dies kann sich in der Fliegerei unglücklicherweise schnell negativ auswirken. Ein Beispiel: Sie befinden sich auf einem ILS-Anflug in schwierigen Wetterbedingungen. Durch die auftretenden Winde haben Sie Schwierigkeiten, den Kurs- und Gleitwinkelanzeiger zu zentrieren. Um nicht noch weiter vom Kurs abzukommen, konzentrieren Sie sich komplett auf Ihre ILS-Instrumentierung und korrigieren zurück zum Kurs. Erst nachdem alle Kursparameter wieder eingefangen wurden bemerken Sie, dass Ihre Geschwindigkeit um mehr als 20 Knoten abgenommen hat. So etwas oder andere vergleichbare Situationen hat wohl jeder Pilot schon einmal erlebt. Konzentriert man sich stark auf eine bestimmte Sache (hier der ILS-Kurs), verliert man schnell andere Parameter aus den Augen.

Die Cirrus SR22 startete um 07:52 Uhr zu einem Charterflug von Polen nach Bielefeld. Im deutschen Luftraum führte der Flug südlich von Berlin in westliche Richtung. Der Wechsel von IFR zu VFR wurde um 10:26 Uhr in einer Höhe von 4200 ft AMSL durchgeführt. Zu diesem Zeitpunkt befand sich das Flugzeug ca. sechs nautische Meilen (NM) östlich des Flugplatzes Bielefeld. Der Transpondercode wurde auf 7000 umgestellt. Die Pilotin wählte dann am Autopiloten den Heading-Mode, um zunächst zum Meldepunkt DENOL zu fliegen.
Nach Angaben des Flugleiters in Bielefeld meldete sich die Pilotin über Funk zur Landung auf der Piste 29. Um 10:30 Uhr drehte das Flugzeug nach rechts in Richtung des 2 NM entfernten Flugplatzes. Der Autopilot steuerte den Sinkflug in diesem Zeitraum im Modus VS, ALT SEL, HDG. Um 10:30:48 Uhr war das Flugzeug auf eine Höhe von ca.1700 ft AMSL gesunken und der Autopilot wurde ausgeschaltet.
Um 10:31:15 Uhr war das Flugzeug ca. 400 m von der Landebahnschwelle der Piste 29 in einer Höhe von ca. 1200 ft AMSL. Von einem Steuerkurs von 260° kurvte das Flugzeug nach links. Innerhalb der nächsten 20 Sekunden vergrößerte sich die Querneigung auf ca. 40°, die angezeigte Geschwindigkeit (IAS) schwankte dabei zwischen 105 kt und 115 kt. Um 10:31:46 Uhr hatte sich die Querneigung auf 5° verringert und vergrößerte sich danach wieder. Zu diesem Zeitpunkt war der Leistungshebel au 25% eingestellt. Dabei reduzierte sich – innerhalb von zehn Sekunden – die IAS von 105 kt auf ca. 77 kt. Um 10:31:52 Uhr kreuzte das Flugzeug die verlängerte Anfluggrundlinie der Piste 29 nach Norden. Um 10:31:57 Uhr war der Leistungshebel auf 100%, die Querneigung betrug ca. 55° nach links, die Längsneigung betrug zu diesem Zeitpunkt 15° nach unten. Kurz darauf prallte das Flugzeug mit hoher Längsneigung in einem Waldgebiet auf. (BFU CX007-10)

Bei dem Unfall kamen tragischerweise alle Insassen des Flugzeuges ums Leben. Die BFU kam in der abschließenden Untersuchung zu dem Schluss, dass unter anderem die Pilotin den Flugplatz auch aufgrund der Wetterlage nicht finden konnte; deshalb ihre Aufmerksamkeit auf die Suche des Flugplatzes konzentrierte. Dabei gerieten die Flugparameter völlig außer Kontrolle. Zusätzlich dazu war das Flugzeug über dem zulässigen Höchstgewicht beladen.
Konzentration ist eigentlich eine gute Sache. Allerdings bedeutet dies, dass wir unter Umständen andere Dinge vernachlässigen. Gerade im Flugzeug ist deshalb »Konzentration« eigentlich nicht der richtige Begriff in Sachen Aufmerksamkeit. Wir müssen auf viele Dinge gleichzeitig achten. Das ist keine leichte Aufgabe. In dem oben beschriebenen Beispiel müssen wir also unseren Instrumenten-»Crosscheck« unbedingt beibehalten, um andere Parameter nicht aus den Augen zu verlieren. Wir neigen aber dazu, genau das nicht zu tun. Wir konzentrieren uns auf die eine Abweichung, bis diese wieder der Norm entspricht, erst dann kehren wir zu unserem normalen Handlungsschema zurück.
Für den Begriff der »verteilten Aufmerksamkeit« bleiben wir beim obigen Beispiel. Diese Art von Aufmerksamkeit ist vermutlich in der Fliegerei die mit Abstand wichtigste. Es bedeutet, dass wir Dinge mit wechselndem Fokus betrachten. Das beste Beispiel dafür ist unser Instrumenten-Crosscheck. Wir nehmen eine Vielzahl von Informationen auf. Allerdings widmen wir uns jeder einzelnen Information nur in einem bestimmten Zeitraum. Für den Instrumenten-Crosscheck habe ich früher gelernt den künstlichen Horizont als Hauptreferenz zu nutzen, und immer im selben Zyklus Geschwindigkeit, Höhe, Kurs und Steig-/Sinkgeschwindigkeit zu überprüfen. Um diesen Fluss zu erleichtern waren die Instrumente in einer Art »T« im Cockpit verbaut.

Instrumente im Cockpit einer T-38A mit stilisierten Instrumenten-Crosscheck »T«.

Der Crosscheck orientierte sich an diesem imaginären »T«. So wurde schnell ein Gewohnheitsmuster entwickelt. Diesem Muster wurden dann weitere Aufgaben wie regelmäßige Checks der Triebwerke, Öl, Hydraulik, Treibstoff (umgangssprachlich »OPS-Checks«) hinzugefügt. Diese Aufgabe zur richtigen Zeit zu erledigen würde man heute auch als »Task Management« oder Aufgabenmanagement bezeichnen. Ein effektives Task Management ist der Schlüssel zu einer guten Aufmerksamkeitsverteilung im Cockpit.

Moderne digitale Instrumente oder Head-up Displays verbinden viele dieser elementaren Informationen, um sie »auf einen Blick« zur Verfügung zu stellen. Das soll die Informationsaufnahme verbessern und freie Kapazitäten schaffen. Dies funktioniert je nach Design mehr oder weniger gut.

Modernisiertes T-38C-Cockpit.

Eine oft genannte Fähigkeit von Piloten soll das sogenannte »Multitasking« sein. Unter Multitasking versteht man allgemein die Fähigkeit eines Menschen, mehrere Tätigkeiten zur gleichen Zeit oder abwechselnd in kurzen Zeitabschnitten durchzuführen, so z.B. ein Flugzeug zu fliegen und gleichzeitig die weitere Flugfreigabe zu notieren. In den letzten Jahren hat sich der Begriff Multitasking verstärkt als (vermutlich eher umgangssprachliche) Beschreibung einer menschlichen Fähigkeit durchgesetzt. Der Begriff ist wissenschaftlich allerdings noch nicht exakt definiert. Manche beschreiben es als die »Fähigkeit, die Anforderungen mehrerer Aufgaben gleichzeitig zu bewältigen«. Andere beschreiben als Multitasking, »wie Personen mehrere (Unter-) Aufgaben in den Kontext einer größeren, komplexen Aufgabe integrieren und durchführen«. Wissenschaftliche Untersuchungen haben allerdings ergeben, dass die Effizienz beim Bearbeiten verschiedener Aufgaben gleichzeitig im Vergleich zur seriellen Bearbeitung sinkt. Wir wissen, dass unserer Informationsaufnahme Grenzen gesetzt sind. Das Gehirn filtert Informationen automatisch auf eine vom Menschen wahrnehmbare Menge. So kann bei einem Telefongespräch im Auto der Sehsinn auf den sogenannten »Tunnelblick« reduziert werden. Auch die Reaktionsfähigkeit wird bei gleichzeitigen Tätigkeiten verringert. Der Einfluss des Geschlechts ist wissenschaftlich dabei bislang kaum untersucht. Entgegen landläufiger Meinung zeigen die meisten Untersuchungen, dass männliche Personen keinen Nachteil beim Multitasking haben. Meiner persönlichen Ansicht nach ist ein reines Multitasking nicht möglich. Wir sind zwar durchaus in der Lage mehrere Dinge gleichzeitig zu tun. Jedoch führen wir sie doch eher als »Time Sharing« aus. Wir widmen den verschiedenen Aufgaben einen gewissen Aufmerksamkeitszeit-

raum und springen dann zur nächsten. Beherrschen wir diese Aufgaben, so werden wir beim Bearbeiten vieler Aufgaben besser und schneller. Dies liegt auch an der damit einsetzenden Automatisierung unserer Handlungen. Es stellt sich aber die Frage, ob Multitasking aufgrund der dadurch entstehenden Nachteile der Aufmerksamkeitsverteilung überhaupt erstrebenswert ist. Die dauerhafte Aufmerksamkeit benötigen wir, um z.B. eine Überwachungsaufgabe über einen längeren Zeitraum durchführen zu können. Das Problem dabei ist, dass der Mensch dies nur für ungefähr 20 Minuten kann. Danach beginnt unsere Aufmerksamkeit abzunehmen. Problematisch wird das gerade dann, wenn lange Flüge unter Zuhilfenahme des Autopiloten durchgeführt werden. Es wird dem Körper schwer fallen, diese Überwachungstätigkeit über einen längeren Zeitraum fehlerfrei durchführen zu können. Aus diesem Grund machen z.B. Fluglotsen je nach Intensität des Luftraumes, den sie zu überwachen haben, nach maximal zwei Stunden eine längere Pause.
Unsere Aufmerksamkeitsressourcen sind allerdings in ihrer Kapazität beschränkt. Die Höhe der Aufmerksamkeit hängt von vielen verschiedenen Faktoren ab. So spielen z.B. die Motivation des Menschen oder aber auch die Umweltbedingungen wie Temperatur oder Lärm eine Rolle.

Informationen im Gedächtnis

Vorausgesetzt wir haben genug Ressourcen, um die durch unsere sensorischen Register aufgenommenen Informationen wahrzunehmen, werden diese nun in unserem Gedächtnis weiterverarbeitet. Zunächst gelangen die Informationen in unser Arbeitsgedächtnis, oder auch Kurzzeitgedächtnis (KZG). Hier werden Informationen aus der Umwelt mit Informationen aus dem Langzeitgedächtnis (LZG) weiter verarbeitet. Die Informationsspeicherung im KZG ist zeit- und mengenmäßig limitiert. So speichern wir hier nur Informationen von ungefähr 10–20 Sekunden. Dabei können wir nur eine Kapazität von ca. sieben +/- zwei Blöcken (Chunks) verarbeiten. Damit Informationen nicht verloren gehen, müssen sie wiederholt werden. Diese Wiederholung braucht wiederum Kapazitäten. Die Merkfähigkeit des Menschen hängt dann davon ab, wie tief die Informationen verarbeitet worden sind. Als Beispiel dafür dient z.B. das Merken einer Telefonnummer. Diese bleibt nur kurz im Gedächtnis. Kann sie allerdings sinngemäß mit Wissen aus dem LZG verknüpft werden, verbessert sich die Merkfähigkeit (z.B. durch Zerlegen einer Telefonnummer in Jahreszahlen oder andere bekannte Zahlenreihen). Geschieht das, werden Informationen im LZG abgelegt und im KZG wieder Ressourcen freigesetzt. Diesen Vorgang, bei dem einzelne Informationen zu einer Informationseinheit zusammengefasst werden nennt man »Chunking«. So lassen sich die Zahlen 2, 0, 1, 3, zu einem Chunk als Jahreszahl zusammenfassen: 2013.

Das LZG unterstützt dabei die Wahrnehmung indem Erinnerungen und Erfahrungen mit den aufgenommenen Informationen verknüpft werden. Diese Art der Informationsverarbeitung nennt man »Top down«- Verarbeitung. Das gespeicherte Wissen im LZG beeinflusst dabei die Auswahl der Informationen, da es auch auf Erfahrungen und Erwartungen zurückgreift und somit die Interpretation oder Einordnung in das bestehende Wissen beeinflussen kann.

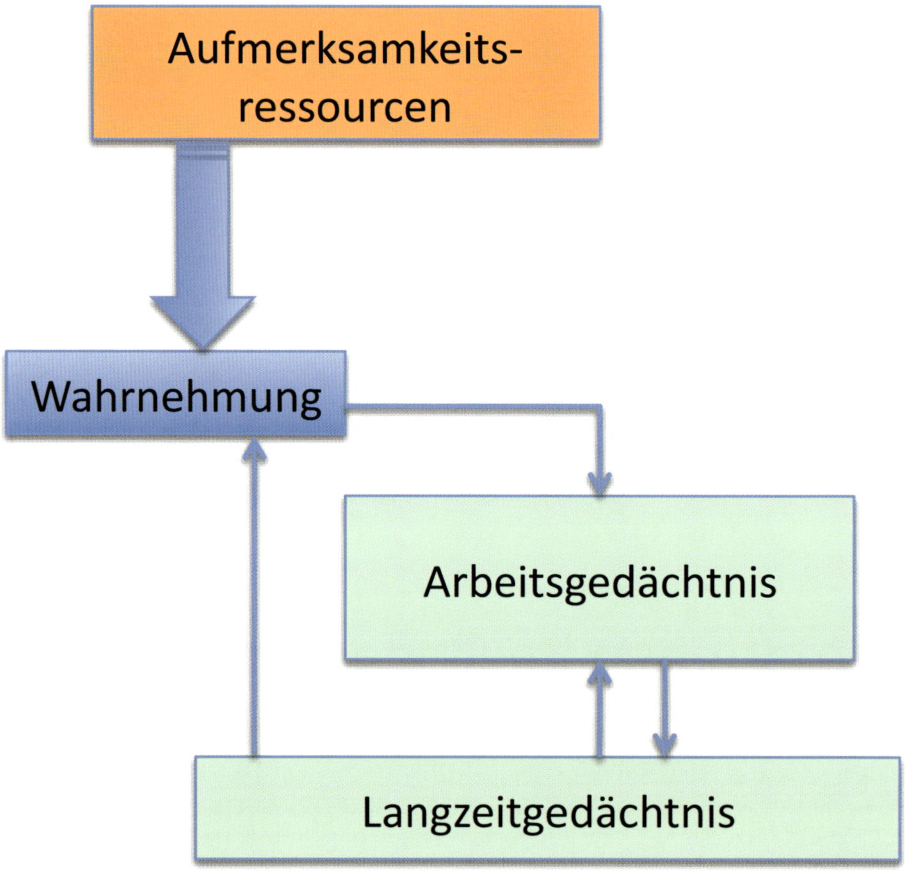

Verarbeitung von Informationen.

Ersatrunilch
Luat eienr Sdutie der Cmabrgde Unievrstiat speilt es kenie Rlloe in welcehr Rehienfgole die Buhcstbean in eniem Wrot vrokmomen, die enizge whictige Sahce ist, dsas der esrte und der leztte Bcuhsabte stmimt. Der Rset knan in eniem voilgien Drucheniadner sien und knan trtozdem rletaiv prbolmelos geselen wreden. Das fnuktoinret, wiel das mencshlihce Ague nihct jeden Buhcstbean liset.

Der obige Text ist ein gutes Beispiel für die Top-down Verarbeitung. Er kann trotz einigem Durcheinander ohne große Mühe gelesen werden. Solange die Form des Wortes und der Sinn im vorausgegangenen Kontext erkannt wurde, können wir den Sinn der Buchstabenblöcke erkennen und verstehen, ohne jedes Wort genau lesen zu müssen.

Normalerweise finden die beiden informationsverarbeitenden Prozesse, die Bottom-up- (Informationsaufnahme über Sensoren) und Top-down-Prozesse (Informationsgewinnung mit Abgleich über das LZG) parallel statt. Dadurch wird sichergestellt, dass auch bei schlechter Infor-

mationsqualität die Bedeutung von Inhalten erfasst werden kann (z.B. schlechte Qualität des Funkverkehr). Allerdings ist auch die Kapazität und Dauer des LZG für die Speicherung von Daten begrenzt. Ein Grund dafür ist die geringe Bandbreite, mit der Informationen ins LZG übertragen werden. Wir können uns innerhalb einer bestimmten Zeit nur relativ wenig neue Dinge langfristig merken. Die Umsetzung von Informationen in Hirnstrukturen ist ein sich über mehrere Wochen hinziehender Prozess.
Das LGZ verfügt über verschiedene Gedächtnissysteme. So speichert ein Teil Erinnerungen im Bezug auf Fakten und Ereignisse (deklaratives Wissen) während ein anderer Teil prozedurales Wissen speichert; also motorische Fähigkeiten und Wissen zur Ausführung bestimmter Tätigkeiten. Lernen tut der Mensch mit beiden Teilen des Gedächtnisses. Deklaratives Wissen erwerben wir schneller, wobei es bei nicht regelmäßiger Wiederholung auch schnell wieder verfällt. Prozedurales Wissen entwickelt sich hingegen nur langsam. Einmal erlernt bleibt es dann für lange Zeit erhalten.

Automatische Informationsverarbeitung

Bei der »Automatischen Informationsverarbeitung« werden bekannte Informationen verarbeitet und über geübte Handlungen verarbeitet. Das geht so weit, dass ein bestimmter Reiz wahrgenommen werden kann und direkt die Ausführung initiiert. Das Arbeitsgedächtnis wird dabei umgangen. Das hat einerseits den Vorteil, dass Informationen nicht kontrolliert werden müssen. Genau das kann sich allerdings auch nachteilig auswirken. Routinehandlungen haben den Vorteil, dass

- Sie in passenden Situationen automatisch ausgelöst werden.
- Weniger Aufmerksamkeitsressourcen verbraucht werden.
- Sie Kapazitäten frei halten.
- Arbeiten bei hoher Beanspruchung, Stress und Ermüdung begünstigt werden.

Allerdings sind sie dadurch auch schlechter kontrollierbar oder lösen in bestimmten, nicht eindeutigen Situationen möglicherweise eine falsche Handlung aus. So stellt man bei Routinehandlungen immer wieder fest, dass Menschen folgenschwere Fehler begehen. Im Internet kann man mehrere Filme von Privatpiloten sehen, die unabsichtlich ohne Fahrwerk landen. Auf die Frage, ob sie die sichere Fahrwerksanzeige überprüft hatten, haben vermutlich 100% mit Ja geantwortet. Dabei muss man beim Betrachten von einigen der Videos den Ton abschalten, damit man den Warnton für das fehlende Fahrwerk nicht länger ertragen muss und sich fragt, warum denn der Pilot ihn nicht wahrgenommen hat.
Zusammenfassend bietet das folgende Schaubild noch einmal vereinfacht einen guten Überblick über unsere Wahrnehmungseigenheiten.

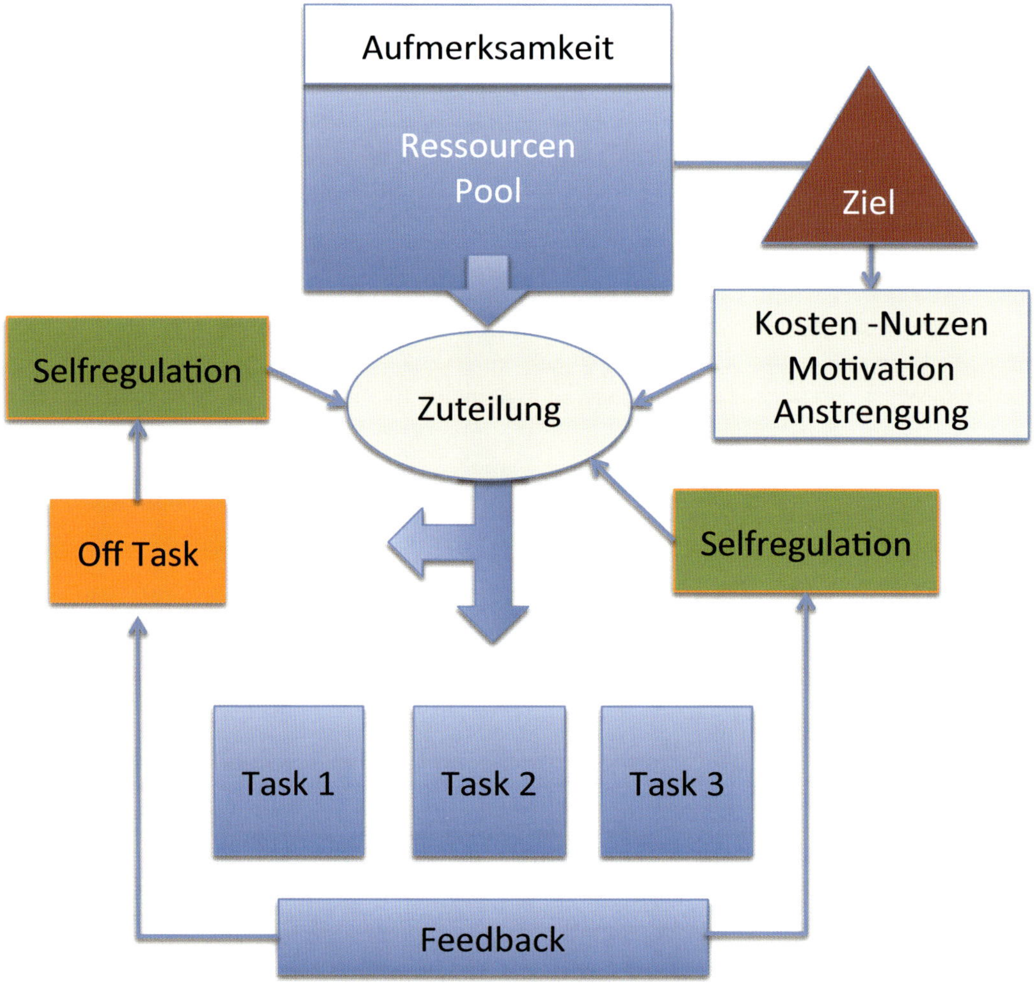

Wahrnehmungseigenheiten des Menschen.

Informationen und Handlungen

Was aber geschieht nach Verarbeitung der aufgenommenen Informationen? Je nach Komplexität der Aufgabe sind unsere Reaktionen und Handlungen verschieden. Führen wir neue Aufgaben aus, arbeiten wir Wissensbasiert. Das bedeutet, alle Schritte die zur Handlungssteuerung gehören, müssen durchlaufen werden. Dazu gehören Orientieren, Planen, Handlungen entwerfen, Handlungen ausführen und die anschließende Überprüfung der angewandten Handlung. Um dies ausführen zu können braucht es viel Aufmerksamkeitskapazität. Das liegt daran, dass wir den kompletten Wahrnehmungsprozess durchlaufen, um die Situation zu erfassen. Informationen werden aufgenommen durch die Sensoren, die anschließend im KZG verarbeitet werden.

Diese werden dann wiederum mit Wissen aus dem LZG verglichen und interpretiert. Die daraus folgende passende Handlung wird dann aus mehreren Optionen ausgewählt und bewusst ausgeführt. Abschließend wird überprüft, ob das gewünschte Ziel erreicht wurde.
Erkennen wir Situationen aus vorangegangenen Erfahrungen, werden diese direkt mit Informationen aus dem LZG abgeglichen. Dazu brauchen wir keine komplizierten Analyseprozesse im Arbeitsgedächtnis (KZG) mehr durchzuführen. Auch die daraus folgende Handlung wird aus dem bereits vorhandenen Erfahrungsschatz abgerufen. Dadurch werden weniger Aufmerksamkeitsressourcen benötigt, da der Schritt der Informationsverarbeitung praktisch entfällt. Wir arbeiten in diesem Fall regelbasiert.
Ist die entsprechende Handlung noch weiter vertieft worden, löst allein das Wiedererkennen der Situation die damit verknüpfte Handlung aus. Wir bewegen uns dann in einem bekannten Schema oder auch »habit pattern«. Wie schon vorher erwähnt, sind diese Schemen in der Fliegerei wichtig und verbreitet. Man diese Art der Handlungsausführung Fertigkeitsbasiert oder auch »skill based«. Der Bedarf an Aufmerksamkeitsressourcen für diese Art von Aufgaben geht dabei gegen Null.

Kapazitäten und Aufmerksamkeit

Wir haben gelernt, dass die Wahrnehmung und Verarbeitung von Informationen vom Menschen einen gewissen Grad an Aufmerksamkeit benötigt. Aber wovon ist diese Aufmerksamkeit abhängig?
Aufmerksamkeit ist mehr oder weniger ein Pool von Ressourcen, der je nach Individuum verschieden groß sein kann. Es existieren auch verschiedene Aufmerksamkeitskanäle (Wickens, 1998), so dass Aufgaben, die auf verschiedene dieser Kanäle zurückgreifen, sogar parallel ausgeführt werden können. Dazu zählen z.B. visuelle oder auditive Kanäle für Wahrnehmung, sowie verbale und motorische Kanäle für die Ausführung von Aufgaben.

Auffallendes Passendes Erwartetes	wird	• Gesehen • Gewichtet • Erfunden
Unauffälliges Unerwartetes Unpassendes	wird	• Übersehen
Hören Wir sehen merken		• Nicht alles • Vereinfacht • Manchmal mehr als da ist

Kapazitäten und Aufmerksamkeit.

Die Nutzung der vorhandenen Ressourcen aus unserem Pool ist abhängig von der Motivation des Menschen im Bezug auf die Aufgabe. Wir stellen sozusagen eine einfache Kosten-Nutzen Rechnung an. Das Ergebnis bestimmt dann Bereitschaft und die Menge der zur Verfügung gestellten Ressourcen. Diese Ressourcenzuteilung kann in drei Unterbereiche aufgeteilt werden:

On-Task: Es muss ein sinnvoller Fokus festgelegt sein. Gibt es zu viele Aufgaben, besteht die Gefahr einer Überlastung (workload overload).

Off-Task: Ablenkungen, Sorgen oder Belastungen können Handlungen stören. Um wieder effektiv arbeiten zu können, muss zur »On-Task« zurüchgekehrt werden.

Selfregulation: Ist eine Funktion, die uns dabei hilft, sich wieder auf die eigentliche Aufgabe zu fokussieren. Indem festgestellt wird, dass ein gewünschtes Ergebnis ungenügend ist, kann eine bessere Vorgehensweise gewählt werden.

Das bedeutet: Durch vermehrtes Üben können Aufmerksamkeitsressourcen geschont und auf andere Aufgabenbereiche übertragen werden. Die Tätigkeit wird Fertigkeitsbasiert. Bei zunehmender Automatisierung von Aufgaben können dann mehrere gleichzeitig bearbeitet werden. Daraus könnte man wieder auf den Begriff »Multitasking« schließen. Ich bin allerdings eher der Meinung, dass sich der Zyklus der geteilten Aufmerksamkeit verbessert und dadurch mehr Aufgaben bewältigt werden können.

Ebenen von SA

Im Kapitel Airmanship haben wir bereits lesen können, dass SA eine Folge von Wissen sein kann. Je besser ich meine Umwelt und mein Flugzeug kenne, umso leichter ist es, ein gutes Situationsbewusstsein aufzubauen. Die Wahrnehmung ist dabei ein elementarer Bestandteil für den Aufbau eines mentalen Modells. Im vorherigen Teil wurde beschrieben wie Informationen verarbeitet und in Handlungen umgesetzt werden. Allerdings ist der von uns wahrgenommene Teil der Realität nur ein kleiner Ausschnitt dessen, was wirklich um uns herum passiert. Wir ergänzen diese Informationen zu einem großen Teil mit unseren eigenen Erfahrungen und Erwartungen. Gute SA zu haben bedeutet nichts anderes, als in einer Situation adäquat zu handeln. In diesem Fall haben wir die uns zur Verfügung gestellten wichtigen Informationen korrekt erkannt und interpretiert. Der nächste Schritt ist die Wahrnehmung von Veränderungen und die Antizipation von Veränderungen und Geschehnissen.
Erfahrene Piloten verfügen über eine Vielzahl von verschiedenen mentalen Modellen. Aufgrund ihrer Erfahrung können sie bestimmte Muster sofort erkennen und sparen sich so Verarbeitungskapazitäten. Nur wenn sie in ihrem Erfahrungsschatz kein passendes Muster finden können, werden analytische Prozesse in Gang gesetzt. Unerfahrene Piloten bewegen sich dagegen

vermehrt auf einer geringen SA Ebene. Sie brauchen mehr Kapazitäten um Informationen zu erfassen und auszuwerten, um daraus ein mentales Modell ihrer Umwelt zu formen. Erfahrene Piloten betreiben aufgrund der bereits vorhandenen Muster im LZG mehr Muster- oder Wiedererkennung als Informationsverarbeitung.
Mica Endsley beschreibt diese Ebenen von SA folgendermaßen:

SA-Ebene 1: Wahrnehmungsebene
Auf dieser Ebene wird die gegenwärtige Situation durch verfügbare Informationen wahrgenommen. Dazu zählen auch die Wahrnehmung kritischer Faktoren, Eigenschaften und Dynamiken aus der Umwelt. Die gute Nachricht ist, dass diese Ebene auch schon von relativ unerfahrenen Piloten erreicht werden kann. Dies hängt allerdings davon ab, ob sie nicht generell einer zu hohen Arbeitsbelastung im Cockpit ausgesetzt sind, welche die Informationsaufnahme erschwert.

SA-Ebene 2: Verständnisebene
Auf dieser Ebene werden die auf Ebene 1 gewonnenen Informationen im Bezug zum Ziel der Aufgabe oder Fluges gesetzt. Das bedeutet, Piloten entwickeln aufgrund von Wissen aus dem LZG eine Synthese mit den zuvor gewonnenen Informationen. Das bestehende mentale Modell wird verbessert. Dieses neue Modell bestimmt die Suche nach neuen Informationen und die Aufmerksamkeitsverteilung. Diese Ebene verlangt ein hohes Repertoire an vorhandenen Mustern. Nur erfahrene Piloten werden diese Ebene erreichen.

SA-Ebene 3: Zukunftsebene
Diese Ebene beschreibt grundsätzlich den Zustand: »Being ahead of the Aircraft!« Der Pilot nutzt die vorhandenen Informationen und bildet daraus eine mentale Simulation möglicher zukünftiger Ereignisse. Auf dieser Ebene werden »böse« Überraschungen bereits als mögliches Vorkommnis abgearbeitet und können so im Falle des Eintretens leichter bewältigt werden. Die aus dieser SA resultierenden Erwartungen erleichtern die Wahrnehmung. Außerdem wird aufgrund des zur Verfügung stehenden Gesamtbildes die Entscheidungsfindung erleichtert.

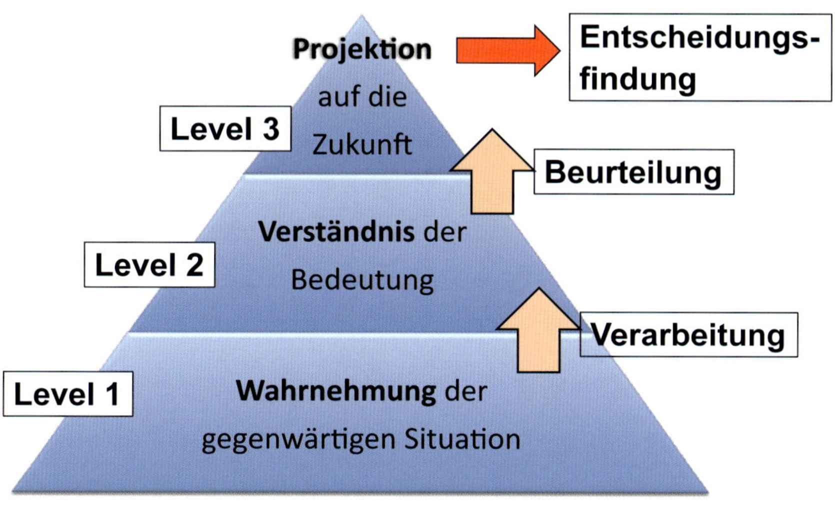

Modell der Stufen von SA (Endsley 1995).

Lassen sie uns anhand eines einfachen Beispiels die drei SA-Ebenen noch einmal zusammenfassen:
Ein Privatpilot befindet sich auf einem Überlandflug. Beim Checken der Instrumente stellt er fest, dass sein Triebwerk einen niedrigen Öldruck aufweist. Dieser Informationsstand ist nun gleichbedeutend mit SA der Ebene 1. Das Wissen über seine derzeitige Position über hügeligem Gelände und das Wissen über die niedrige Öldruckanzeige zusammengenommen, führen zu der Erkenntnis einer beginnenden kritischen Situation. Dies bedeutet, wir haben SA-Ebene 2 erreicht. Nun projiziert der Pilot mehrere mögliche zukünftige Szenarien. Er muss nun schnell entscheiden, welche die beste Entscheidung für seine Lage ist. Er muss sich entscheiden, ob er jetzt schnell steigen soll um genug Höhe für einen möglichen Gleitflug zu einem Flugplatz in der Nähe zu haben solange er noch ein funktionierendes Triebwerk hat. Oder wägt er die zusätzliche Belastung auf das Triebwerk und versucht den nächsten Flugplatz noch so zu erreichen.
Selbstverständlich existieren auch SA Sub-Ebenen innerhalb des von Endsley entwickelten Systems. So können z.B. Dinge wie Flugzeugsysteme, Umwelt oder Navigation in eigene Untergruppen unterteilt werden. Allerdings hat das im Gesamtbild unter Umständen nur wenig Aussagekraft. Denn was nützt es Ihnen, wenn Sie Ihre Flugzeugsysteme und Treibstoff Vorrat perfekt überwachen, aber durch falsche Aufmerksamkeitsverteilung Ihre Position nicht mehr bestimmen können.
Endsley's Modell birgt allerdings auch einige Fallen. Wie wir im Kapitel Human Error gesehen haben, ist der Mensch nicht frei von Fehlern. Wir wollen zwar keine Fehler machen, aber treffen Entscheidungen aufgrund eines für uns realen mentalen Modells, das aber leider nicht immer der wirklichen Realität entspricht. Es gibt verschiedene Fehlerquellen die uns den Zugang zu den SA-Ebenen erschweren:

Fehlerquellen SA-Ebene 1:

- Daten nicht oder nur schwer verfügbar
- Daten werden falsch wahrgenommen
- Daten werden vergessen
- Fehler in der Aufmerksamkeitsverteilung durch:
- Tunnelblick
- Überlastung
- Mangelnde Gedächtniskapazität

Fehlerquellen SA-Ebene 2:

- Fehlendes oder falsches mentales Modell
- Gedächtnisfehler
- Ausgehen von falschen Voraussetzungen oder Erwartungen

Fehlerquellen SA-Ebene 3:

- Falsche Schlüsse aus mentalen Modell

Eine 1996 durchgeführte Studie zeigte anhand von 24 Unfällen und 143 Zwischenfällen, die im Bereich des National Transportation Safety Boards (NTSB) gemeldet wurden, auf welcher Ebene die häufigsten SA-Fehler gemacht werden.

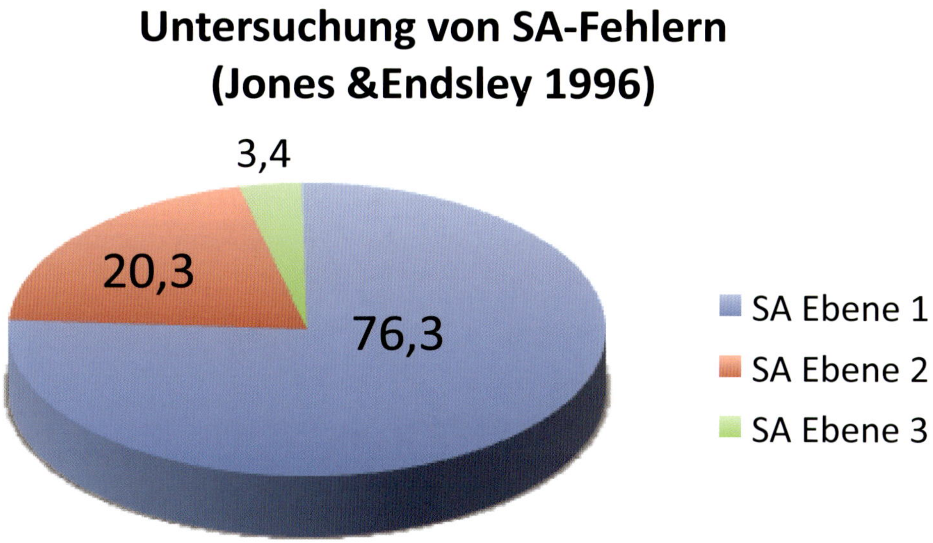

Untersuchung von SA-Fehlern (Jones & Endsley 1996).

Das obige Schaubild zeigt die Verteilung der SA-Fehler auf die drei SA Ebenen. Die häufigsten Fehler werden auf der SA-Ebene 1 gemacht. Die Hauptursache ist die Wahrnehmung von Informationen. Durch die selektive Aufmerksamkeit in bestimmten Situationen und der Steuerung der Aufmerksamkeit durch im LZG gespeichertes Wissen werden wichtige Informationen übersehen. Bei Unfalluntersuchungen wird immer wieder festgestellt, dass alle notwendigen Informationen zur Vermeidung der Unglücks immer verfügbar waren. Trotzdem wurden sie nicht erkannt oder nicht korrekt interpretiert. Die Ursache dieses Problems ist die Abhängigkeit zwischen Wahrnehmung, Gedächtnis und Handlung (Adams et al., 1995). Das bedeutet: Das »Produkt« SA ist abhängig vom Aufbau und der Aufrechterhaltung von SA. Wissen in Form von mentalen Modellen führt dazu, dass bestimmte Dinge antizipiert werden. Das lenkt unsere Aufmerksamkeit und die Auswahl der zur Verfügung stehenden Informationen. Ein weiterer Grund für das Übersehen oder die Fehlinterpretationen von Daten ist die Bearbeitung multipler Aufgaben zur gleichen Zeit. Ein Pilot muss es schaffen, mehrere Aufgaben zu managen. Die Aufgaben, die er noch nicht ausführen kann, müssen in einer Art Zwischenspeicher solange abgelegt werden, bis freie Kapazitäten zur Bearbeitung vorhanden sind. Informationen in diesem Zwischenspeicher müssen aber aktiv im Gedächtnis bleiben um nicht vergessen zu werden. In solchen Fällen sind z.B. Unterbrechungen und Ablenkungen im geplanten Arbeitsablauf durch irrelevante Ereignisse ein mögliches Problem. Es ist gerade in kritischen Situationen schwierig den Fokus auf Wesentliches zu verschieben. Um dem Piloten zu helfen wurden in den letzten Jahren immer modernere Cockpitdisplays und Instrumentierungen entwickelt. Diese sollen dem Piloten eigentlich die Informationsverarbeitung erleichtern. Doch oftmals liefern diese neuen

Systeme nur eine solche Überflutung von Informationen, dass es unter Umständen schwierig ist, die wirklich wichtigen herauszufiltern.
In der Liste der möglichen Fehler finden Sie auch genau die Ursachen, die gemäß der Studie für den Verlust von SA verantwortlich waren. Mehr als 75% aller Fehler finden auf der SA-Ebene 1 statt. Sie müssen kein erfahrener Pilot sein, um auf diese Ebene zu gelangen. Das Erreichen dieser Ebene legt den Grundstein für gute SA. Zu lernen, wo zu einer bestimmten Zeit die benötigten Informationen zu finden sind, ist dabei besonders wichtig. Leider ist das Erreichen dieser Ebene dann immer noch keine Garantie für fehlerfreies Verhalten. Wie wir im Kapitel Human Error erfahren haben, laufen in unserem Gehirn die verschiedensten Musterabgleiche statt. Beispiele dafür sind »Confirmation Bias« (suche nach bestätigenden Informationen) wie im Falle der Hapag Lloyd in Wien oder fehlerhaftes »Similarity Matching« (Gemeinsamkeitsabgleich) wie im Falle der British Midland in Kegworth.

Räumliche Desorientierung – Spatial Disorientation (Spatial D)

Das Problem Nummer 1 für Privatpiloten im Zusammenhang mit schlechtem Wetter ist der Verlust der räumlichen Orientierung – also dem Verlust der korrekten Wahrnehmung der Fluglage. Im Englischen benutzen wir dafür oft den Begriff »Spatial Disorientation« oder kurz »Spatial D«. Dieser Begriff bezeichnet die falsche Annahme der eigenen Position und Bewegung des Flugzeugs in Relation zur realen Außenwelt. Übersetzt bedeutet dies nichts anderes als dass das eigene Gefühl für Fluglage und Bewegung nicht mehr der Wirklichkeit entspricht. In diesem Zustand entsteht eine Diskrepanz zwischen den Anzeigen der Instrumente und dem was der Pilot glaubt zu fühlen. Wir werden in diesem Moment durch den Vestibularapparat unseres inneren Ohrs getäuscht. Durch den Verlust einer Primärreferenz des visuellen Systems (im Wetter), ist eine bewusste Orientierung im Raum nicht mehr gegeben. Die Theorie des Vestibularapparates ist Teil der fliegerischen Grundausbildung und ich möchte diese Inhalte hier gar nicht wiederholen. Es geht vielmehr darum zu erkennen, wie Spatial D ausgelöst wird, oder zu erkennen, wenn ich mich in einer potenziell gefährlichen Situation für Spatial D befinde.
Spatial D kann unter folgenden Voraussetzungen ausgelöst werden:

- Unerwartetes Einfliegen in IMC-Bedingungen
- Auftretende Beschleunigungen in IMC-Bedingungen
- Hohe G-Kräfte in IMC-Bedingungen
- Hohe Workload in IMC
- Flugzeug-Parameter
- Navigation
- Kommunikation

Zu den Beschleunigungen zählen dabei sowohl Veränderungen der Geschwindigkeit wie auch

Rollbewegungen. Zu den am häufigsten zu beobachtenden Spatial D-Phänomenen zählt dabei wohl dieses:
Der Pilot befindet sich auf einem Anflug unter IMC-Bedingungen. Aufgrund des schlechten Wetters muss er den Anflug an der Entscheidungshöhe abbrechen und durchstarten. Also Gashebel nach vorne, Nase auf 5° nach oben, gute positive Steiganzeigen auf den Instrumenten, Fahrwerk einfahren. Durch die eingenommene Fluglage im Steigflug im Zusammenhang mit der Beschleunigung des Flugzeugs durch die erhöhte Triebwerksleistung kann durch den gefühlten Druck des Körpers im Rücken nun der Eindruck entstehen, dass die Maschine jetzt mit mehr als den gewünschten 5° steigt. Die normale Reaktion darauf wäre es, nun die Nase etwas herunter zunehmen. Das kann soweit führen (und ich habe das selbst mehrfach erlebt) dass man durch dieses Gefühl sogar in einen Sinkflug übergehen kann. Dieser Effekt wird durch stärkere Triebwerksleistungen noch verstärkt. Natürlich wird diese fehlerhafte Reaktion auf den Instrumenten angezeigt. Leider vertrauen wir nicht immer unseren Instrumenten!
Spatial D kann zu jeder Zeit auftreten. Dabei ist es völlig egal ob der Pilot jung und unerfahren oder ein alter Hase ist. Es kann jedem von uns jederzeit passieren. Das Auftreten von Spatial D alleine ist aber noch kein Grund zur Besorgnis, solange ich weiß, wie ich damit umzugehen habe. Die Schritte zur erfolgreichen Bekämpfung von Spatial D sind:

1. **Diskrepanzen zwischen Gefühl und Instrumenten?**
2. **Spatial D erkennen!**
3. **Parameter/Instrumente/Anzeigen/Flugzeuglage**
4. **Vertrauen Sie Ihren Instrumenten!**
5. **Das Flugzeug in eine sichere Fluglage bringen!**

Der wichtigste Schritt zur Bekämpfung von Spatial D ist ohne Zweifel der vierte. Deshalb sei er an dieser Stelle noch einmal wiederholt:

Always trust your Instruments – vertrauen Sie Ihren Instrumenten!

Dieser Satz hat bis heute vielen Piloten das Leben gerettet. Zugegeben ist das nicht immer ganz leicht. Es kann sogar vorkommen, dass der innere Konflikt zwischen Gefühl und den Anzeigen der Instrumente dazu führt, Steuereingaben am Steuerhorn oder Steuerknüppel zu blockieren. Es fühlt sich dann an als würden seltsam hohe Krafteinflüsse auf die Kontrollen eine positive Bewegung nahezu verhindern. Der einzige Ausweg ist das Vertrauen auf ihre Anzeigen und Instrumente. Dass diese Anzeigen wirklich falsch sind, kommt außerordentlich selten vor.
Der letzte Schritt der kleinen Checkliste oben kann und sollte regelmäßig geübt werden. Auch auf dem Tornado gehörte das Ausfliegen des Flugzeugs unter Spatial D-Bedingungen zu jedem Checkflugprofil. Das sichere »Recovern« des Flugzeuges in einen stabilen Geradeausflug *muss* von jedem Piloten beherrscht werden. Dabei sind ebenfalls einfache Regeln zu beachten.
Für »Nose up«-Situationen gilt prinzipiell die Nase kontrolliert zum Horizont zurück gleiten zu lassen und dann die Schräglage herauszunehmen. Bei »Nose Low«-Situationen sollte zuerst die Schräglage herausgenommen und dann zum Horizont gezogen werden. Damit wird schneller eine bessere Steigrate erreicht, da nicht auch noch gegen die G-Kräfte im Kurvenflug gearbeitet werden muss. Die Leistung des Triebwerks ist dabei in der Regel »as required«. Als ein-

fache Regel kann auch für »Nose Up« Vollgas und für »Nose Low« Leerlauf genutzt werden, je nach Geschwindigkeit beim Einleiten der Recovery.

SA für den Privatpiloten

Die in diesem Kapitel dargestellten theoretischen Inhalte über Wahrnehmung und SA dienen dazu, zu verstehen, welchen Einschränkungen der Mensch im Sinne der Informationsaufnahme und Verarbeitung unterliegt. Die Themengebiete Human Error und SA sind eng miteinander verknüpft. Die größte Problematik für unsere eigene SA liegt sicherlich darin begründet, dass wir nicht merken, wann wir beginnen die SA zu verlieren. Dabei gibt es Folgendes zu beachten:

- Der Verlust von SA kann plötzlich oder auch schleichend erfolgen.
- Der Verlust von SA ist eine der Hauptursachen bei Flugunfällen.
- Es sind fast immer genug Informationen vorhanden, um den Verlust von SA zu erkennen und SA zurückzuerlangen.

Wie schnell SA verlorengeht, hängt von vielen verschiedenen Faktoren ab. So kann es passieren, dass Sie über längeren Zeitraum in einen Status von immer geringer werdender SA abdriften, oder aber schlagartig ahnungslos sind. Gerade ein Single Pilot ist diesem Problem besonders ausgesetzt. Fluglehrer sind wahre Meister darin, den SA-Level ihrer Flugschüler zu erkennen um genau in diesem Moment eine Frage zu stellen oder eine kleine Notlage einzuspielen. Aber später ist dann kein zweiter Mann im Cockpit, der dabei helfen könnte die eigene (falsche) Vorstellung der Realität in die richtige Richtung zu lenken. Als Soloflieger bin ich allein auf meine eigenen Fähigkeiten angewiesen. Im Kapitel Human Error haben wir die »Red Flag«-Warnungen schon einmal kennengelernt. Um die Wichtigkeit dieser Warnungen nochmals hervorzuheben, führe ich an dieser Stelle noch einmal auf, welche Anzeichen Sie vor dem Verlust von SA warnen können.

Zeichen für den Verlust von Situational Awareness sind:

- Mehrdeutigkeit – Informationen aus mehreren Quellen stimmen nicht überein.
- Tunnelblick – Fokus auf einen einzelnen Aspekt und Ausblendung anderer wichtiger Informationen.
- Verwirrung – wachsende Unsicherheit oder überrascht sein über die entstehende Situation.
- Irgendetwas fühlt sich nicht gut an/entstehende Angst – ignorieren sie dieses Gefühl nicht!
- Zunehmende Fehler bei der Kontrolle des Flugzeugs durch Fokussierung auf andere Aufgaben.
- Unfähigkeit »vor« dem Flugzeug zu bleiben – gekennzeichnet durch mehr Reaktion auf Abweichungen als aktives Fliegen.
- Kopf vertieft im Cockpit (Heads Down) – gerade bei VFR-Flügen oder kritischen Situationen.

- Geplante Ziele des Flugprofils oder -plans können nicht eingehalten werden (Navigation, Zeit, Benzinverbrauch, usw.).
- Abweichen von Verfahren und Regeln.
- Nichteinhalten der Leistungsgrenzen des Flugzeugs.
- Verlust von vollständiger und effektiver Kommunikation mit der Außenwelt.

Der Flugzeugführer startete mit dem voll getankten Flugzeug an seinem Heimatplatz zu einem Wochenendausflug nach Rügen. Nach Ankunft wurde die Dauer des Fluges im Bordbuch mit 2:57 Stunden angegeben. Vor dem Rückflug am Folgetag tankte der Pilot das Flugzeug mit 115 Litern wieder voll. Der Start zurück zum Heimatplatz verlief problemlos. Nördlich von Reichelsheim, noch ca. 35 km vom Zielflugplatz entfernt, traten erste Aussetzer des Triebwerks auf. Der Pilot entschloss sich daraufhin zur Notlandung auf einem nahegelegenen Feld. Kurz nach dem Aufsetzen überschlug sich die Cessna, so dass der Pilot und sein Fluggast leicht verletzt wurden. Die Zeit von Start bis zum Unfall betrug 3:28 Stunden.
Bei der abschließenden Untersuchung wurde festgestellt, dass sich kein Restkraftstoff mehr an Bord des Flugzeugs befand. Das Gesamtvolumen des Kraftstoffvorrats war nach Flughandbuch mit 148 Liter angegeben, wovon ca. 136 Liter ausfliegbar waren.
(BFU Abschlußbericht 08_3X140)

In diesem Beispiel ist wieder einmal mangelnder Restkraftstoff die Ursache für den Unfall. Natürlich hätte man merken müssen, dass der Rückflug mit 3:28 viel länger dauerte als angenommen. Schon beim Hinflug (2:57) waren nur noch knapp 20 Liter im Tank gewesen. Bei einem durchschnittlichen Verbrauch von ungefähr 40 Liter pro Stunde war davon auszugehen, dass die maximale Flugzeit nicht viel mehr als 3:30 Stunden betragen kann. Offenbar konnte die geplante Reisegeschwindigkeit oder Flugroute nicht eingehalten werden, so dass der Flug erheblich länger dauerte. Bezogen auf unsere Beispiele von SA-Verlust oben wurden also geplante Ziele des Flugplanes (Zeit, Benzinverbrauch) nicht erreicht. Ob noch andere Gründe vorlagen, warum das Situationsbewusstsein ein dieser Stelle nicht ausreichend vorhanden war, können wir anhand des Unfallberichtes nicht feststellen. Es bleibt festzuhalten, dass die Notlandung sicherlich die (zwangsläufig) richtige Entscheidung war und auch mit nur leichten Verletzungen für Pilot und Fluggast im Prinzip erfolgreich durchgeführt wurde.
Eine weitere Hilfe gegen den Verlust von SA ist der nötige Respekt gegenüber der Möglichkeit des plötzlichen SA-Verlustes. Das bedeutet, nicht ständig am Limit des Flugzeuges zu fliegen und sich genug Zeit für das Erkennen von Fehlern und Fehlerbehebungen zu nehmen. Ich sollte keine Situationen sich entwickeln lassen, aus denen ich nur mit perfekten fliegerischen Fähigkeiten wieder herauskommen kann. Ich sollte mir immer einen Ausweg lassen.
Wenn nun eines oder mehrere dieser Symptome entdeckt werden, was können wir dagegen tun? Im Grunde genommen liegt die Lösung des Problems genau vor Ihnen. Alle Informationen zum Auflösen der »Red Flags« befinden sich im Cockpit. Einige einfache Strategien im Umgang mit dem drohenden Verlust von SA finden Sie hier.

Mehrdeutigkeiten – Zwingen Sie sich dazu, die Situation aus einem anderen Blickwinkel zu betrachten. Lehnen Sie sich zurück und betrachten Sie die dargestellten Informationen mit etwas Abstand.

Tunnelblick – Zwingen Sie sich, Ihren Instrumenten-Crosscheck zu beschleunigen. Lautes Ablesen und Vorsprechen von Flugparametern kann dabei helfen. Ist ein Flug geplant und das Wetter schlecht, stellen Sie sich die Frage, ob der Flug wirklich so wichtig ist. Kein Flug ist so wichtig, dass er nicht auch am nächsten Tag absolviert werden kann.

Konfusion – Versuchen, die Aufmerksamkeit zurückzugewinnen. Kontaktaufnahme mit Flugkontrolle zum Bestätigen von Informationen.

Stark vereinfacht können wir eine Hilfsstrategie wie folgt aufbauen:

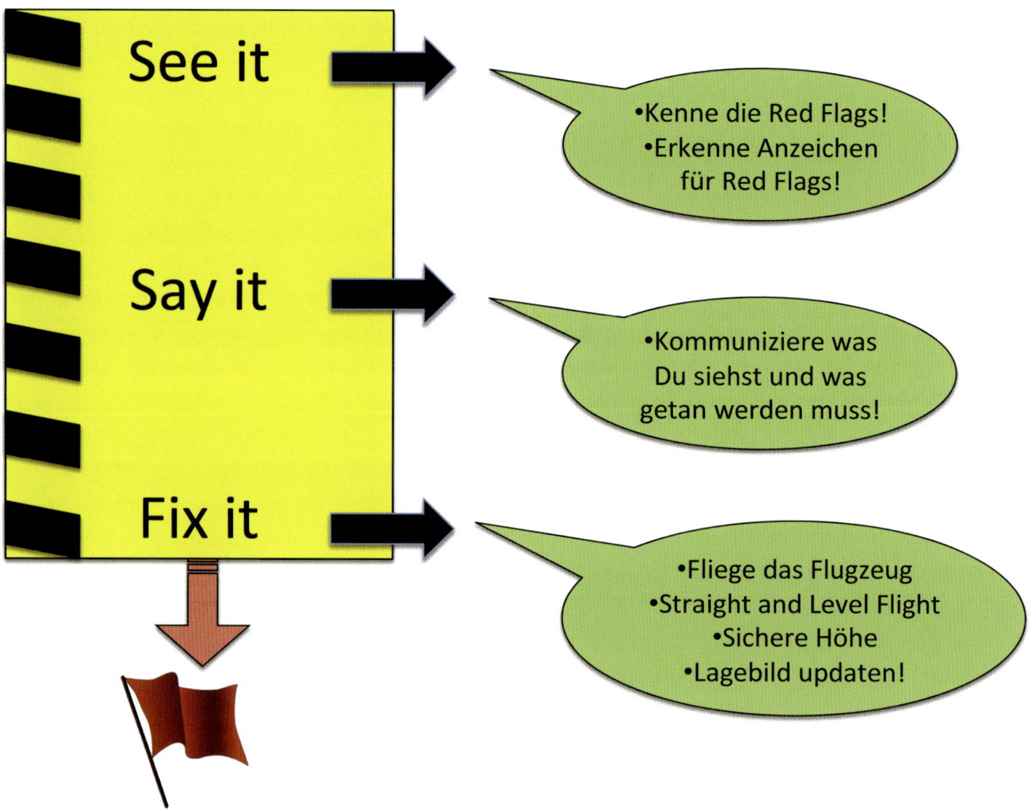

Strategie bei Verlust von SA.

Das Vertrauen in die eigenen Fähigkeiten ist ebenfalls eine Grundvoraussetzzung. Im Kapitel »Verhalten bei Notfällen« werden wir noch mehr einfache Hilfsstrategien kennenlernen. Die wichtigsten seien hier schon einmal vorweggenommen:

- **Always fly the Aircraft first – das Flugzeug unter Kontrolle halten/bringen!**

- **Situation stabilisieren; Zeit kaufen!**

- **Ablenkungen herausfiltern; Konzentration auf das Wesentliche!**

Diese drei Schritte sind überlebenswichtig in kritischen Situationen. Zunächst einmal wird sichergestellt, dass sich das Flugzeug nicht (mehr) in einer unmittelbaren Gefahr befindet. Dann wird schrittweise versucht, die Arbeitsbelastung für den Piloten zu reduzieren. Dadurch werden kognitive Ressourcen des Gehirns entlastet und der Pilot in die Lage versetzt, seine SA wiederzuerlangen.

SA ist eine der wichtigsten Eigenschaften, die ein Pilot in seiner Laufbahn verstehen und erlernen muss. Ganz egal ob als professioneller Pilot oder Hobbyflieger. SA baut auf der Grundlage von Wissen (Airmanship) und dem Verständnis für die Limitierungen des menschlichen Gehirns auf. Je höher das Level von SA, desto besser ist der Pilot auf jede erdenkliche Situation vorbereitet. Um SA zu verbessern sollten Sie zu Ihrer Piloten-Routine einen wichtigen Schritt hinzufügen.

Fragen Sie sich nach jedem Flug: »Habe ich heute die perfekte SA gehabt?«

Müssen Sie diese Frage mit Nein beantworten, sollen sie nach den Gründen suchen, die zum (teilweisen) Verlust von SA geführt haben. Dies soll dabei helfen, in vergleichbaren Situationen zukünftig die SA zu behalten. Dieser Schritt ist einfach und macht Sie zu einem besseren Piloten! Und vielleicht rettet er Ihnen sogar einmal das Leben!

Zu wissen, wie SA aufgebaut und erhalten werden kann und außerdem zu erkennen, wann wir beginnen, SA zu verlieren, ist einer der wichtigsten Schlüssel zu einer langen und erfolgreichen Pilotenlaufbahn.

Kapitel 6

Entscheidungs-findung

»Gute Entscheidungen sind das Resultat von Erfahrung, Erfahrung ist das Resultat schlechter Entscheidungen.«

Quelle: unbekannt

Entscheidungsfindung oder engl. »Decision Making« ist ein weiterer elementarer Baustein unseres CRM-Baukastens. Als Pilot müssen Entscheidungen oftmals in kurzer Zeit und in einem sehr komplexen Umfeld getroffen werden. In diesem Kapitel wollen wir Entscheidungsfindungsprozesse genauer beleuchten und verstehen, wie der Mensch Entscheidungen trifft.
Ein Pilot trifft vor und während eines Fluges unzählige Entscheidungen. Einige davon sind eindeutig und leicht zu fällen. Andere wiederum sind sehr viel schwerer zu treffen. Wir werden in diesem Kapitel verschiedene Entscheidungsfindungsmodelle betrachten. Das Ziel ist es, dem Privatpiloten ein Werkzeug an die Hand zu geben, um ihm das »Aeronautical Decision Making« (ADM) zu erleichtern.

Auf einem IFR/VFR-Flug von Budapest/Ungarn nach Samedan/Schweiz wurde dem Piloten der Cessna von der Flugsicherung geraten, in Innsbruck/Österreich zwischenzulanden, um eine gesonderte Wetterberatung für den letzten Teil der Strecke einzuholen. Grund dafür waren unzureichende Wetterbedingungen im Gebiet des Zielflugplatzes, der über keine Instrumentenanflugverfahren verfügt, und daher nur nach Sichtflugregeln angeflogen werden kann. 17 Minuten nach der Landung, um 13:27 Uhr MESZ, startete der Flugzeugführer im Anschluss an eine eingehende Wetterberatung in Innsbruck zum VFR-Flug nach Samedan, obwohl ihm von der geplanten Strecke abgeraten worden war. Der Ausflug aus der Kontrollzone geschah entlang des Inntals über dem Pflichtmeldepunkt W 1. Bei niedrigen Wolkenuntergrenzen und schlechter Sicht folgte er ab Landeck in geringer Höhe auf falschem Kurs dem Trisannental. Das Flugzeug wurde letztmals in 100 m Höhe über dem Ort Galltür und in 20–30 m über der Staumauer des Silvretta-Stausees gesehen, ehe es auf Südkurs steigend, im Nebel und Schneetreiben verschwand. In einer Höhe von 2710 m MSL kollidierte der Hochdecker an einem Nordhang des Silvrettamassivs nahe der »Roten Furka« mit dem ansteigenden Gelände. Der nicht angeschnallte Flugzeugführer erlitt aufprallbedingte tödliche Verletzungen. Sein weiblicher, nur mit Bauchgurt angeschnallter Fluggast wurde am nächsten Morgen schwerverletzt aus dem Wrack geborgen.
(BFU 97_4X003)

Der Pilot im oben zitierten Fallbeispiel traf leider eine Reihe von falschen Entscheidungen. Woher die Motivation daher rührte, können wir im Nachhinein nicht mehr feststellen. Festzuhalten bleibt nur: Schon die Entscheidung den Flug wie geplant überhaupt anzutreten, war ein schwerer Entscheidungsfehler.
Um eine Entscheidung treffen zu können, braucht es eine Auswahl aus mindestens zwei oder aber auch mehreren Optionen. Entscheidungsfindung ist ein Prozess, durch den ein Urteil oder eine Optionsauswahl getroffen wird. Dabei sind Entscheidungen oft durch die folgenden Merkmale charakterisiert:

- Wir treffen eine Auswahl aus mehreren Wahlmöglichkeiten.
- Wir verfügen über eine bestimmte Menge an Informationen.

- Jede Wahlmöglichkeit ist mit einem gewissen Risiko behaftet.
- Bis zur Entscheidung steht ein definierter Zeitrahmen zur Verfügung.

Um zu einer Lösung zu gelangen, benutzen wir je nach Entscheidung oder Aufgabe verschiedene Herangehensweisen. Zu dieser Thematik existieren die verschiedensten Modelle und Sichtweisen. Zu den gängigsten Modellen zählen:

- Das normative Modell
- Das deskriptive Modell
- Das naturalistische Modell

Entscheidungsfindungsmodelle

Das **normative Modell** zieht dabei den analytisch rationalen Entscheidungsweg vor. Das bedeutet, er orientiert sich deutlich an logischen Kriterien und Regeln. Dabei werden Optionen nach allen möglichen Vor- und Nachteilen untersucht und verglichen. Danach wird das am logischsten erscheinende ausgewählt. So wird für den Entscheider die »perfekte« Entscheidung getroffen. Oftmals wird dieses Modell dann genutzt, wenn eine Wahrscheinlichkeit des Eintretens mit einem möglichen Nutzen verglichen wird. Als Beispiel können wir das folgende Glücksspiel betrachten. Sie haben sich entschieden zu spielen. Es stehen 2 Optionen zur Auswahl. Sie können entweder mit 10% Wahrscheinlichkeit 100 Euro, oder 50% Wahrscheinlichkeit 30 Euro gewinnen. Nach rein rationalem Entscheidungsmuster müssten sie sich für die zweite Option entscheiden:

Option 1: 0,10 x 100 Euro = 10

Option 2: 0,50 x 30 Euro = 15

Trotzdem wählen wir nicht immer rational. Immer wieder verstoßen wir trotz eigentlich klarer Vorgaben gegen die Regeln der Logik. In der Fliegerei sind wir bestrebt nach dem normativen Modell zu handeln. Wir sollten unsere Optionen analysieren und abwägen, um hinterher die beste Entscheidung treffen zu können. Damit dieses Modell erfolgreich sein kann, ist es vonnöten, dass wir dem analytischen Prozess genug Zeit und Ressourcen zur Verfügung stellen. Um diesem Entscheidungsfindungsprozess Struktur zu verleihen und zu verhindern, dass vorschnelle Lösungen oder Entscheidungen, die auf alten Gewohnheiten beruhen, den Vorzug vor einer rationalen Lösung erhalten, hat Hörmann (1995) das FOR-DEC-Modell entwickelt. FOR-DEC oder FOR-DEC steht dabei für: Facts, Options, Risks – Decision, Execution, Check. Dieses Modell hat seinen Ursprung in der Fliegerei und definiert die verschiedenen Schritte eines Entscheidungsfindungsprozesses. Wir werden uns diesem Prozess später noch im Detail widmen.

Das **deskriptive Modell** zur Entscheidungsfindung hingegen beschreibt, wie der Mensch tatsächlich bei Entscheidungen vorgeht. Dabei ergeben sich Abweichungen von logischen Entscheidungswegen, da auf Ressourcen schonende Heurismen zurückgegriffen wird. Wir erinnern uns an das Kapitel Human Error und die dort beschriebenen psychologischen Prozesse »Similarity Matching« und »Frequency Gambling«. Wir nutzen diese Prozesse, um in bestimmen Situationen Ressourcen zu schonen. Ihre Anwendung ist einfach weniger anstrengend. Wir haben schon erfahren, dass unsere Kapazität zur Informationsaufnahme und Verarbeitung begrenzt ist. Aus diesem Grund verfügen wir auch nur über eine begrenzte Rationalität. Wir neigen einfach dazu, bei komplizierten Entscheidungen stark vereinfachte Lösungsstrategien anzuwenden. Zu dieser zählt dann auch das Auswählen der erstbesten Option (Satisficing, Simon et al., 1958), die in das Lösungsschema passt. Es geht in diesem Modell also nicht um die Suche nach der besten, sondern eher nach der schnellsten möglichen Entscheidung.

Das **naturalistische Modell** beschreibt den Entscheidungsfindungsprozess innerhalb von komplexen Arbeitsumfeldern. Sie betrachtet lebensnahe Entscheidungen in komplexen und sicherheitskritischen Situationen, die unter hohem Zeitdruck getroffen werden müssen. Er stützt sich auf die Expertise von sehr erfahrenen »Entscheidern«, also Experten innerhalb ihres Berufes oder Umfeldes. Diese Experten sind in der Lage, oftmals sehr schnelle Entscheidungen zu treffen ohne vorher eine komplexe Analyse der Lage vornehmen zu müssen. Das ist möglich, da in ihrem LZG über die Zeit zahlreiche Schablonen abgespeichert wurden, die auf eine vorgefundene Situation projiziert werden. Eine Situation kann sehr schnell erkannt werden und im Gehirn abgespeicherte Lösungswege angewendet werden. Dieser Vorgang wird auch als »Recognition-Primed-Decision Making (RPD)« bezeichnet. Mit Hilfe von RPD ist es möglich, in komplexen Situationen unter hohem Zeitdruck eine passende Problemlösung auszuwählen. Voraussetzung dazu ist allerdings ein hohes Situationsbewußtsein. Ist dieses nicht vorhanden, können auch falsche Lösungsansätze gewählt werden. Dieses Modell könnte auch als **intuitive Entscheidungsfindung** bezeichnet werden. Der Entscheider vertraut sowohl auf seine Intuition als auch auf seine weitreichende Erfahrung.

Wissens-, Regel- und Fertigkeitsbasiertes Handeln

Hier laufen Handlungen je nach Vertrautheit auf verschiedenen Ebenen der Handlungsregulation ab. Diese verschiedenen Ebenen ordnen Handlungen dem nötigen Aufwand zur Informationsverarbeitung zu. Das Modell der normativen Entscheidungsfindung findet dabei auf der **wissensbasierten Ebene** statt. Hier wird durch die Informationsverarbeitung im KZG ein umfassender, möglichst rationaler Entscheidungsprozess in Gang gesetzt. Dieses wird vermehrt bei Aufgaben durchgeführt, die für uns neu sind und wir nicht auf abgespeicherte Erfahrungswerte zurückgreifen können. Werden allerdings im Langzeitgedächtnis bestimmte Situationen wiedererkannt und identifiziert, so führt dies direkt zu einer passenden Reaktion. Diese Reaktion kann entweder automatisch ausgelöst oder an die jeweilige Situation flexibel angepasst werden. Bei der automatisierten Auslösung einer Handlung findet diese auf der **fertigkeitsbasierten Ebene** statt. Sie benötigt den geringsten kognitiven Aufwand zur Umsetzung und Ausführung. Wird ein erkanntes Muster an die vorliegende Situation flexibel angepasst, spricht man von einer Handlung, die auf der **regelbasierten Ebene** stattfindet. Fertigkeits- und Regelbasiertes Handeln finden wir also auch beim oben beschriebenen nauralistischen Entscheidungsfindungsmodell.

Schritte der Entscheidungsfindung

Nachdem wir einige Modelle betrachtet haben, fällt auf, dass der generelle Ablauf eines analytischen Entscheidungsfindungsprozesses trotzdem ähnlich verläuft. Im Grunde genommen läuft dieser wie folgt ab:

1. Beurteilung der Situation
Die Beurteilung der Situation nimmt dabei die tragende Rolle ein. In der Lagebeurteilung sind einige Dinge zu beachten. Zunächst einmal muss das Problem verstanden werden. Was ist die eigentliche Aufgabe? Der verfügbare Zeitansatz spielt dabei eine ebenso große Rolle. Um diese Fragen beantworten zu können, müssen alle nötigen Informationen verfügbar sein. Als nächstes werden verschiedene Optionen entworfen und diese dann einer Risikoanalyse unterzogen.

2. Fällen einer Entscheidung
Sind alle Optionen entsprechend bewertet worden, wird eine Entscheidung getroffen. Diese Entscheidung kann aufgrund der oben beschriebenen Modelle erfolgen. Die Art des Prozesses hängt dabei von der zur Verfügung stehenden Zeit, den Informationen und dem Erfahrungsschatz des Entscheiders ab.

3. Handlung auswählen
Aufgrund der Entscheidungsauswahl werden die entsprechenden Handlungen ausgewählt.

4. Handlung ausführen
Die ausgewählte Handlung wird ausgeführt oder implementiert. Danach sollte ein Feedbackprozess stattfinden, der überprüft ob die ausgewählte Handlung erfolgreich war. Der Prozess beginnt dann von Neuem.

Abgesehen natürlich von der Ausführung der gewählten Handlung ist der erste Schritt sicherlich der Wichtigste und Entscheidende. Die Beurteilung der Situation beinhaltet etwas mehr als nur eine einfache Situationsanalyse. Um den in der Fliegerei gewünschten analytischen Entscheidungsfindungsprozess zu verbessern und zu strukturieren, hat H.-J. Hörmann in Zusammenarbeit mit dem Deutschen Luft- und Raumfahrt Zentrum (DLR) 1995 das sogenannte FOR-DEC-Modell entwickelt. Das FOR-DEC-Modell entspricht heute dem gültigen Standard in Bezug auf

Entscheidungsfindungsprozesse in der Luftfahrt. Auch große Luftfahrtkonzerne wie die Lufthansa vertrauen in ihrer Human Factors-Ausbildung auf das FOR-DEC-Modell.

Flug über leichte Bewölkung.

FOR-DEC – Ein Tool für Aeronautical Decision Making (ADM)

FOR-DEC ist ein Werkzeug zur strukturierten Entscheidungsfindung. Das Wort FOR-DEC ist dabei ein Acronym für die verschiedenen Schritte, die in diesem Modell durchlaufen werden sollen. Sie setzen sich wie folgt zusammen:

F – Facts	**Fakten**
O – Options	**Optionen**
R – Risks	**Risiken**

D – Decision	**Entscheidung**
E – Execution	**Handlung**
C – Check	**Kontrolle**

Im Vergleich zum auf Seite 147 behandelten vereinfachten Prozess fällt auf, dass die Beurteilung der Situation in drei Unterbereiche aufgeteilt wurde. Man könnte also sagen, dieser Teil hat etwas mehr Struktur erhalten. Mit Hilfe dieser Struktur soll erreicht werden, dass immer ein analytischer Prozess der Entscheidung vorangeht. Dieser Prozess soll immer in einer bestimmten Folge ablaufen. Schauen wir uns den Prozess einmal etwas genauer an:

Facts – Die Fakten
Der erste Schritt des Modells befasst sich erst einmal mit der vorherrschenden Situation. Er stellt die Fragen:

1. Was genau ist das Problem/die Aufgabe?

2. Welche Informationen stehen zur Verfügung?

3. Wie viel Zeit steht zur Lösung des Problems zur Verfügung?

Nachdem die Problemstellung analysiert wurde, ist der nächste wichtige Schritt das Sammeln von Informationen oder (um im Modell zu bleiben) Fakten. Je mehr Informationen/Fakten vorhanden sind, desto besser wird die Entscheidung aller Voraussicht nach sein. Erinnern sie sich an das Kapitel Human Error. Der Mensch trifft an sich immer die für ihn richtige Entscheidung. Diese Entscheidung basiert auf dem derzeitigen Wissensstand und der ihn umgebenden Situation. Je mehr Fakten und Informationen vorhanden sind, umso größer die Chance eine bzw. die richtige Entscheidung zu treffen. Das bedeutet aber auch nach nötigen Informationen zu suchen oder Zugang zu noch mehr Informationen zu bekommen. Nicht immer stehen mir zu Beginn einer Aufgabe oder eines Problems die benötigten Informationen für eine Lösung zur Verfügung. Ich muss also unter Umständen Mittel und Wege finden, diese zu beschaffen. Als Single Pilot habe ich in der Luft nicht mehr viele Möglichkeiten, außer einer guten Flugvorbereitung, die Funkverbindung oder der Blick nach draußen.
Zeit ist oft eine kritische Komponente, gerade bei Notverfahren im Flugzeug. Die Antwort auf die Frage nach der verfügbaren Zeit richtet sich nach vielen Faktoren. Darunter z.B. Wetter, Treibstoff, Tageslicht, Ermüdung, Luftnotlage, usw. Die verfügbare Zeit bestimmt, wann die Entscheidung und Handlung benötigt wird. Dieser Schritt ist gerade in kritischen Situationen wichtig. Gerade auch unter dem Gesichtspunkt der subjektiven Wahrnehmung von Zeit in kritischen Situationen.

Options – Optionen
Befinde ich mich in einem Entscheidungsfindungsprozess, habe ich mich zumindest mit zwei verschiedenen Optionen auseinanderzusetzen. Dieser Schritt ist in der Regel relativ schnell er-

ledigt. Beispielsweise hat der Pilot vor dem Start bei schlechten Wetterbedingungen mindestens zwei Optionen:

1. Fliegen wie geplant.

2. Den Flug nicht durchführen.

Dazu könnte auch noch:

3. Den Flug verschieben

eine zusätzliche Möglichkeit sein.

In komplexeren Situationen sind auch noch mehr Optionen möglich. Wichtig wird die Auswahl an Möglichkeiten dann im folgenden Schritt. Der Analyse der verschiedenen Möglichkeiten.

Risiken und Benefits

Wird im obigen Beispiel Option 1 gewählt, haben wir vermutlich ein großes Vertrauen in unsere fliegerischen Fähigkeiten und einen hoffentlich sehr detaillierten Wetterbericht. Der Pilot wird die verschiedenen Optionen abwägen und dann gemäß der gewählten Zielsetzung oder Aufgabe auswählen. Vielleicht kommt z.B. ein verschieben des Fluges gar nicht in Frage.
Für jede Option wird also im übertragenen Sinne eine Kosten-/Nutzenrechnung gemacht. Wir wägen das Für und Wider jeder Option untereinander ab. Dieser Vorgang ist unter Umständen schwierig und langwierig. Allerdings ist er ein wichtiger (wenn nicht der wichtigste) Teil des analytischen Prozesses. Dieses Für und Wider orientiert sich natürlich in erster Linie an der Aufgabe. Risikomanagement kommt in diesem Schritt des FOR-DEC-Modells eine große Bedeutung zu. Risikomanagement nur innerhalb dieses kleinen Abschnittes zu behandeln wäre allerdings nicht ausreichend. Darum widme ich diesem Thema auch das folgende Kapitel. Eines sei jedoch schon an dieser Stelle vorweg genommen. Der Mensch stellt bei bevorstehenden Entscheidungen immer eine interne Kosten-/Nutzenrechnung an. Darin fließen verschiedene Bewertungskriterien ein. Diese orientieren sich z.B. an Motiven, Emotionen, Zielsetzungen, Forderungen und Chancen. Alle diese Dinge haben Einfluss auf unsere Rechnung. Am Ende dieses analytischen Prozesses wird eine Option ausgewählt.
Der FOR-DEC-Prozess enthält an dieser Stelle allerdings noch eine Besonderheit. Diese wird durch den Bindestrich zwischen der Analyse und der Umsetzungsphase symbolisiert. Er soll praktisch dabei helfen, sich vor der Ausführung der Handlung noch einmal kurz zurückzulehnen und die Entscheidung kurz zu rekapitulieren. In einer hektischen Situation soll damit verhindert werden, dass evtl. wichtige Dinge übersehen wurden.

Entscheidung und Ausführung

Die Entscheidung und Ausführung der Handlung unterscheidet sich nicht von dem oben schon beschriebenen Grundmodell. Ist einmal eine Entscheidung getroffen worden, werden wir nun versuchen diese mit den zur Verfügung stehenden Mitteln umzusetzen. Ab diesem Zeitpunkt neigt der Mensch aber leider auch dazu, diese Entscheidung auch bei gegenteiligen neuen Informationen weiterhin durchsetzen zu wollen. Es wird nun nach Gründen gesucht, warum unsere erste Entscheidung die richtige war (Confirmation Bias). Aus diesem Grund ist der letzte Schritt des FOR-DEC-Modell ebenfalls nicht zu vernachlässigen.

Check – Kontrolle
In zahlreichen Human Factors-Seminaren konnte ich bei verschiedenen Gruppen während der unterschiedlichen Entscheidungsfindungsspiele immer wieder Folgendes feststellen: Der letzte Punkt des Modells wird fast immer vergessen. Man gibt sich mit der getroffenen Entscheidung und der Umsetzung zufrieden. Es wird aber selten überprüft ob diese Entscheidung auch im weiteren Verlauf noch immer die richtige ist. Die Kontrolle der ausgewählten Handlung ist der wichtigste und letzte Schritt des FOR-DEC-Modells. Am Beispiel des im Kapitel 4 geschilderten Unfalls des Hapag Lloyd-Fluges, der mit der Bruchlandung in Wien endete, wird dieser Fehler sehr deutlich.

Andere Modelle

Es existieren noch viele weitere Entscheidungsfindungsmodelle, die letztlich alle das gleiche Ziel haben. Ich möchte im Detail nicht weiter auf jedes Einzelne eingehen, das würde den Rahmen dieses Kapitels sicherlich sprengen. Auch erhebt die hier aufgeführte Liste keinerlei Anspruch auf Vollständigkeit. Ich möchte nur darauf hinweisen, dass es auch andere Möglichkeiten gibt. Vielleicht entwickeln Sie ja sogar Ihr eigenes Modell:

Vereinfachtes FOR-DEC (deutsch) jetzt FOREK:

F – Fakten

O – Optionen

R – Risiken

E – Entscheiden und Handeln

K – Kontrolle

Das GRADE Modell:

G – Gather Information

R – Review the Situation

A – Analyse Alternatives

D – Decide and Do

E – Evaluate Outcome

Oder das DECIDE-Modell von Benner (1975)

D – Detect

E – Estimate

C – Choose

I – Identify

D – Do

E – Evaluate

Und noch das DODAR-Modell (British Airways)

D – Diagnosis

O – Options

D – Decide

A – Assign

R – Review

Dabei ist es gleich, welches Sie anwenden. Prinzipiell ähneln sich die Modelle. Es gibt sicherlich Unterschiede wie z.B. die explizite Benennung der Risikoanalyse und die angedeutete Pause des FOR-DEC-Modells. Der Grundaufbau ist jedoch nahezu identisch und orientiert sich an den klassischen vier Schritten zur Entscheidungsfindung. Das einzige wichtige Kriterium für Sie als Pilot sollte einfach nur die Frage sein:

»Welches dieser Modelle kann ich persönlich am einfachsten und besten anwenden?«

Wir werden uns für den weiteren Verlauf dieses Kapitels jedoch auf des FOR-DEC-Modell konzentrieren.

Fallstricke in Entscheidungsfindungsprozessen

Laut einer Studie der NTSB (National Transportation Safety Board) in den USA, sind Fehler bei der Entscheidungsfindung die zweithäufigste primäre Fehlerkategorie bei einer Analyse von 37 Flugunfällen. Die Ursachen für die verschiedenen Fehler innerhalb der Besatzungen beim Entscheidungsfindungsprozess waren dabei unter anderem:

- Schlechte/wenig Informationen
- Fehlinterpretation von Hinweisen
- Überschätzen der eigenen Fähigkeiten
- Überschätzen der Fähigkeiten des Flugzeugs
- Sozialer bzw. Organisationsdruck
- Verhalten bei Stress
- Unterschätzung des Risikos
- Crew-Versagen über Risiko zu diskutieren

Dabei fällt auf, dass anscheinend ein schlechtes Situationsbewusstsein (SA), schlechte Verhaltensweisen und eine falsche Risikoeinschätzung die größten Probleme darstellen. Mit Ausnahme des letzten Punktes sind diese Ursachen auch ohne Einschränkungen auf Privatpiloten als Bedrohung zu sehen. Mit Ausnahme des Faktors Risiko haben wir diese Bereiche bereits behandelt. Das Wissen über diese Themengebiete soll Ihnen dabei helfen, potenzielle Gefahren früh zu erkennen und sie sich gar nicht erst weiter entwickeln zu lassen. Es gibt allerdings noch andere mögliche Hindernisse, denen wir im Entscheidungsfindungsprozess ausgesetzt sind.

Das zweischneidige Schwert – Erfahrung

Erfahrung, Wissen und Expertise sind in Entscheidungsprozessen sehr hilfreich. Ohne sie können in komplexen, zeitkritischen Situationen kaum gute Entscheidungen getroffen werden. Allerdings gibt es hier auch eine Kehrseite. Genau diese eben benannten Eigenschaften können nämlich andererseits auch zu Problemen führen. Aus diesem Grund ist es wichtig, dass auch erfahrene Piloten sich diesem gefährlichen Potenzial bewusst sind.

Wie schon beschrieben, entwickeln Piloten über die Jahre eine Reihe von internen Modellen und Schemata (Heuristiken). Diese helfen uns bei »Recognition-Primed-Decisionmaking« (RPD). Wir nehmen im Gehirn sozusagen eine Abkürzung. Diese Abkürzung ist einerseits hilfreich, andererseits birgt sie auch eine Gefahrenquelle in sich. In bestimmten Situationen kann Erfahrung die Wahrnehmung des Piloten in einer Weise beeinflussen, wo gesehen wird, was gesehen werden will – gegenüber dem, was wirklich ist. Das kann bei erfahrenen Piloten zu Handlungen führen, die mehr auf bekannte Muster als auf die realen Informationen zurückzuführen sind. Dieses Phänomen, gepaart mit einer Portion Selbstzufriedenheit, kann eine schlechte Kombination sein. Wir wollen diese Heuristiken und Phänomene einmal etwas genauer betrachten.

Heuristik und Verzerrungen

Heuristik oder auch Urteilsheuristik ist eine Denkweise, die genutzt wird, um schnell zu einer Entscheidung zu gelangen. Es gibt Situationen in denen es schlicht nicht möglich ist, alle Eventualitäten und Optionen zu untersuchen,um diese dann rational zu bewerten. Aus diesem Grund bedienen wir uns Heuristiken um den Entscheidungsprozess zu beschleunigen. Es gibt viele verschiedene Arten von Heuristiken und Verzerrungen. Der Einfachheit halber bleiben wir bei einem Oberbegriff. Umgangssprachlich könnte man wohl auch von Daumen oder Faustregeln (engl.: rules of thumb) sprechen.

Diese Denkprozesse laufen in unserem Gehirn automatisch ab. Sie sind unbewusst, absichtslos, unwillkürlich und mühelos. Diese Art zu denken wird nur dann durch analytisches (kontrolliertes) Denken abgelöst, wenn die Aufgabe eine besonders starke Aufmerksamkeit erregt. Heuristiken werden auch vom Gehirn eingesetzt,wenn der Mensch Übermüdung oder Störungen ausgesetzt wird. Zu diesen Heuristiken oder Verzerrungen zählen z.B.:

Informationsaufnahme:

Wie wir wissen, ist die Kapazität unserer Informationsaufnahme begrenzt. Dazu kommt, dass wir Informationen, die wir zuerst erlangen, eine größere Bedeutung zumessen. Auch sind wir späteren Informationen gegenüber weniger aufmerksam. Auffällige Informationen werden stärker gewichtet als unauffällige. Wir neigen auch dazu, bei der Informationsaufnahme nicht zwischen wichtigen und unwichtigen Informationen zu unterscheiden. So kann es dazu kommen, dass auch unwichtige Informationen überbewertet werden.

Hypothesengeneration:

Wir neigen dazu, immer nur eine limitierte Anzahl von Hypothesen oder Annahmen zu generieren. In der Regel sind das eine bis vier. Wollen wir weitere hinzufügen, benötigen wir dafür mehr Ressourcen. Vergleichbar mit dem »Frequency Gambling« nach Reason (1990) werden auch in der Verfügbarkeitsheuristik häufige oder erst kürzlich genutzte Lösungen vorgezogen. Diese sind besser und schneller abrufbar und werden mit einer größeren Wahrscheinlichkeit verwendet. Bei der Repräsentativheuristik verhält es sich so, dass einem Ereignis mit typischen Merkmalen einer bestimmten Kategorie zugeordnet wird. Durch diese Zuordnung wird es trotz vorhandener Unterschiede dieser Kategorie gleichgesetzt (Siehe auch Reason: Similarity Matching). Auch vertrauen wir sehr schnell auf unsere eigenen Annahmen und Hypothesen. Ein Hinterfragen findet nur noch selten oder gar nicht statt.

Auswahl und Selektion:

Wie bereits erwähnt, neigt der Mensch dazu, sich auf eine einmal getroffene Entscheidung festzulegen. Auftretende neue Informationen werden ignoriert. Mann nennt das auch kognitive Fixierung. Diese negative Eigenschaft kann allerdings durch Übung und Erfahrung positiv beeinflusst werden.

Auch Confirmation Bias taucht an dieser Stelle wieder auf. Es werden nur die Informationen gewertet, die zur Bestätigung der ausgewählten Lösung dienen. Diese Eigenschaft wird in Situationen mit hohen Stressanteilen und viel mentaler Workload verstärkt.

Die Suche nach der perfekten Lösung

Es gibt in der Fliegerei auch Piloten, die immer auf der Suche nach der perfekten Lösung für eine fliegerische Herausforderung sind. Jedoch ist das Streben nach der perfekten Lösung gar nicht immer das Ziel. Vielmehr ist es wichtig eine Lösung zu finden, die innerhalb der Umstände und eines angemessenen zeitlichen Rahmen funktioniert. Es gibt Situationen in denen wir schnell eine passende (funktionierende und sichere) Lösung finden müssen. Das dynamische Umfeld der Fliegerei lässt es nicht immer zu, dass wir die perfekte Lösung finden. Ganz im Gegenteil: Die Suche nach der perfekten Lösung, die sicher, effizient, effektiv und gleichzeitig noch Treibstoff spart, kann vom eigentlichen Problem soweit ablenken, dass dieses vielleicht unlösbar wird. Es gab schon zu viele Unfälle, bei denen Piloten den Wald vor lauter Bäumen nicht gesehen haben.

Das Ziel sollte zunächst sein, eine praktikable Lösung zu finden. Diese kann nach Stabilisierung der Situation noch weiter optimiert werden. Sie werden feststellen, dass Sie nach der Anwendung (und ggf. Optimierung) der praktikablen Lösung die perfekte Lösung vermutlich gar nicht mehr brauchen werden.

Faktor Zeit

Zeit spielt im Entscheidungsfindungsprozess eine wichtige Rolle. Steht genügend Zeit zur Verfügung, fällt es sicherlich leichter einen rational analytischen Entscheidungsfindungsprozess durchzuführen. Es kann z.B. innerhalb des FOR-DEC Prozesses durchaus vorkommen, dass zwischen den einzelnen Schritten der Analysephase hin- und her gesprungen wird. Zeit fließt unterschiedlich in Entscheidungsprozesse ein. So kann es sein, dass ausreichend Zeit zur Verfügung steht um eine Intensive Problemanalyse durchzuführen (FOR). Es kann sogar zwischen den einzelnen Schritten der Analysephase hin- und her gesprungen werden um eine noch bessere Lösung zu finden oder neue Informationen zu berücksichtigen. In kritischen oder Stresssituationen haben wir allerdings eine andere subjektive Wahrnehmung von Zeit. Wir merken in diesem Fall gar nicht wie schnell die Zeit vergeht.

Natürlich ist es problematisch, wenn nicht genug Zeit zur Verfügung steht, um alle möglichen Optionen gründlich zu untersuchen. Gerade unerfahrene Piloten sind dann oft ge- oder überfordert, da sie unter Umständen noch nicht die nötige Expertise zum Erkennen bestimmter Muster oder Schemen entwickelt haben. Häufig glauben wir auch einfach nur nicht genug Zeit für eine Entscheidung zu haben. In Wirklichkeit haben wir in solchen Fällen mehr Zeit als man glaubt. Ein Tipp hierzu: Im Flugzeug ist es aus diesem Grund immer eine gute Idee, beim Eintritt einer kritischen Situation die Stoppfunktion der Borduhr zu starten.

Das undefinierbare Problem

Das undefinierbare Problem (engl.: ill-defined Problem) ist vermutlich die größte Herausforderung, der sich ein Pilot unter Umständen stellen muss. Dieses Problem stellt uns deshalb vor so eine große Aufgabe, weil wir nicht bestimmen können, wo die Ursache für unser Problem liegt – leider ist dies aber der erste Schritt unseres FOR-DEC-Modells. Von Orasanu (1994) wird dieses Problems wie folgt beschrieben.

Ein »ill-defined Problem«« ist das Resultat von verschiedenen nicht im Zusammenhang stehen-

Auch auf vier Rädern sind gute Entscheidungen gefragt.

den Signalen, die eine genaue Ursachenanalyse (zunächst) unmöglich machen. Es kann nicht bestimmt werden, was das eigentliche Problem ist. Wenn ich aber nicht bestimmen kann, was das Problem ist, wird es mir auch schwerfallen eine Lösung zu finden.
Die Besatzung eines Tornado-Kampfflugzeuges sah sich vor einigen Jahren mit einem solchem Problem konfrontiert. Auf einem Übungsflug geriet eines der Triebwerke in Brand. Ein Feuer ist zwar eine kritische Luftnotlage, aber die Notmaßnahmen sollten im Normalfall dazu führen, das Feuer zu löschen und mit dem verbleibenden Triebwerk das Flugzeug noch landen zu können. An diesem Tag war das anders. Der Tornado besitzt im Triebwerksgehäuse eine Titanbeschichtung. Diese geriet durch das Feuer im Triebwerk ebenfalls in Brand. Titan verbrennt sehr heiß. Durch die entstehende Hitze wurden viele wichtige Bauteile des Flugzeugs nach und nach zerstört. Die Piloten bekamen zusätzlich zu den ersten noch »normalen« Anzeigen für ein Feuer noch zahlreiche andere Anzeigen, die sie dem Problem nicht unmittelbar zuordnen konnten. War ein Teil der Checkliste abgearbeitet, musste schon wieder ein anderer begonnen werden. Zudem begann der Pilot wegen der zerstörten Hydraulikleitungen langsam die Kontrolle über das Flugzeug zu verlieren. Nach wenigen Minuten schließlich war das Flugzeug nicht mehr zu retten und wurde aufgegeben. Die Piloten retteten sich mit dem Schleudersitz, das Flugzeug schlug in unbewohntem Gebiet auf. Es wurde niemand verletzt.
Die Unfalluntersuchung ergab später, dass durch das sehr heiß brennende Titan im Inneren des Flugzeugs alle lebenswichtigen Systeme zerstört worden waren. Ein Notverfahren für ein Titanfeuer gab es bis zu diesem Zeitpunkt noch nicht. Auch war dieses Problem bis dahin noch nie bei einem deutschen Tornado aufgetaucht. Daraufhin wurde ein neues Notverfahren eingeführt, das bei Warnanzeigen ohne eindeutige Zuordnung anzuwenden ist.

Kreative Entscheidungsfindung
Es gibt auch Situationen, in denen alle Erfahrung und erlernten Fähigkeiten uns auf den ersten Blick nicht weiterhelfen: Sie führen den ersten Schritt des FOR-DEC-Modells durch und stellen fest, dass es keine verfügbaren Optionen gibt. In diesem Fall muss nach einer völlig neuartigen Lösung gesucht werden. Lösungen zu Problemen wie diesen zu finden, ist leider in der Regel sehr zeitaufwendig. Allerdings kann eine kreative Lösung auch als Lösung für andere vergleichbare Situationen genutzt werden. Beispiele für kreative Lösungsansätze gibt es in der Geschichte viele. In der Luftfahrt gibt es einige spektakuläre Fälle in denen Piloten und Experten mit außergewöhnlichen Ideen erfolgreich waren. Dazu zählen z.B. Kapitän Hayes und seine Besatzung auf Flug UA 232 (siehe Kapitel 3), US Airways Flug Cactus 1549 und Kapitän Sullenberger bei der Notlandung auf dem Hudson River oder die berühmte Geschichte von Apollo 13: Hier musste im Verlauf des Unglücksfluges das überlastete Luftreinigungssystem mit Bordmitteln umgebaut werden, um mit dem CO2-Filter des Kommandomoduls arbeiten zu können, der eigentlich mit dem der Landemoduls inkompatibel war. Hierzu musste aus an Bord vorhandenen Dingen wie z.B. Kunststoffbeuteln, Klebeband, Flugplänen und sogar einer Socke ein Adapter improvisiert werden. Das Bodenzentrum in Houston erarbeitete eine Prozedur, die an die Crew gefunkt wurde, die dann erfolgreich den Adapter nachbaute, was ihr letztlich das Leben rettete. Sicherlich ist nicht jedes Problem derart spektakulär. Es lohnt sich jedoch immer, nach einer Lösung zu suchen.

Anwendung von FOR-DEC und Aeronautical Decision Making (ADM)

Modelle in der Theorie zu behandeln ist die eine Sache. Aber wie können wir uns dieses Modell in der Praxis, im Flugzeug, zunutze machen? Soll der Pilot wirklich jedes Mal jeden einzelnen Schritt des Modells durchgehen? Das dauert unter Umständen sehr lange, die Zeit habe ich im Flugzeug aber oft nicht. Allerdings sind Entscheidungen im Flugzeug meist auch nicht so zeitkritisch, dass sie nicht wenigstens ohne eine kleine Analyse getroffen werden sollten. Kommen Sie in die Lage eine zeitkritische Entscheidung treffen zu müssen, lehnen Sie sich zurück und atmen einmal kurz durch. Einer meiner alten Fluglehrer hat diesen Moment einmal als: »Just wait, and sit on your hands for a moment« bezeichnet. Das sollte dabei helfen, nicht sofort irgendwelche Schalter und Hebel zu bewegen, sondern sich erstmal die Situation in Ruhe anzusehen. Selbst beim Üben von kritischen Notverfahren ist in der Regel eine Reaktionszeit (normal ein bis drei Sekunden) miteingerechnet. South African Airlines z.B. schreibt dem »Pilot in Command« vor, im Fall einer Notlage erst einmal den Sitz komplett zurückzufahren, die Situation kurz zu überdenken und dann erst zu handeln.
Man könnte das auch mit einer Art Verkehrsampel vergleichen:

»Sit on your hands«-Ampel

Steigen wir nun in das FOR-DEC-Modell ein. Zum Glück haben wir es ja nicht immer nur mit kritischen Entscheidungen zu tun. Der erste Schritt ist die Sammlung von Fakten und Informationen. Wenn wir über diesen Punkt einmal kurz nachdenken, sollte uns eigentlich auffallen, dass der Pilot mit gutem Situationsbewusstsein sehr viele Informationen ja bereits besitzt. Wir sammeln im Flugzeug kontinuierlich Informationen. Diese fließen auch konstant in unsere »Datensammlung« als Basis für unser FOR-DEC-Modell ein. Wir fangen mit der Beschaffung von Informationen nicht erst an, wenn wir diese auch wirklich benötigen. Dieser Vorgang sollte schon vorher stattfinden, und zwar kontinuierlich.
Genauso verhält es sich mit den verschiedenen Optionsmöglichkeiten. Fliegt ein Pilot vorausschauend und mit guter SA, legt er sich ständig Optionen und Alternativen für eventuell auftretende Situationen oder Veränderungen in seinem Flugplan zurecht. Er rechnet praktisch mit dem Eintreffen eines Ereignisses. Als junger Flugschüler wurde mir schon früh klargemacht, wie

wichtig es ist, bei plötzlich auftretenden Ereignissen vorbereitet zu sein. So wurde ich in der Tiefflugausbildung ständig von meinen Fluglehrern mit Fragen bombardiert: »Was machst du, wenn jetzt dies oder das passiert.« Entsprach die Antwort nicht den Vorstellungen des Lehrers, durfte ich das dann gleich »live« ausprobieren. Das führte nach einiger Zeit dazu, dass man schon einen Plan »in der Tasche« hatte, sollte eine brenzlige Situation eintreten. Den musste man dann nur noch herausziehen. Fragen Sie sich in regelmäßigen Abständen genau das: »Wenn jetzt der Öldruck fällt oder ich Motoraussetzer hätte, was würde ich tun?« Auch bei Situationen mit sich verschlechternden Wetterbedingungen sollten Sie vorbereitet sein. Wetter wird selten schlagartig schlecht. Haben Sie frühzeitig einen Plan!

Sicherlich verändern sich die Optionen und Alternativen während des Fluges. Aber das ist nicht wirklich ein Problem. Passen Sie Ihre möglichen Optionen ständig der neuen Situation an. Diese Optionen sollten jeweils auch eine Risikobeurteilung enthalten. Prinzipiell haben Sie die ersten drei Schritte des FOR-DEC-Modells damit schon abgedeckt.

Kommen Sie an den Punkt, wo Sie eine Entscheidung treffen müssen, dann zögern Sie nicht. Ziehen Sie es durch. Haben Sie Zweifel oder können Sie sich nicht entscheiden, wählen Sie die **konservative** Lösung! Nun folgt in der Regel die Handlung. Das kann die Auswahl eines Ausweichflugplatzes sein, die Abarbeitung der Checkliste, die Einleitung eines Flugabbruchs wegen schlechtem Wetter, usw.

Wichtig ist der letzte Punkt des FOR-DEC-Modells. Kontrollieren Sie nach der durchgeführten Handlung, ob das Ergebnis zufriedenstellend ist. Haben Sie die Aufgabe oder das Problem gelöst? Dieser Review oder Check kann lebenswichtig sein!

Piloten sollten ihr Urteilsvermögen und die Fähigkeit, in der Luft Entscheidungen zu treffen, trainieren. Erinnern Sie sich daran, dass es nicht wichtig ist, die schnellste oder die perfekte Lösung zu finden, sondern die der Situation angemessene Reaktion zu wählen.

Poor Judgement Chain – Verkettung schlechter Entscheidungen

Pilot, Umwelt/Umfeld, Komplexität des Fluges und Druck/Stress beeinflussen sich gegenseitig. Je mehr sich die einzelnen Komponenten negativ beeinflussen, umso eher verwandelt sich eine komplexe Situation in Chaos. Für Flugschüler ist das nicht ungewöhnlich. In der Anfangszeit der fliegerischen Ausbildung sind Komplexität und Überforderung ein ständiger Begleiter. Bekommen wir das nicht unter Kontrolle, wird es schnell chaotisch. Das kann plötzlich oder auch schleichend geschehen. Ganz wie beim Verlust der SA. Wichtig ist, dass die Symptome dafür erkannt werden. Durch die Überforderung steigt der Stress an und es kann sich Angst vorm Versagen entwickeln, vor allem dann, wenn ich mich selbst unter Druck setze oder Druck von außen (z.B. durch Passagiere) dazukommt.

Versagen wir, so erhöht sich der Stresslevel. Wenn der Stress einmal erhöht ist, steigt die Wahrscheinlichkeit einen erneuten Fehler zu machen. Man nennt dies die »Poor Judgement Chain«, was man mit »Verkettung schlechter Entscheidungen« übersetzen könnte.

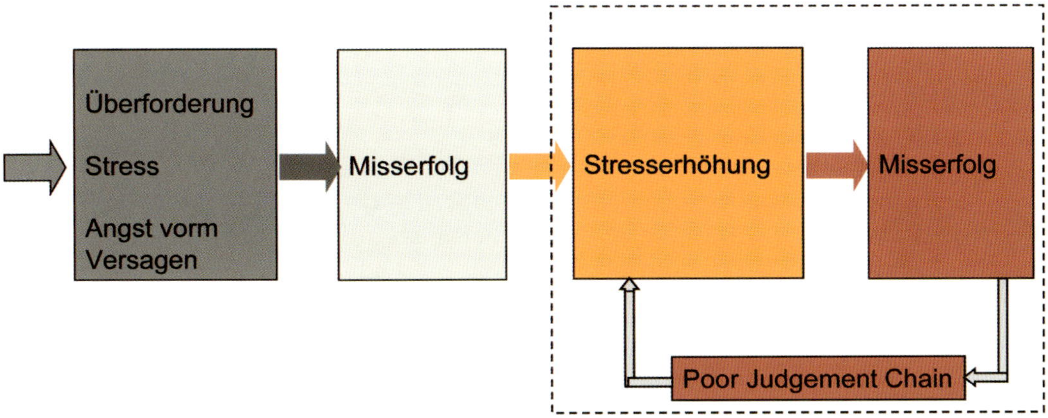

Poor Judgement Chain.

Solche Situationen kommen häufig in Überprüfungsflügen vor. Der Stresslevel vor einem solchen Flug ist in der Regel von Anfang an sehr viel höher. Der Pilot möchte schließlich bestehen und die Fluglizenz verlängern. Solange dann im Flug alles reibungslos funktioniert, ist alles in Ordnung. Aber ein kleines negatives Ereignis wie eine nicht ganz gelungene Landung oder ein Kommentar des Prüfers reicht vielleicht schon und man fängt an, an den eigenen Fähigkeiten zu zweifeln. Das erhöht den Erfolgsdruck und damit den Stresslevel noch weiter. Das kann dann durchaus dazu führen, dass bald gar nichts mehr funktioniert.
Um aus diesem Kreislauf wieder herauszukommen, muss diese negative Verkettung durchbrochen werden. Das erreicht man besten, in dem man zunächst den eigenen Fehler erkennt und diesen dann auch als Fehler akzeptiert. Ein weiteres Grübeln darüber wird nichts nutzen. Wir müssen diesen Fehler nun »abhaken« und uns auf die eigenen Fähigkeiten besinnen. Die Fähigkeit im Cockpit Dinge »abhaken« zu können, ist für einen Piloten sehr wichtig. In der militärischen Pilotenausbildung werden die Flugschüler immer wieder bewusst in Stresssituationen dieser Art gebracht um zu lernen, wie man sich aus diesen wieder schnell befreit. Dies ist in der Privatpilotenausbildung nicht ganz so, aber man kann das selbst trainieren und diese Art der Fehlerbewältigung über den einen oder anderen Punkt hinweg.

Go/No Go-Entscheidungen

Eine weitere nützliche Entscheidungshilfe im Flugzeug können Go/No Go-Kriterien sein. Damit werden einfache Referenzpunkte oder »Trigger« für Entscheidungen festgelegt.
Beispiel:
Sie fliegen VFR nach Westen in 4500 ft MSL. Sie befinden sich unterhalb einer geschlossenen Wolkendecke. Im Verlauf des Fluges senken sich die Wolken immer weiter ab. Sie sind gezwungen immer tiefer zu gehen, um VFR zu bleiben. Die Sicht nach vorne verspricht keine positive Veränderung der Wetterlage. Im Gegenteil: Die Sicht scheint ebenfalls schlechter zu werden.

Besitzen Sie keine IFR-Berechtigung, sollten Sie langsam anfangen sich ein paar Gedanken zu machen. Wie sehen die Informationen und Optionen aus:

1. Sie können weiterfliegen und es probieren.
2. Sie können umkehren.
3. Sie können versuchen eine alternative Route zu fliegen.
4. Sie können eine Zwischenlandung auf einem Platz in der Nähe durchführen und nach Wetterverbesserung weiterfliegen.

Das Wetter in unserem Beispiel lässt keine alternative Route zu, vor uns und zur Seite sieht alles gleich schlecht aus. Es befindet sich auch kein Flugplatz in unmittelbarer Nähe. Damit scheiden die Optionen drei und vier schon einmal aus. Das macht die Entscheidung nun eigentlich einfach. Allerdings gibt es immer wieder Piloten die den Punkt für eine längst fällige Entscheidung überschreiten. Das führt dann unter Umständen in eine ausweglose Situation. Um diesen »Punkt« nicht zu überschreiten kann es nützlich sein, sich eine Grenze zu setzen, bei deren Erreichen eine zuvor festgelegte Handlung ausgeführt wird. In unserem Fall könnte das so aussehen:
Sie entscheiden sich, es zunächst weiter zu probieren. Der Wetterbericht war eigentlich gut genug für die geplante Route gewesen. Sie sind sich sicher, unter VFR-Bedingungen weiterfliegen zu können. Die Mindestsicherheitshöhe für das Gebiet in dem Sie sich gerade befinden liegt bei 2300 ft MSL. Sie setzen sich die folgenden Grenzen:

1. Sinkt die Wolkenuntergrenze noch weiter bis auf 3000 ft MSL kehre ich um! So kann ich sicher unter VFR-Bedingungen umdrehen und bin dabei problemlos in der Lage, die ganze Zeit über der Mindestsicherheitshöhe zu bleiben.

2. Ich fliege zunächst weiter. Angenommen Sie wären im Luftraum der Kategorie G unterwegs. Sie befinden sich im unkontrollierten Luftraum. Die gem. Luft VO vorgeschriebenen Mindest-Wetterbedingungen sind wie folgt:

> *Dauernde Erdsicht, Flugsicht 1,5 km, Wolken dürfen nicht berührt werden; Ausnahmen: Flüge von Drehflüglern, Luftschiff- und Ballonfahrten: dauernde Erdsicht und Flugsicht von 800 m, Wolken dürfen nicht berührt werden und ein rechtzeitiges Erkennen von Hindernissen muss möglich sein.*

Also Erdsicht und 1,5 km Sicht! Diese Werte sollten wir also auf keinen Fall unterschreiten! Den Verlust von Erdsicht können wir relativ einfach feststellen. Soweit sollten wir es aber nicht kommen lassen. 1,5 km Sicht lassen sich schon etwas schwerer bestimmen. Wie stelle ich das an? Annahme für unser Beispiel: Ihre Geschwindigkeit beträgt zur Zeit ca. 120 kt über Grund. Das bedeutet, Sie legen mit dieser Geschwindigkeit ca. 2 NM in der Minute zurück (einfach angewandte 60/1 Regel). Da 1 NM ungefähr 1,5 km entspricht, heißt das also: Wir legen die 1,5 km (die erforderliche Sicht) in ca. 30 Sekunden zurück.
Bevor Sie jetzt den Taschenrechner zücken und meinen, dass diese Werte ja nicht wirklich präzise sind – Sie haben Recht! Aber für unsere Zwecke reicht das vollkommen aus!

Suchen Sie sich nun einen Referenzpunkt am Boden in Richtung der Flugstrecke den Sie gerade noch klar erkennen können. Stoppen Sie nun die Zeit, die Sie brauchen bis Sie den Punkt erreichen. Brauchen Sie länger als 30 Sekunden, sind die Sichten noch gut genug und Sie können den Flug entlang der Route fortsetzen. Sind Sie früher über dem Punkt als nach 30 Sekunden, haben Sie nicht mehr die eigentlich erforderlichen Sichten für einen VFR-Flug. Spätestens jetzt ist es Zeit zum Umkehren! Und Sie sollten Ihre Entscheidung konservativ treffen.
Auch ist es ratsam diesen Check in regelmäßigen Abständen durchzuführen um einen Tendenz feststellen zu können, aber auch das gibt Ihnen noch keine Gewissheit über die Wetterlage auf der Route. Oder aber Sie legen Ihre Zeit selber fest.

Für unsere Go/No Go-Entscheidung legen wir nun z.B. fest:

Wenn die Wolkenuntergrenze auf 3000 ft MSL sinkt oder die Sicht auf unter 2 km geht, drehe ich um!

Diese Kriterien können dabei helfen, die nötige Entscheidung auch wirklich zu fällen und entsprechend zu handeln, anstatt immer weiter im Wetter herumzubohren. Diese Go/Go No-Entscheidungen können in allen möglichen Situationen genutzt werden. Sie orientieren sich nicht immer an dem, was gesetzlich vorgeschrieben ist. Vielmehr sollten Sie Ihre Go/No Go-Entscheidungen konservativer wählen. Dass wir sie nicht in die andere Richtung überschreiten wollen, sollte selbstverständlich sein.

Ein gutes Beispiel für Aeronautical Decision Making (ADM)

Beispiele für gutes ADM sind meistens unspektakulär. Denn in den meisten Fällen verhindern wir mit guten ADM eine potenziell gefährliche Situation, bevor sie überhaupt entsteht.
Flugzeugabstürze enden häufig mit mehreren Toten und Verletzten. Das ist für die Medien natürlich spektakulär, aber vermutlich ging diesem tragischen Ereignis (in 75–80% der Fälle) schlechtes ADM voraus. Viele Fallbeispiele (auch in diesem Buch) schildern immer wieder Unfälle, denen schlechte Entscheidungen vorausgingen. In CRM-Schulungen ist es gängige Praxis, Negativbeispiele zu analysieren, um zu verstehen, warum Menschen Fehler machen. Es ist aber ebenso sinnvoll, Fallbeispiele zu besprechen, in denen Menschen gute Entscheidungen getroffen haben. So kann man z.B. erkennen, an welcher Stelle eine sich aufbauende Fehlerkette unterbrochen wurde.

Leider sind Fallbeispiele dieser Art nicht leicht zu finden – und zwar gerade deswegen, weil gute ADM-Entscheidungen eben nicht in den 20:00 Uhr-Nachrichten landen. Aber es gibt auch Ausnahmen:

Am 15. Januar 2009 kam es auf dem Hudson River in New York zu einer der wohl spektakulärsten Notlandungen der jüngeren Luftfahrtgeschichte. Bis zu diesem Tag hatte ich mich immer gefragt, warum in den Notfallbroschüren an Bord von Airlinern immer so viel Wert auf Schwimmwesten und Rettungsinseln gelegt wird. Denn viele Experten gingen und gehen davon aus, dass wenn ein Flugzeug wirklich notwassern muss, die Überlebenschancen vergleichsweise gering sind – einfach aufgrund der auftretenden Verzögerungskräfte und Unberechenbarkeit einer solchen Wasserung. Bei den wenigen realen Notwasserung von Flugzeugen dieser Größe war die Erfolgsquote nicht gerade vielversprechend. Aber zurück zu unserer Geschichte.

Am 15. Januar 2009, um ca. 15:25 Eastern Standard-Zeit, hob der A320 mir dem Rufzeichen »Cactus 1549« von Startbahn 4 in La Guardia ab. Der 1. Offizier war »Pilot Flying«, Kapitän Sullenberger war als Überwacher eingeteilt (»Pilot Monitoring«). Sullenberger war ein sehr erfahrener Pilot auf dem A320. Sein 1. Offizier war gerade erst auf den Airbus umgeschult, aber ansonsten sehr erfahren (ca. 15.000 Stunden).

Um 15:27 Uhr erkannte Kapitän Sullenberger eine große Formation von Vögeln was er mit einem Ausruf »Birds« quitierte, unmittelbar danach ereignete sich in einer Höhe von 2818 ft multipler Vogelschlag, durch den beide Triebwerke ausfielen. Das Flugzeug befand sich zu diesem Zeitpunkt 4,5 NM vom Startbahnkopf der Landebahn 22 auf dem Flugplatz La Guardia entfernt. Acht Sekunden nach dem Vogelschlag begannen die Piloten mit dem Abarbeiten der Checkliste für den Triebwerksstart und dem Start der APU (Auxiliary Power Unit – diese stellt die Stromversorgung an Bord auch ohne Triebwerke sicher). Dieser Schritt, obwohl nicht Teil der Checkliste, war wohl der wichtigste Schlüssel zum Erfolg. Durch die laufende APU konnte das Flugzeug weiter mit Strom versorgt werden, was auch dazu führte, dass der Flugkontrollcomputer weiter in »Normal Law« blieb. Wäre dies nicht geschehen, wäre eine erfolgreiche Landung so gut wie unmöglich gewesen. Ca. zehn Sekunden nach dem Einschlag übernahm Kapitän Sullenberger die Kontrolle über das Flugzeug und erklärte eine Luftnotlage. Der 1. Offizier begann währenddessen mit der Durchführung der Notfallcheckliste für kompletten Triebwerksverlust. Allerdings wurde dazu eine Geschwindigkeit von 300 kt benötigt, die hatten sie nicht, und sie würden sie auch nicht erreichen können.

Um 15:28 fragte der Tower, ob Cactus 1549 umkehren und auf Landebahn 13 in La Guardia landen wolle. Zu diesem Zeitpunkt war Kapitän Sullenberger schon klar, dass sie es nicht zurück zum Flugplatz schaffen würden. Er teilte an dieser Stelle dem Controller mit, dass er das Flugzeug vielleicht im Hudson River notlanden müsste.

Der Controller bot Kapitän Sullenberger noch verschiedene Landebahnen in La Guardia an. Sullenberger zweifelte jedoch daran, dass er überhaupt noch irgendeine Landebahn in der Nähe erreichen könnte. Auch die Idee, kurzfristig nach Teterboro in New Jersey auszuweichen, wurde zwar durch den Controller ermöglicht und von Sullenberger knapp bestätigt. Er erkann-

te aber kurz darauf, dass auch Teterboro nicht erreicht werden konnte.
Um 15:29:11 gab der Kapitän der Kabine den Befehl »Brace for Impact«(Notfallpositionen für die Passagiere). Um 15:29:15 ertönte der Bodenannäherungswarner mit der Warnung »one thousand« (1000 ft). Um 15:29:21 gab der Controller dem Kapitän die Anweisung auf Kurs 280 in Richtung Teterboro zu drehen. Sullenberger antwortete nur knapp: »We can't do it!«. Jetzt war klar, dass es nur noch die Notwasserung im Fluss geben würde. Um 15:29:27 teilte Sullenberger dem Controller mit: »We're gonna be in the Hudson!«
Jetzt konzentrierte man sich im Cockpit ganz auf die Kontrolle des Flugzeugs. Um 15:29:44 wurden die Landeklappen auf Stellung 2 (Klappen 15°, Slats 22°) ausgefahren. Der 1. Offizier versuchte währenddessen kontinuierlich eines der beiden Triebwerke wieder zu starten, was ihm allerdings nicht gelang. Um 15:30:17 fragte Sullenberger seinen 1. Offizier, ob er noch irgendeine Idee zur Situation hätte, was dieser verneinte. Um 15:30:43 setzte Sullenberger den Airbus A320 auf dem Hudson River auf.
Bei der Notwasserung wurden fünf Menschen ernsthaft verletzt, aber alle 155 Passagiere und Crewmitglieder überlebten die Landung.

Zusätzliche Informationen:
Der Airbus A320 ist für Notwasserungen gemäß 14 CFR Part 25 zertifiziert. Auf Deutsch bedeutet das, dieses Flugzeug wurde so gebaut, dass eine Notwasserung möglich ist, ohne dass dadurch unmittelbare Verletzungen für die Passagiere entstehen, oder diese das Flugzeug nach der Notwasserung nicht verlassen können. Auch muss für diese Zertifizierung das Verhalten des Flugzeuges beim Notwassern im Modell getestet werden.
Das Flugzeug muss weiterhin so lange auf dem Wasser schwimmen können, dass alle Passagiere das Flugzeug sicher verlassen können. Die Zeit dafür liegt bei ca. sieben Minuten und 15 Sekunden.
Bei der nachträglichen Untersuchung der Flugdaten des notgewasserten A320 wurden folgende Parameter festgestellt:

Masse des Flugzeugs:	151.017 lb (Pfund)
Anstellwinkel:	9.5°
Geschwindigkeit:	125 kt
Gleitwinkel:	-3.5°
Sinkgeschwindigkeit:	12,5 ft/sec = 750ft/min

Diese Daten lagen zum Teil um ein Vielfaches über den empfohlenen Testwerten. Gerade beim Gleitwinkel und der Sinkrate sollten die Werte sehr viel niedriger sein. Allerdings sehen die Testszenarien auch zwei funktionierende Triebwerke vor.
Im abschließenden Untersuchungsbericht wurde auch die Entscheidung Kapitän Sullenbergers, auf dem Hudson zu landen, analysiert. Die NTSB kam zu dem Schluss, dass eine Landung zurück in La Guardia nur möglich gewesen wäre (Simulator-Test), wenn das Flugzeug nach dem Vogelschlag sofort umgedreht wäre. Das entspricht aber keinesfalls einer »Reallife«-Entschei-

dung, bei der Zeitdruck und Überraschung vorherrschen und die Situation zunächst analysiert werden muss. Auch hätte das Flugzeug dazu die Insel Manhattan überqueren müssen. Das hätte eine Menge Menschen unnötig in Gefahr gebracht. Die NTSB kam zu dem Schluss, dass die Entscheidung im Hudson River zu landen für die Besatzung und die Passagiere die besten Überlebenschancen barg.
Trotz der erfolgreichen Landung war bei Weitem nicht alles perfekt gelaufen. Kapitän Sullenberger versuchte während des Anfluges zur Notwasserung eine bestimmte Geschwindigkeit einzuhalten, um für das Abfangen über dem Wasser noch Reserven zu haben. Das führte allerdings dazu, dass er das Flugzeug mit hohem Anstellwinkel flog. Dies führte dann zu Schwierigkeiten beim letzlichen Abfangen des Flugzeugs und resultierte in dem relativ hohen Sinkwinkel und der hohe Sinkrate.
Für den Inhalt dieses Kapitels von Bedeutung ist die Frage nach der Entscheidung Sullenbergers, ein Flugzeug mit 155 Menschen an Bord im Hudson River notzulanden. Anhand des ersten Teils des FOR-DEC-Modells möchte ich kurz veranschaulichen, dass es eigentlich keine andere Option gab:

Fakten
- Beide Triebwerke ausgefallen
- Geringe Flughöhe und Geschwindigkeit
- Schweres Flugzeug
- Flugplätze vermutlich außer Reichweite

Optionen
- Umkehren nach La Guardia
- Anderer Flugplatz
- Landung auf dem Hudson

Risiken
- Umkehr/Wir schaffen es vielleicht nicht
- Umkehr/Manhattan überfliegen/Fliegen über stark bewohntem Gebiet
- Notwasserung – Erfolgschancen
- Nötige Flugparameter
- Landung auf dem Wasser ohne Triebwerke
- Landung auf dem Wasser noch nie trainiert

Entscheidung:
In Anbetracht der Fakten und Situation erscheint die Landung auf dem Hudson die logische Konsequenz zu sein. Der Erfolg einer Umkehr wird stark angezweifelt (womit Sullenberger auch Recht hatte), eine Bruchlandung auf dem Festland über stark bewohntem Gebiet würde vermutlich noch mehr Todesopfer fordern. Daher bleibt eigentlich nur die Landung auf dem Fluss. Zumindest würden sich die Opfer dann auf die Menschen im Airbus beschränken. Die Tatsache, dass er für eine Notwasserung nicht ausgebildet wurde, ist ein beitragender Faktor, aber es erscheint ihm durchaus möglich. Das Flugzeug ist dafür konstruiert. Aus den oben genannten Optionen ist es also rational betrachtet die einzig sinnvolle. Trotzdem war es bestimmt keine leichte Entscheidung.

Doch von elementarer Wichtigkeit ist eben, dass überhaupt eine Entscheidung getroffen wurde. Hätten sich die beiden Piloten einfach ihrem Schicksal in dieser so ausweglos scheinenden Situation ergeben, wären die 155 Menschen heute tot. Wie weit sie mit einer vermeintlich falschen Entscheidung (Umkehren) gekommen wären, können wir nicht mit Sicherheit sagen. Doch feststeht, dass selbst in dieser Situation eine falsche Entscheidung besser gewesen wäre als gar keine.

Auch zeigt dieses Beispiel, dass die Anwendung eines Entscheidungsfindungsmodells wie FOR-DEC nicht immer sehr viel Zeit in Anspruch nehmen muss. Auch wenn Kapitän Sullenberger vielleicht bewusst kein FOR-DEC-Modell angewandt hat, bin ich davon überzeugt, dass er die oben genannten Überlegungen in ähnlicher Art und Weise durchgespielt hat. Dafür brauchte er nicht viel Zeit. Die hatte er auch nicht zur Verfügung. Vom Vogelschlag bis zur Landung auf dem Hudson vergingen gerade mal drei Minuten und 30 Sekunden. Die Zeit bis zur endgültigen Entscheidung, auf dem Fluss zu landen fand (in Bezug auf die Cockpitkommunikation) nach zwei Minuten, 30 Sekunden statt.

Eine respektable Portion Glück gehört natürlich an so einem Tag auch immer dazu. Hätte z.B. das Wetter einen Anflug nach Sicht nicht zuglassen oder hätte starker Nebel oder Wind geherrscht, wären die Chancen bestimmt nicht so gut gewesen.

Ein letzter Gedanke zu Aeronautical Decision Making

Die Fähigkeit zu gutem Urteilsvermögen und Entscheidungsfindung ist sehr eng mit dem individuellen Charakter verknüpft. Es hängt davon ab wie gut vorbereitet und wie erfahren wir sind. Ein Pilot kann ADM erlernen und sollte danach streben, sich auf diesem Gebiet ständig zu verbessern.

Sie sollten sich nach jedem Flug fragen, ob alle Entscheidungen des letzten Fluges korrekt getroffen wurden. Mussten wichtige Entscheidungen getroffen werden, fragen Sie sich, ob Sie alle nötigen Informationen zur Verfügung hatten, und wenn nicht, warum nicht. Was hätten Sie sonst anders gemacht?

Denken sie daran, dass dieser Lernprozess eine große Portion Selbstkritik und Disziplin erfordert. Am Ende ist unser Urteilsvermögen nämlich nur so gut, wie wir selbst es möchten.

Kapitel 7

Risiko-management

»Wenn du die absolute Sicherheit suchst, dann tust du gut daran, dich auf einen Zaun zu setzen und die Vögel zu beobachten«

- Wilbur Wright, 1900 -

Risiko ist ein ständiger Begleiter unseres täglichen Lebens. Das Leben mit dem Risiko hat für manche Menschen sogar einen nicht zu unterschätzenden Reiz. Für den Piloten hat der Begriff Risiko viele Facetten. In den Anfängen der Fliegerei barg die noch junge Technologie viele Risiken, ganz einfach, weil das Meiste noch nicht technisch ausgereift war. Risiko gehörte zur Entwicklung der Fliegerei einfach dazu. In der heutigen Zeit haben wir die Technik zum größten Teil im Griff. Nahezu alle Flugzeuge, mit denen wir fliegen, sind technisch ausgereift und sicher. Trotzdem ist Flugbetrieb ohne ein gewisses Maß an Risiko nicht durchführbar. Der Fokus richtet sich allerdings in der modernen Fliegerei nicht mehr auf die Maschine als Hauptrisikoquelle, sondern vielmehr auf den Menschen. Zahlreiche Unfallberichte sind täglich Beweis dafür, dass der Mensch den Umgang mit Risiko nicht immer beherrscht. Dieses Kapitel soll dabei helfen, Risiken zu definieren, Risikofaktoren zu identifizieren und Strategien bereitstellen, mit denen Risiken erkannt und gemindert werden können.
Wir haben im Kapitel Human Error viel über die menschlichen Verhaltensweisen gelernt. Der Mensch ist keine perfekte Konstruktion. Der Schlüssel zu sicherem Handeln liegt in der gründlichen Vorbereitung auf mögliche Risiken. Je mehr ich über das zu erwartende Risiko weiß, desto besser kann ich im Vorfeld versuchen dieses Risiko zu mindern oder sogar zu eliminieren.
In den allgemein bekannten Risikomanagementstrategien nimmt die Organisation immer wieder eine Schlüsselposition innerhalb eines Risikomanagementprozesses ein. Es heißt, eine Organisation hat nur die Unfälle (oder ist nur so sicher), wie das Management es erlaubt.
Der Privatpilot gehört zwar oftmals einer Organisation an (Verein oder Aeroclub), jedoch unterliegt diese in der Regel nicht den strengen operationellen Richtlinien einer Airline oder den Regeln der Flugbetriebshandbücher bei der Bundeswehr. Der Privatpilot ist mehr oder weniger für die Bewertung seines individuellen Risikos alleine verantwortlich. Aus diesem Grund werden wir uns in diesem Kapitel der persönlichen Risikoeinschätzung widmen.

Definition von Risiko

In unserem täglichen Leben ist Risiko ständig präsent. Nur sind wir uns einer potenziellen Gefahr gar nicht immer bewusst. Was bedeutet eigentlich der Begriff »Risiko«? Für diesen Begriff gibt es verschiedene Definitionen – hier eine kleine Auwahl:

- Ein Risiko ist eine nach Häufigkeit (Eintrittserwartung) und Auswirkung bewertete Bedrohung eines zielorientierten Systems. Das Risiko betrachtet dabei stets die negative, unerwünschte und ungeplante Abweichung von System-Zielen und deren Folgen (Königs, 2006, S. 9).
- Das Wort Risiko leitet sich aus dem Spanischen [risgo] bzw. dem Italienischen [risico] ab, und bedeutet »Klippe«, d.h. es kennzeichnet eine Gefahr für die Seefahrer (Callies 1991, S. 38).
- Risiko ist ein schwer fassbarer Begriff, der von Investoren mit der Wahrscheinlichkeit von Enttäuschung in Verbindung gebracht wird, erwartete Gewinne nicht zu erzielen (vgl. Malkiel, 2000, S. 201).

- Von Risiko spricht man, wenn die Folgen ungewiss sind. Ein sicherer Verlust ist kein Risiko. Der Begriff Risiko leitet sich vom Lateinischen her und bedeutet eigentlich »die Klippe, die zu umschiffen ist« (Stöckel & Walters, 2002, S. 202).

Der Begriff **Risiko** wird also in verschiedenen wissenschaftlichen Disziplinen unterschiedlich definiert. Allen Disziplinen gemeinsam ist jedoch die Definition des Risikos als die Beschreibung eines Ereignisses mit der Möglichkeit negativer Auswirkungen. Im Bereich des Business-Risikomanagement wird dagegen heute auch immer häufiger das Eintreten eines positiven Risikos, einer »Chance«, betrachtet. Für unsere Zwecke werden wir uns jedoch eher mit den negativen Aspekten von Risiko befassen.
Jeden Tag sehen wir Menschen, die mehr oder weniger viel riskieren für ein uns unbekanntes Ziel. Beispiel Straßenverkehr: Sie fahren auf der Autobahn und überholen in einer 120 km/h-Zone gerade ein anderes Fahrzeug. Sie fahren 120 km/h. Sie sehen hinter sich im Rückspiegel einen Wagen mit relativ hoher Geschwindigkeit auf Sie zukommen. Der Fahrer betätigt sogar die Lichthupe und überholt Sie anschließend mit sehr hoher Geschwindigkeit. Der Fahrer des überholenden Autos geht hier in diesem – leider sehr häufig zu sehenden – Beispiel das Risiko ein, geblitzt zu werden. Unter Umständen ist der Führerschein dann erst einmal weg. Im schlimmsten Fall riskiert er, einen Unfall zu verursachen, bei dem vermutlich Menschen verletzt werden oder gar sterben. Doch warum riskiert der Fahrer so etwas? Vielleicht hat sich der Fahrer des Fahrzeugs sehr wohl Gedanken darüber gemacht, warum er hier die vorgeschriebene Höchstgeschwindigkeit überschritt. Doch vermutlich eher nicht – hätte er in aller Konsequenz die möglichen Szenarien vor Augen, wäre sein Verhalten schlichtweg dumm. Und genau hier ist eines der Probleme, das wir angehen wollen – sich eines Risikos bewusst zu sein und es möglichst zu vermeiden. Wir managen jeden Tag unser eigenes Risiko! Mehr oder weniger bewusst. Dabei sind für uns die folgenden Dinge ausschlaggebend:

- Eintrittswahrscheinlichkeit des schlechten Ereignisses
- Schweregrad des schlechten Ereignisses bei Eintreten
- Kosten-/Nutzenfaktor des Ereignisses

Wir führen diese Schritte meist mehr oder weniger unbewusst durch. Dabei gehen wir weder besonders strukturiert, noch analytisch vor. Wir wissen, dass wir ein gewisses Maß an Risiko nicht ausschließen können. Als Ergebnis akzeptieren wir dann ein gewisses Risiko. Nur leider ist dieses Risiko nicht immer vollständig zu managen oder zu kontrollieren. Nur allzu oft lassen wir uns zusätzlich von Emotionen oder externen Motiven leiten, die unsere Sicht der Dinge verschleiern und uns (rückwirkend betrachtet) falsche Entscheidungen treffen lassen.

Im Juni 2012 wollte der Freediver Harald Nitsch vor der griechischen Insel Santorin einen neuen Rekord im Apnoetauchen (Tauchen ohne Atemgerät) aufstellen. Er war zu diesem Zeitpunkt der erfolgreichste sog. Freediver aller Zeiten mit 31 Rekorden in den verschiedensten Kategorien. Er plante an diesem Tag seinen eigenen Rekord von 214 Meter auf 244 Meter Tiefe zu verbessern. Nachdem er mit seinem selbstkonstruierten Schlitten auf 249,5 Meter getaucht war, verlor er beim Wiederaufstieg in ca. 100 Meter Tiefe plötzlich das Bewusstsein. Dadurch war er nicht in der Lage, den automatisch aufsteigenden Schlitten wie vorgesehen zu verlassen. Es war eigent-

lich geplant, dass Nitsch den Schlitten bei 80 Meter Tiefe selbstständig verlassen und dann langsam auf zehn Meter Tiefe auftauchen sollte, um dort den lebenswichtigen Dekompressionsstopp (ca. eine Minute) einzulegen. Der Schlitten stieg jedoch ungebremst mit dem bewusstlosen Nitsch auf zehn Meter Tiefe, wo er durch Taucher geborgen und an die Oberfläche gebracht wurde. Auch ein sofortiger erneuter Tauchgang zurück auf zehn Meter Tiefe mit Sauerstoff konnte die schweren Folgen des zu schnellen Auftauchens nicht mehr verhindern. Wieder an Bord des Begleitschiffes ging es Nitsch immer schlechter und er wurde umgehend mit dem Hubschrauber in ein Athener Krankenhaus gebracht.
Harald Nitsch leidet seitdem unter Symptomen, die mit denen eines Schlaganfallpatienten vergleichbar sind. Darunter neurologische Störungen, Wortfindungsstörungen und Gedächtnisausfälle.
Hauptberuflich war Harald Nitsch vor dem Unfall Pilot bei einer Fluglinie.

Zugegeben ist dieses Beispiel extrem. Für den außenstehenden Betrachter stellt sich schon die Frage, warum man sich freiwillig so einem hohen Risiko aussetzen sollte. Für Ruhm oder Geld? Oder einfach nur für die innere Befriedigung?
Es bleibt festzuhalten, dass dieses Unterfangen kein »Himmelfahrtsunternehmen« war. Der Rekordversuch war bis auf die Sekunde ausgeplant, die Art der Tauchtechnik ist allgemein anerkannt und es wurden alle erdenklichen Sicherheitsmaßnahmen getroffen. Harald Nitsch war physiologisch ohne Zweifel in der Lage, diesen Rekord aufzustellen: Der Tauchgang sollte 4:30 Minuten dauern, Herbert Nitsch war indes ohne Weiteres in der Lage, über neun Minuten lang die Luft anzuhalten! Für Harald Nitsch war dieser Versuch sogar nur ein Schritt auf dem Weg zum eigentlichen Ziel: 1000 Fuß Tiefe zu erreichen! Er war dafür sogar bereit, ein geplatztes Trommelfell zu riskieren.
Harald Nitsch ist Extremsportler, er lebt dieses Leben bewusst. Aber er ist kein leichtsinniger Abenteurer. Er ist ein gefragter Redner für Risikomanagement-Seminare. Er wusste genau worauf er sich einlässt. Durch sein Training und sein systematisches Vorgehen hat er seinen Sport bis heute viel sicherer gemacht.

> *»Im Freediving wirst du nicht besser, wenn du deppeter bist, sondern wenn du gescheiter bist«*
> *- Harald Nitsch -*

Sie dürfen »Im Freediving« gerne mit »In der Fliegerei« ersetzen – das Prinzip bleibt das gleiche! Nitsch sagte nach dem Unfall: »Hätte ich geahnt dass es so ausgeht, hätte ich es nie gemacht.« Warum kam es also dennoch zu diesem Unfall?
Im Vorfeld des Versuches gab es mehrere organisatorische Probleme. Nitsch selbst musste die verschiedensten Probleme zum großen Teil allein lösen. Er hat kein Management. Auch der Bau eines eigenen Schlittens war eigentlich nicht geplant, doch die beauftragte Firma sprang vorher ab. Dazu kamen Berge von Papierkram und Planungsarbeit. Er selbst sagt, dass er in den Wochen zuvor nicht mehr als durchschnittlich vier Stunden Schlaf bekommen hat. Alle diese Faktoren sind seiner Ansicht nach Gründe dafür, warum er in 100 Meter Tiefe das Bewusstsein verlor.
Dieses Beispiel ist in vielerlei Hinsicht interessant und man kann durchaus Rückschlüsse auf die Fliegerei ziehen. Zum einen, weil es zeigt, dass die Einschätzung von Risiko etwas sehr Indi-

viduelles ist. Zum anderen, weil einmal mehr klar wird, dass das schwächste Glied in der Kette doch wieder der Mensch ist. Sogar derjenige, der perfekt vorbereitet scheint. Und es zeigt, dass auch derjenige, der sich mit der Thematik von Risiko intensiv auseinander gesetzt hat, externem Druck und Reizen erliegen kann.
Wir managen unser Risiko leider nicht immer korrekt. Um nicht letztendlich einen zu hohen Preis dafür zu bezahlen, ist es wichtig zu lernen, wie wir mit Risiko umgehen können und die Fallen und Stricke erkennen. Der Weg dazu führt über ein strukturiertes Risikomanagement und Risikoanalyse – die Bewertung unseres individuellen Risikos.

Ziel von Risikomanagement (RM) für Privatpiloten

Für den Piloten ist das Ziel von Risikomanagement die effektive Erfüllung der Mission (des Fluges) bei gleichzeitiger Reduzierung der potenziellen Risiken. Es ist nicht das Ziel, Risiko völlig auszuschließen sondern vielmehr sollen Gefahrenpotenziale erkannt und an den Flug angepasst werden. Das kann dazu führen, dass Risiken reduziert, eliminiert oder akzeptiert werden können.

Close Formation – für Militärpiloten eine Übung mit geringem Restrisiko, wenn man es erst mal gelernt hat.

Ein strukturiertes Risikomanagement-Werkzeug soll dabei helfen, Risiken zu identifizieren, zu bewerten und als eine Entscheidungshilfe zu dienen. Am einfachsten wird das, wenn RM in den täglichen Routineablauf (z.B. die Flugvorbereitung) integriert wird. Für viele von uns ist RM nicht unbedingt ein neuer Gedanke. Für den einen oder anderen hört sich das ganz nach gesundem Menschenverstand an. Aber RM geht einen kleinen Schritt weiter. Wenn der gesunde Menschenverstand immer die richtige Lösung wäre, hätten wir dann nicht weniger Unfälle?
RM für Privatpiloten ist kein Hexenwerk. Die größte Herausforderung dabei ist, sich darauf einzulassen. Es erfordert innere Überzeugung und Disziplin.

Verschiedene Arten von Risiko
Bevor wir uns näher mit dem RM-Prozess beschäftigen, wollen wir uns zunächst einmal mit den verschiedenen Arten von Risiko näher vertraut machen. Welche verschiedenen Arten von Risiken gibt es und was ist für mich als Privatpilot hinterher am wichtigsten.

Totales Risiko
Ist die Summe des identifizierten und nicht identifizierten Risikos. Idealerweise sollte das identifizierte Risiko den größeren Anteil der beiden aufweisen.

Identifiziertes Risiko
Ist das Risiko, dessen Existenz mittels analytischer Werkzeuge festgestellt wurde. Die Zeit für die analytischen Bemühungen, die Qualität des Risikomanagement-Programms und der Stand der Technik wirken sich unmittelbar auf die Höhe des identifizierten Risikos aus.

Unakzeptables Risiko
Ist der Teil der identifizierten Risiken, die nicht toleriert werden können und beseitigt oder kontrolliert werden müssen. Wenn dieses nicht gewährleistet werden kann, sollte der Flug nicht angetreten werden.

Unidentifiziertes Risiko
Ist Risiko, das noch nicht identifiziert worden ist. Einige Risiken sind nicht erkenn- oder messbar, sie sind aber leider nicht weniger wichtig. Unfall- und Zwischenfalluntersuchungen können bisher unbekannte Risiken aufdecken.

Restrisiko
Ist der Teil des Gesamtrisikos, der nach dem Einsatz von Kontrollmechanismen verbleibt. Das Restrisiko setzt sich aus akzeptablem und nicht identifiziertem Risiko zusammen. Wir wissen bereits, dass es in der Fliegerei immer ein gewisses Restrisiko geben wird.

Akzeptables Risiko
Der Teil der identifizierten Risiken, die nach angewandten Kontrollmechanismen fortbestehen werden. Das Risiko kann als akzeptabel eingestuft werden, wenn zusätzliche Anstrengungen zur weiteren Reduzierung des Risikos den Erfolg des Fluges behindern, oder der Aufwand den Erfolg nicht mehr rechtfertigen würde.

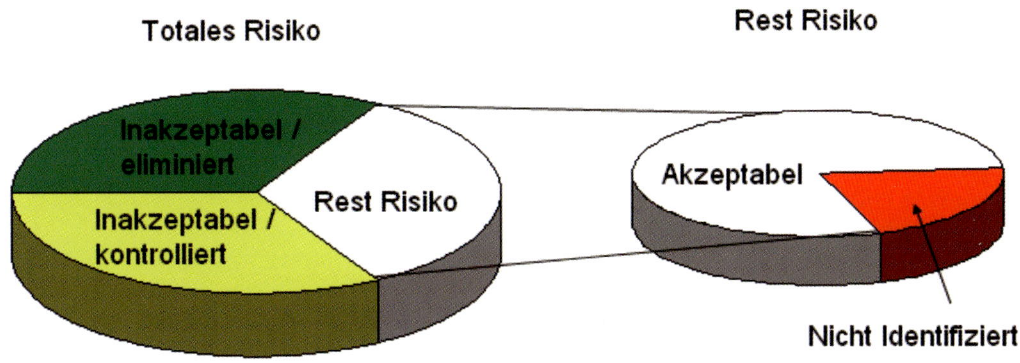

Definition der verschiedenen Risiken anhand eines Schaubildes.

Akzeptanz des eigenen Risikos

Die grundsätzliche Frage eines Risikomanagement-Prozesses ist:

»Wie viel Risiko möchte ich nach Bewertung der mir bekannten Faktoren akzeptieren?«

Die Beantwortung dieser Frage erfordert eine klare Vorstellung dessen, was von mir als »unnötiges Risiko« (d.h. wenn der Preis die tatsächlichen Vorteile überwiegt), verstanden wird. Akzeptieren von Risiko ist eine Funktion sowohl der Risikobewertung, als auch des Risikomanagements. Risiko-Akzeptanz ist allerdings nicht so einfach wie es zunächst erscheinen mag. Mehrere Punkte müssen hierbei beachtet werden:

- Ein gewisses Maß an Risiko ist Realität.
- Risikomanagement ist ein Prozess der Kompromisse.
- Das Risiko ist eine Frage der persönlichen Perspektive.

Realistisch gesehen muss ein gewisses Risiko akzeptiert werden. Wie viel akzeptiert oder nicht akzeptiert wird, das entscheiden Sie als Pilot selbst. Trotzdem sollte ein Grundsatz zur Entscheidungsfindung in Ihrem persönlichen Regelbuch ganz oben stehen:

»Akzeptiere kein unnötiges Risiko!«

Das Befolgen dieser Leitlinie fällt natürlich nicht immer leicht. Jeder Mensch geht mit Gefahren und Risiken auf eine andere Weise um.

Risiko und Nutzen

Die Fragen, die sich bei der Bewertung eines Risikos am Ende stellen sind:

> »Was habe ich hinterher davon?«
> »Lohnt sich das für mich?«
> »Was ist der Nutzen?«

Risiko hat immer einen gewissen Nutzen. Sonst würden wir das Risiko ja erst gar nicht eingehen. Je höher das Risiko ist, umso größer ist der vermeintliche »Gewinn«. Der vermeintliche Gewinn jedoch ist eng verbunden mit einem hohen Preis, einem erhöhten Risikoi. Wir müssen also einen Kompromiss finden.
Der Schlüssel zu einem effektiven Risikomanagement ist das Erreichen einer risikoneutralen Zone – dem Kompromiss.
Für den Piloten bedeutet das: Sein subjektives Risikoempfinden deckt sich mit den Bedürfnissen des Fluges. Ein Schaubild soll dies verdeutlichen.

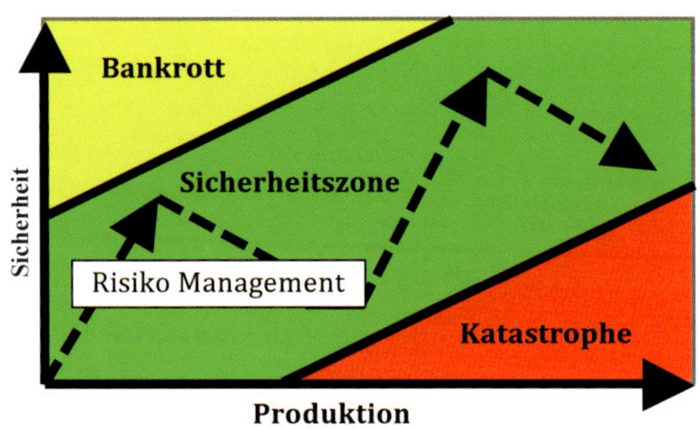

Risikomanagement im Schaubild – Sicherheit vs. Effizienz.

Suche ich die absolute Sicherheit, gehe ich kein Risiko ein. Das geplante Ziel des Fluges ist dadurch aber nicht zu erreichen. Gehen wir gar kein Risiko ein, dann würden wir überhaupt nicht fliegen gehen, denn dies ist per se ein hohes Risiko. Gehen wir ein zu hohes Risiko ein, nehmen wir die vielleicht eintretende Katastrophe in Kauf. Dabei schätzen wir aber den Nutzen so hoch ein, dass dieses hohe Risiko akzeptiert wird. Auch in der Annahme, dass dieser Fall sowieso nicht eintritt.
Der Mensch verfällt dabei leicht in Extreme. Zum einen akzeptieren wir Risiken überproportional (»no risk, no fun«-Einstellung), andererseits neigen wir manchmal dazu, Risiken überproportional zu vermeiden (»no risk«). Beide Verhaltensweisen führen nicht zum Erfolg.
Das Dilemma, in dem sich z.B. Fluglinien befinden, ist Folgendes: Sicherheit kostet Geld. Solange genug Geld verdient wird, ist man gerne bereit auch in Sicherheit zu investieren. Nehmen die Gewinne ab, muss man überlegen, wo Gelder gespart werden können. Das können sowohl Personal als auch Ressourcen sein. Wenn weniger Personal die gleiche Arbeit verrichten muss, erhöht sich das Potenzial für Fehler. Verringern sich meine Ressourcen (z.B. höhere Kosten durch Flugbenzin), gehe ich eventuell höhere Risiken ein, um geplante Ziele trotzdem zu erreichen.
Wir müssen also einen Mittelweg finden, die Gefahrenpotenziale erkennen, sie bewerten und managen, um so den besten Kompromiss aus Sicherheit und Effizienz zu erreichen. In der Realität verläuft dieser Kompromiss nicht immer zentral. Je nach Situation nähern wir uns mehr der sicheren oder der riskanten Seite an.

Sind wir »zu sicher« und erreichen unsere Ziele nicht, werden wir dazu tendieren, zukünftig mehr Risiken einzugehen, um die Effektivität zu steigern. Sind wir der Katastrophe knapp entgangen (oder hatten sogar einen Unfall), werden wir zukünftig mehr in die Sicherheit investieren. Wir bewegen uns innerhalb dieser Sicherheitszone ständig von einer Seite zur anderen. Die Kunst ist es, keine der beiden Grenzen jemals zu überschreiten.

Subjektive Einschätzung von Risiko

Leider hat der Mensch mit dem Einschätzen von Risiken so seine Probleme. Häufig werden wir in unserem Risikoempfinden nämlich durch externe Einflüsse beeinflusst. Diese können dazu führen, dass Risiken falsch eingeschätzt werden, sie entweder über- oder unterschätzt werden. Diese Einflussfaktoren können verschiedenster Herkunft sein.

Im Allgemeinen werden Risiken häufig dann **unterschätzt** wenn:

- Ereignisse häufig eintreten, aber der Schweregrad der Ereignisse nur gering ist. Es handelt sich nicht um eine Katastrophe.
- Risiken weit in der Vergangenheit liegen, oder weit entfernt eintreten können.
- Risiken mit Erfahrungen oder wissenschaftlichen Erkenntnissen vorliegen. Diese erscheinen dann kontrollierbar.
- Risiken langweilig oder unspektakulär sind.
- Risiken freiwillig eingegangen werden.
- Der Nutzen das Risiko überwiegt.
- Der Mensch das Gefühl der Beherrschbarkeit des Risikos hat (abhängig davon, ob das auch wirklich der Fall ist.)
- Schäden reversibel sind.

Im Gegensatz dazu werden Risiken häufig **überschätzt** wenn:

- Ereignisse selten eintreffen, aber Katastrophenpotenzial besitzen.
- Risiken erst kürzlich oder in der Nähe eingetreten sind.
- Unbekannte Risiken vorliegen.
- Risiken erhebliche Medienrelevanz haben.
- Der Mensch Risiken unfreiwillig ausgesetzt wird.
- Risiken ohne erkennbaren Nutzen eingegangen werden.
- Das Gefühl besteht Risiken nicht kontrollieren zu können, oder Ereignisse nicht beeinflussen zu können.
- Durch das Risiko irreversible Schäden entstehen können.

Wir haben uns vermutlich alle schon einmal von einigen dieser Faktoren in unserem subjektiven Risikoempfinden beeinflussen lassen. Das ist ganz normal. Die Kunst besteht darin, ein Ereignis

oder Risiko immer noch einmal aus einer neutralen Perspektive zu betrachten, um den Gefühlen und Emotionen zu widerstehen. Das ist nicht immer ganz leicht. Für die Liste oben habe ich meine eigene Interpretation. Für mich stehen die unterschätzten Risiken im Vordergrund. Diese haben für mich die schwersten Auswirkungen, sollte ich einmal falsch liegen.
Überschätzte Risiken sind im Gegensatz dazu für uns, in unserer Rolle als Single Pilot, nicht hinderlich. Wenn nämlich Überschätzen von Risiko bedeutet, dass ich in dessen Folge eine sichere Entscheidung treffe (und vielleicht einen Flug nicht antrete), kann ich auf jeden Fall damit leben. In der Fliegerei ist die konservative, sichere Entscheidung, stets die Bessere. Auch wenn sich hinterher herausstellt, dass man vielleicht doch hätte fliegen gehen können.

Verschiedene Arten von Risikomanagement

Der Risikomanagement-Prozess arbeitet auf unterschiedlichen Ebenen. Zwar wäre es vorzuziehen, eine vertiefte Anwendung von Risikomanagement für jeden Vorgang oder jede Aufgabe durchzuführen, aber oft stehen Zeit und Mittel nicht immer im ausreichenden Maß zur Verfügung.

Zeitkritisches Risikomanagement
Zeitkritisches Risikomanagement ist eine rasche Überprüfung der Situation mit dem Basis-Risikomanagement-Prozess, ohne unbedingt alle Informationen aufzuzeichnen. Dieser zeitkritische Prozess des Risikomanagements wird von Personen eingesetzt werden, die Risiko während der Entscheidungsfindung in einer zeitlich komprimierten Situation berücksichtigen müssen. Diese Art von Risikomanagement wird z.B. während der Planung und Ausführung von Trainings oder eines Fluges verwendet.
Dies ist der Bereich, in dem wir uns als Privatpiloten vermutlich am häufigsten mit RM befassen werden. In dieser kurzen Form ist er am leichtesten in die normale Flugplanung zu integrieren. Ziel sollte es sein, dass der RM-Prozess fester Bestandteil der Flugvorbereitung ist und als selbstverständlich angenommen wird. In der professionellen Fliegerei nennt man diese Art von Risikomanagement **ORM – Operational Risk Management**.
Darunter versteht man einen strukturierten aber verkürzten RM-Prozess, mit dem Risiken schnell und effektiv erfasst werden können. So können sie direkt in die Flugplanung einfließen. Dazu benutzt man häufig Risikoanalyseblätter in Form von Checklisten. Wir werden am Ende dieses Kapitels ein Beispiel für diese Checklisten behandeln. Sie können diese dann problemlos an Ihre eigenen Bedürfnisse anpassen.

Bewusstes Risikomanagement
Bewusstes Risikomanagement ist die Anwendung des gesamten RM-Prozesses. Es nutzt in erster Linie Erfahrung und Brainstorming, um Risiken oder Gefahren zu identifizieren und Kontrollen zu entwickeln. Es ist daher am effektivsten, wenn es in einer Gruppe mit Experten durchge-

führt wird. Beispiele für gezielte Anwendungen umfassen u.a. die Planung von bevorstehenden Operationen, Überprüfung von Standardverfahren, Wartung, Schulung oder Katastrophenhilfe.

Strategisches Risikomanagement
Strategisches Risikomanagement ist vergleichbar mit der Anwendung von bewusstem Risikomanagement. Jedoch wird in diesem Fall die Gefahrenerkennung und Risikobewertung weitaus intensiver betrieben. So werden hier in der Regel Expertengremien eingesetzt, die anhand von Analyse-Tools, formalen Tests und Auswertung von zur Verfügung stehenden Daten oder Langzeitstudien die Risiken im System untersuchen. Für den Privatpiloten ist es eher nicht das geeignete Instrument zur Identifikation von Risiken, darum soll hier nicht weiter darauf eingegangen werden.

Pilot und Risiko

Jeder Privatpilot ist persönlich für sein eigenes Risiko verantwortlich. Risiken werden dabei individuell differenziert gesehen und bewertet. Was dem einen Piloten zu risikoreich ist, mag für einen anderen ein Routinemanöver sein, das er im Schlaf beherrscht. Wenn beide es individuell zutreffend eingeschätzt haben, haben beide Recht.
Der Mensch hat verschiedene Fähigkeiten bei der individuellen Entscheidungsfindung. Einige dieser Fähigkeiten sind dabei bei Entscheidungsprozessen sehr hilfreich, andere dagegen behindern gute Entscheidungen regelrecht.
Zu den positiven Eigenschaften zählen z.B.:

- Kreativität
- Innovation
- Flexibilität

Diese Eigenschaften haben das Potenzial, Risiken zu reduzieren. Kreativität und Innovation können neue Lösungsansätze oder Ideen produzieren, um Dinge z.B. effizienter zu gestalten. Flexibilität war schon immer eine Tugend, die in der Fliegerei vonnöten war, um die »Mission« zu erfüllen.

> *»Flexibility is the key to airpower!«*
> *(unbekannter General, USAF)*

Jeder Mensch besitzt diese Fähigkeiten. Je nach Individuum sind sie mehr oder weniger ausgeprägt. Das Problem ist jedoch, dass wir, wenn wir diese Fähigkeiten nutzen wollen, sehr viel mehr Ressourcen aufwenden müssten, als wir das für Routinehandlungen tun würden (siehe Ressourcenschonung im Kapitel Human Error).
Auf der anderen Seite stehen dem Eigenschaften gegenüber, die gutes Risikobewusstsein verhindern können. Unter Umständen kann durch sie sogar das Risiko erhöht werden wie z.B.:

- Schlechte Verhaltensweisen (Macho, Unverwundbarkeit, usw.)
- Impulsivität
- Beeinflussbarkeit durch externen Druck

Ein weiteres Problem dieser negativen Faktoren ist, dass der Mensch auf verschiedene Situationen auch unterschiedlich reagiert. Sie können einen ruhigen und besonnenen Piloten vor sich haben, trotzdem kann sich auch dieser von externen Faktoren zu schlechten Entscheidungen bringen lassen. Das gilt für jeden von uns. Auch wenn wir von uns glauben, wir stehen über diesen Dingen und verhalten uns immer tadellos. Wir sind alle unter bestimmten Bedingungen anfällig für diese schlechten Eigenschaften. Welche Faktoren helfen uns persönlich, das Risiko zu managen? Disziplin, Fertigkeiten und Befähigungen, Wissen und Physiologie beeinflussen das Risiko. Jeder der aufgeführten Faktoren beeinflusst für sich das Risiko. Um ein wenig Struktur in so einen Risikomanagementprozess zu bekommen, wollen wir uns diesen nun einmal genauer ansehen.

Der »Six Step«-Risikomanagement-Prozess

Eines der wichtigen Ziele ist es, einen RM-Prozess als einen integralen Bestandteil in Ihre Flugvorbereitung aufzunehmen. Wenn RM effektiv integriert ist, wird es ein fester Bestandteil der Flugvorbereitung (wie z.B. Flugplanung und Wetter) und kein separater Prozess mehr sein. Risiken lassen sich in der Regel leichter zu Beginn einer Planungsphase analysieren und kontrollieren. Die früheste mögliche Identifikation von möglichen Gefahren liefert dem Piloten die beste Gelegenheit, das Risiko zu kontrollieren.
Um den größtmöglichen Nutzen aus diesem leistungsstarken Werkzeug zu ziehen, haben sich die folgenden Planungsschritte etabliert:

Der Six Step-Risikomanagement-Prozess
Die Grafik zeigt vereinfacht den aus insgesamt sechs Schritten bestehenden RM-Prozess. Jeder einzelne Schritt dieses Modells ist von gleicher Wichtigkeit, der Zyklus ist fortlaufend.

Die folgenden Grundsätze sind einzuhalten:

- Die Schritte müssen in der korrekten Reihenfolge durchgeführt werden.
- Alle Schritte sind gleich wichtig.
- Der Prozess muss in einem kontinuierlichen Zyklus angewendet werden.
- Alle Beteiligten müssen in den RM Prozess einbezogen werden.

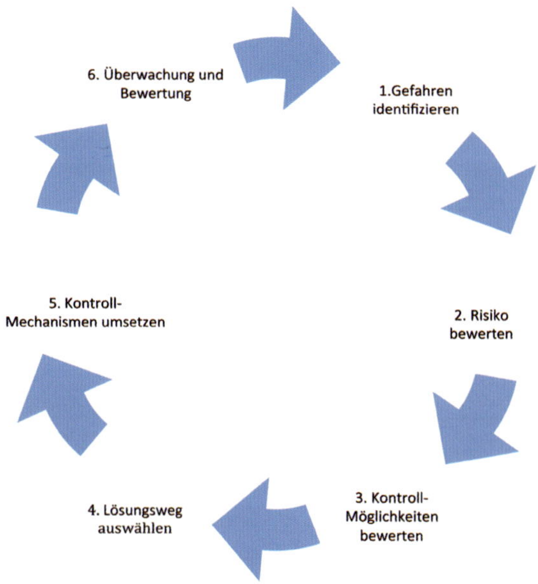

Der »Six Step«-Risikomanagement-Prozess.

Gefahren identifizieren

Eine Gefahr kann als jede tatsächliche oder potenzielle Bedrohung definiert werden, die den Missionserfolg gefährdet oder die Verletzung, Krankheit oder Tod von Personen, Beschädigung/ Verlust der Ausrüstung oder Sachschäden verursacht.
In der Regel muss zur Identifikation von Gefahren auf Erfahrungen und Daten zurückgegriffen werden. Um an diese Informationen zu gelangen, können vielfältige Quellen zur Datengewinnung genutzt werden wie z.B.:

- Datenbanken
- Erfahrung
- Safety Management Systeme und Audits
- Workshops
- Erfahrungen anderer Personen/Nationen
- Vergleichbare Ereignisse
- Fehlermeldesysteme
- Experten und Fachexpertise
- Nutzen von RM-Modellen

Das Erkennen von potenziellen Gefahren ist einer der Schlüssel für ein erfolgreiches Risikomanagement.

Risiko bewerten

Risiko ist die Wahrscheinlichkeit und das Ausmaß der Schäden durch Exposition gegenüber einer potenziellen Gefahr. Die Beurteilung erfolgt durch die Anwendung von quantitativen und qualitativen Maßstäben, um die Höhe des Risikos im Zusammenhang mit bestimmten Gefahren zu bestimmen. Dieser Prozess definiert die Eintrittswahrscheinlichkeit und die Schwere eines Ereignisses, welches bei den gegenwärtig etablierten Kontrollmechanismen auftreten kann.
Um die Bestimmung einer Risiko-Klassifizierung zu vereinfachen, greift man im Risikomanagement gerne auf eine sogenannte »Risk Assessment Matrix« zurück. Beispielhaft wird im folgenden Schaubild eine typische Matrix dargestellt.

RAC*		**Wahrscheinlichkeit (Probability)**				
		Unwahr-Scheinlich 1	**Selten 2**	**Gelegendlich 3**	**Wahr-scheinlich 4**	**Häufig 5**
Schweregrad des Ereignisses (Severity)	**Katastrophal 5**	5	10	15	20	25
	Kritisch 4	4	8	12	16	20
	Moderat 3	3	6	9	12	15
	Gering 2	2	4	6	8	10
	Vernach-lässigbar 1	1	2	3	4	5

Risk Assessment Code (RAC).

Das Risiko lässt sich nun mit der Hilfe einer einfachen Formel leicht berechnen und einordnen.

Eintrittswahrscheinlichkeit x Schweregrad = Risiko

Risiko Bewertung:
H (RAC 15-25): Hohes Risiko (unmittelbare Gefahr/sofortiges Handeln erforderlich)
M (RAC 7-14): Mittleres Risiko (Handeln auf lange Sicht erforderlich)
L (RAC 1-6): Geringes Risiko (Handeln nicht nötig/beobachten)

Die Aufgabe besteht nun darin, das bereits identifizierte Risiko anhand der Matrix soweit zu bestimmen, damit aus dem Ergebnis die nächsten Schritte abgeleitet werden können.

Die Abstufung der Risikokategorien kann durchaus unterschiedlich vorgenommen werden. Die Matrix, die von der USAF benutzt wird, enthält z.B. noch eine weitere Kategorie (extrem hoch). Dieser Schritt ist einer der größten Herausforderungen im Risikomanagement, da der Einordnung eines Risikos sowohl Erfahrungswerte zugrunde liegen sollten, andererseits aber auch das subjektive Empfinden eine entscheidende Rolle bei der Kategorisierung spielt. Aus diesem Grund ist es hilfreich, für die Eintrittswahrscheinlichkeit und Schwere von Ereignissen bestimmte Parameter zu definieren.
Die Schwere des Ereignisses definiert sich in der Regel an Verlust von Menschenleben oder dem zu erwartenden Verletzungsgrad. Zusätzlich werden Grenzen für den Verlust oder die Beschädigung von Material festgelegt. Verzögerungen in Arbeitsabläufen oder Schädigung öffentlichen Ansehens können ebenfalls als Parameter festgelegt werden.

Eintrittswahrscheinlichkeit

Die Eintrittswahrscheinlichkeit lässt sich einerseits mit historischen Daten einordnen, zum anderen begibt man sich hier auch in den Bereich von prädiktiven Vorhersagen. In der zivilen Luftfahrt werden zu diesem Zweck Millionen von Flugdaten gesammelt und die Eintrittswahrscheinlichkeit anhand von Ereignissen pro erflogenen Flugstunden gemacht (z.B. XY tritt einmal innerhalb von 1000 Stunden auf; 10^{-3}).
Für die Privatfliegerei stützt sich die Sammlung von Daten zurzeit hauptsächlich noch auf meldepflichtige Zwischenfälle und Unfälle in der Datenbank der BFU. Zur zusätzlichen Datengewinnung werden immer häufiger Fehlermeldesysteme genutzt.
Auf dem folgenden Schaubild sind Klassifizierungen für die Schwere und Eintrittswahrscheinlichkeit von Ereignissen **beispielhaft** dargestellt.

Schwere des Ereignisses:

Klassifizierung	Kategorie	Personal	Material	Arbeitsablauf	Öff. Ansehen
		Verletzung von Personen	Beschädigung von Material oder finanzieller Verlust	Verzögerungen	Schädigung des öffentlichen Ansehens
I	Katastrophe	Tod	> 1.000.000 €	Über 30 Tage	Ansehen ist nicht wieder herzustellen
II	Sehr großer Schaden	Sehr schwere Verletzung	500.000 € – 1.000.000 €	Bis zu 30 Tage	Sehr großer Schaden
III	Großer Schaden	Schwere Verletzung	10.000 € – 500.000 €	Bis zu 10 Tage	Großer Schaden
IV	Geringer Schaden	Verletzung	1000 € – 10.000 €	Bis zu 3 Tage	Mittlerer Schaden
V	Vernachlässigbar	Leichte Verletzung	0€ – 1000€	Bis zu 1 Tag	Geringer Schaden

Eintrittswahrscheinlichkeit:

Klassifizierung	Kategorie	Subjektive Definition	Objektive Definition
		Beschreibung der Eintrittswahrscheinlichkeit	Wahrscheinlichkeit gemessen an Flugstunden
A	Oft	Wahrscheinlichkeit des Eintretens ist sehr hoch	Häufiger als 10^{-3}, Fußnote[2]
B	Häufig	Wahrscheinlichkeit des Eintretens ist hoch	10^{-3} – 10^{-5}
C	Gelegentlich	Wahrscheinlichkeit des Eintretens ist unwahrscheinlich, aber möglich	10^{-5} – 10^{-7}
D	Selten	Wahrscheinlichkeit des Eintretens ist eher unwahrscheinlich	10^{-7} – 10^{-9}
E	Sehr selten	Wahrscheinlichkeit des Eintretens ist äußerst gering	Unter 10^{-9}, Fußnote[3]

Die größte Unbekannte in der Risikoanalyse stellt vermutlich die Bestimmung der Eintrittswahrscheinlichkeit dar. Dafür ist in der Regel eine große Menge von Vergleichsdaten oder bestimmten Berechnungsmodellen notwendig. Diese werden wir selbst aber vermutlich nicht haben. Deshalb bleibt uns nichts anderes übrig, als uns auf unsere Intuition zu verlassen. Und genau das ist unter Umständen problematisch. Wir Menschen neigen nämlich leider dazu, die Eintrittswahrscheinlichkeiten je nach Ereignis immer etwas »verzerrt« zu bestimmen. Kleines Beispiel gefällig?

Wir kennen das bestimmt alle: Der Lotto-Jackpot steht auf Rekordniveau. Schon läuft die ganze Nation (ich übertreibe absichtlich) in die Lottoannahmestellen, um vielleicht der glückliche Gewinner von über zehn Millionen Euro zu werden. Die Wahrscheinlichkeit, dass dieses Ereignis wirklich eintritt, wird uns am Ende jeder Werbung für 6 aus 49 mit auf den Weg gegeben: 1 zu 140.000.000 – in Worten: eins zu einhundertvierzig Millionen. Die Chance auf den Jackpot ist also verschwindend gering und trotzdem spielen wir. Es könnte uns ja durchaus treffen, oder nicht? Wir hoffen also auf das Eintreten dieser Wahrscheinlichkeit, egal wie unwahrscheinlich sie auch erscheint. Zugegeben ist der Einsatz dabei überschaubar und der Verlust des Einsatzes vermutlich schon abgeschrieben, so dass die subjektive Kosten-/Nutzenrechnung durchaus Sinn macht. Die Einstellung ist also etwa so: »Der kleine Einsatz ist es mir wert. Ich gewinne zwar sowieso nicht, aber wer weiß, vielleicht passiert es ja doch.«

Ganz anders sieht unser Verhalten aus, wenn mit dem Eintreten einer Wahrscheinlichkeit ein negatives Ereignis verknüpft ist. So ist z.B. die Wahrscheinlichkeit bei einem Verkehrsunfall ums Leben zu kommen mit ca. 1 zu 16.000 um ein Vielfaches höher. Trotzdem fahren wir deshalb nicht weniger Auto. Wir blenden dieses Ereignis aus. Wir gehen davon aus, dass dies nur anderen passiert, aber nicht uns selbst. In Seminaren verwende ich an dieser Stelle immer mein Lieblingsbeispiel. Als ehemaliger Pendler mit dem Auto bin ich oft bis spät in die Nacht mit dem Auto unterwegs gewesen. Ich vermute, dass vielen das Problem der auftretenden Müdigkeit beim Autofahren bekannt ist. Das Gefühl sich ausbreitender Müdigkeit, zunehmendes Gähnen, schwere Augenlider, Kältegefühl, usw. Wir reagieren mit lauterer Musik, Koffein oder Fenster öff-

[2] Die zu erwartende Eintrittswahrscheinlichkeit liegt bei einmal pro 1.000 Flugstunden.
[3] Die zu erwartende Eintrittswahrscheinlichkeit liegt bei unter einmal pro 1.000.000.000 Flugstunden.

nen für frische Luft. Man hangelt sich von Kilometer zu Kilometer und sagt sich: »Das schaffe ich schon noch.« Leider nicht immer. Die Wahrscheinlichkeit, in dieser Situation zu verunglücken, ist enorm hoch. Trotzdem wird diese Gefahr oft ignoriert. Wir denken in diesen oder vergleichbaren Situationen wohl eher: »Das wird schon gut gehen. Ist bisher ja auch immer gut gegangen.« Dieses Gefühl ist aber leider trügerisch und gefährlich. Fakt ist, wenn ein negatives Ereignis eintritt und man selbst betroffen ist, fragt niemand mehr nach einer Wahrscheinlichkeit. Denn das Ereignis ist nun eingetreten und man kann jetzt nichts mehr dagegen tun.
Dieses »Worst Case«-Szenario ist uns leider erst dann wirklich bewusst, wenn es wirklich eingetreten ist. Davor neigen wir eher dazu, mögliche Eintrittswahrscheinlichkeiten abzuwerten. Die Lösung dieses Problems ist dabei zugegeben nicht ganz einfach. Sie hängt vom Charakter des Individuums ab. Wir sollten trotzdem versuchen, ein Bewusstsein zu entwickeln, dass eigentlich unwahrscheinliche Ereignisse sehr wohl eintreten können. Das Archiv der BFU ist voll von solchen Ereignissen.

Kontrollmaßnahmen bewerten

Nach Identifikation der Risiken folgt die Untersuchung verschiedener Strategien, die das Risiko vermeiden, kompensieren, reduzieren oder akzeptieren sollen. Angefangen beim höchsten Risiko. Alle Risiken beinhalten die Komponenten Eintrittswahrscheinlichkeit und Schweregrad. Mögliche Strategien sind:

Vermeiden durch Abbrechen oder Verschieben des Fluges. Bei einer Gefährdung der Flugsicherheit wäre das die Einstellung des Flugbetriebes, somit eine Ablehnung des Risikos. Bei einem zeitunabhängigen Flug kann man diesen verschieben und somit Zeit gewinnen. So können andere Lösungen gefunden werden oder schlechte Voraussetzungen (z.B. Wetter) können sich verändern. Greift keine der Strategien, und sind die Risiken höher als der Nutzen, sollte der Flug nicht angetreten werden.

Kompensieren, wenn redundante Möglichkeiten in bestimmten Situationen gefunden werden können. So kann z.B. eine Alternative aufgezeigt werden, die das Risiko akzeptabel macht.

Reduzieren durch einen Plan, der zu einem geringeren Risiko führt. Die Einbindung von Sicherheitsvorrichtungen, sowie die Einrichtung und Entwicklung von Vorgehensweisen und Training. Vergrößerung des Abstandes zu einer Gefahrenquelle oder Verlängerung des zeitlichen Abstandes zwischen den Aufenthalten in Gefahrenzonen sind andere Möglichkeiten. Je länger wir einer Gefahr ausgesetzt sind, umso größer wird das Risiko – sind mehrere Personen beteiligt, kann man sie »rotieren« lassen. Somit wäre das Risiko verteilt, der Aufenthalt in der Gefahrenzone verringert.

Akzeptieren, wenn erkannt wird, dass das erfasste Risiko akzeptabel erscheint oder es kontrolliert werden kann. Ziel ist es, ein akzeptables Risiko zu erreichen.

Lösungsweg auswählen. Der verantwortliche Pilot trifft seine Entscheidung für die Auswahl einer oder einer Kombination von Lösungen, die das Risiko akzeptabel erscheinen lässt.

Umsetzung der Kontrollmechanismen
Das gewünschte Ergebnis einer Risikobewertung ist es, eine Bestandsaufnahme der Maßnahmen – nach Priorität geordnet – zu entwickeln, aufrechtzuerhalten oder zu verbessern. Nach der Formulierung eines Plans wird dieser umgesetzt. Für die Umsetzung muss ausreichend Zeit, Personal und Material (Ressourcen, Geld) zur Verfügung stehen.
Dazu gehört das Informieren aller betroffenen Personen über die Ergebnisse und die daraus resultierenden Entscheidungen. Eine nachvollziehbare Erklärung der Entscheidung ist ebenso notwendig. Die Umsetzung der Schritte muss klar formuliert und kommuniziert werden.

Überwachung und Bewertung
Das Risikomanagement ist ein Prozess, der während des gesamten Fluges oder Aktivität weitergeht. Der Pilot muss den Prozess in regelmäßigen Abständen neu bewerten, um die Wirksamkeit der Kontrollmechanismen zu gewährleisten. Unter Umständen müssen Maßnahmen auch verändert oder angepasst werden. Risikomanagement hört nicht einfach mit der Flugvorbereitung auf. Wenden Sie zur Entscheidungsfindung FOR-DEC an, ist RM ein ständiger Teil dieses Prozesses.

Anwendung einer RM-Strategie für Privatpiloten

Die Theorie klingt ja schön und gut. Aber wie setzen wir diese jetzt für die Bedürfnisse des Privatpiloten um?
Wir wollen uns nun anhand eines Beispiels verdeutlichen, wie RM umgesetzt werden kann. Dabei gilt es folgende Richtlinien zu beachten, die sich im militärischen Bereich bewährt haben und mit leichten Abwandlungen auch in der zivilen Fliegerei umgesetzt werden können. Als einfachstes Hilfsmittel für effektives RM hat sich der Gebrauch von Checklisten erwiesen. Um einer RM-Checkliste eine gewisse Struktur zu geben, bietet sich als Hilfe ein Grundgerüst verschiedener RM-Modelle an. Zwei dieser RM-Modelle wollen wir etwas näher betrachten. Sie bilden später den Grundstein zum Erstellen eines RM- und Risikoanalyse-Tools.

Das 5 M-Modell

Das 5 M-Modell wurde von der US Air Force entwickelt und wird in leicht abgewandelter Form auch von der Federal Aviation Administration (FAA) verwendet. Das Model stützt sich im Wesentlichen auf das Zusammenwirken von Mensch und Maschine zum Erfüllen der Mission (des Flugauftrages). Dieses Modell bietet einen Rahmen für die Analyse von Faktoren und der Festlegung der Beziehungen zwischen den Elementen, die zusammenarbeiten, um eine Aufgabe auszuführen.

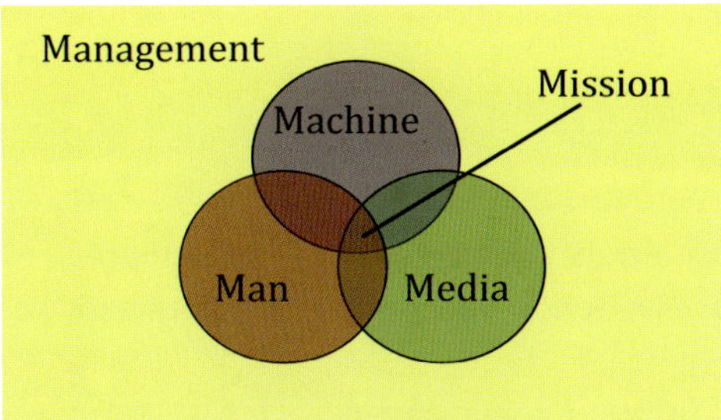

Das 5 M-Model der USAF als Schaubild.

Mensch, Maschine und Medien interagieren, um eine erfolgreiche Mission zu produzieren. Das Ausmaß der Überlappung oder Wechselwirkung zwischen den einzelnen Komponenten ist ein Merkmal eines jeden Systems. Im Management werden die Verfahren und Regeln für die Interaktionen zwischen den anderen Elementen festgelegt. Wenn eine Operation nicht erfolgreich ist oder sich trotzdem ein Unfall ereignet, muss das System analysiert werden, um festzustellen an welchen Komponenten Fehler gemacht wurden um dann die Kontrollmechanismen zu verbessern.

Die 5 M's

Man

Der Mensch stellt den Bereich der größten Variabilität dar und ist somit die Quelle der meisten Risiken. Menschen sind durch eine Vielzahl von anderen Bereichen beeinflusst und reagieren von Natur aus verschieden auf unterschiedliche Reize.

Beispiele:

Leistung: Bewusstsein, Wahrnehmung, Überlastung, Ablenkung, situative Aufmerksamkeit, Stress, Gruppendruck, Vertrauen, Einsicht, Arbeitslast, Ermüdung (physikalische), Motivation, Schlafentzug, zirkadianischer Rhythmus.
Persönliche Faktoren: Erwartungen, Zufriedenheit am Arbeitsplatz, Werte, Familie/Freunde, Befehl/Kontrolle, wahrgenommener Druck und kommunikative Fähigkeiten.
Auswahl: Die Auswahl der richtigen Person psychisch und physisch, ausgebildet in Kenntnissen, Verfahren und Verhaltensmustern.
Human Factor: Handlungssicherheit, Fehler/Verletzungen, Voraussetzungen, persönliche Faktoren.

Machine

Wir nehmen an, dass technische Geräte bestimmungsgemäß verwendet werden. Einschränkungen beziehen sich auf die Schnittstelle mit dem Menschen.

Beispiele:

Flugzeug: Zustand der Maschine, Wartungsunterlagen, Alter, Flugstunden, Instrumentierung, Ausrüstung, usw.
Wartung: Die Verfügbarkeit von Zeit, Zustand und Zugang zu Werkzeugen und Teilen.
Technische Daten: Klar, präzise, nutzbar und verfügbar.
Unterstützende Bedingungen: Transportfähigkeit
Design: Technische Zuverlässigkeit und Leistung, Ergonomie.

Media
Media wird als die externen Umwelt-und Betriebsbedingungen definiert.

Beispiele:
Klima/Wetter: Wolkenuntergrenzen, Sicht, Temperatur, Feuchtigkeit, Wind, Niederschlag.
Generelle Gegebenheiten: Terrain, Vegetation, vom Menschen verursachte Hindernisse, Tageslicht und Dunkelheit.
Hygiene: Luftqualität, Lärm/Erschütterungen, Staub und Verunreinigungen.

Management
Das Management lenkt den Prozess durch die Definition von Standards, Verfahren, Kontrollen und einen gründlichen Risikomanagement-Prozess auf allen Ebenen der Planung. Hier ergeben sich für den Privatpiloten die größten Abweichungen von der professionellen Fliegerei. Zwar unterliegt er den zivilen Vorgaben und Vorschriften, jedoch ist er nicht unbedingt Teil einer Organisation. Dadurch ist er eher eigenverantwortlich unterwegs. Planungsaufgaben erledigt er selbst.

Beispiele:
Vorschriften: Flugbetriebshandbücher, ICAO, EASA.
Verfahren: Checklisten, Arbeitskarten und Handbücher, Anflugverfahren
Controls: Crew-Rest, Höhen-/Geschwindigkeitsbegrenzungen, Einschränkungen.
Ziel: Das gewünschte Ergebnis.
Human Factor: Unzureichende Aufsicht, Organisationsentwicklung, Management von Ressourcen/organisatorisches Klima/organisatorischer Ablauf.

Mission (Auftrag)
Die Mission wird durch das gewünschte Ergebnis der Wechselwirkungen der beteiligten Komponenten (Mensch, Medien, Maschinen und Management) definiert.

Beispiele:
Ziel: Komplexität, erreichbar mit Ausbildungsstand, wie lange so nicht gemacht.
Planung: Dokumente, Publikationen, aktuelles Material zur Verfügung.

Das SHELL-Modell

Das SHELL-Modell ist ein konzeptionelles Modell, das im Rahmen des ICAO-Dokumentes 216-AN31 genutzt wird.
Im abgebildeten Diagramm repräsentieren Blöcke die verschiedenen Komponenten des Human Factor-Systems. Im Mittelpunkt steht der Mensch (L=Liveware). Das Blockschaubild bezieht sich auf die Schnittstellen, mit denen der Mensch im Human Factor-Umfeld interagiert. Das SHELL-Modell wird als eines der grundlegenden Hilfsmittel zum Verständnis der Human Factors im Zusammenhang mit Risiken genutzt.

Das SHELL-Modell (Edwards 1972, Hawkins 1975).

Liveware Der Fokus des Modells ist der Mensch oder die »Liveware«, die kritischste und flexibelste Komponente im System. In unserem Fall also der Pilot. Die Ränder der Blöcke sind nicht glatt und ineinander passend, um zu zeigen, dass die anderen Komponenten des Systems sorgfältig miteinander abgestimmt werden müssen, damit Spannungen und letztlich ein Problem vermieden werden kann.
Von allen Faktoren im Modell ist der Mensch (Liveware) derjenige, der am wenigsten vorhersehbar und am anfälligsten für die Auswirkungen interner (Hunger, Müdigkeit, Motivation, usw.) und externer (Temperatur, Licht, Lärm, Arbeitsbelastung, usw.) Veränderungen ist. Der Human Error wird oft als negative Ursache des Liveware-Faktors in diesem interaktiven System gesehen. In diesem Block werden verschiedene Variablen betrachtet. So spielt der allgemeine körperliche Zustand des Piloten genauso eine Rolle, wie die geflogenen Stunden der letzten 90 Tage.

Liveware–Liveware (Interaktion zwischen den Menschen im System)
Dies ist die Schnittstelle zwischen den Menschen. In dieser Schnittstelle sind wir mit Interaktionen zwischen Führung, Zusammenarbeit, Teamwork und Persönlichkeit betroffen. Für den Privatpiloten, der allein in seinem Cockpit sitzt, zugegeben auf den ersten Blick ein vernachlässigbarer Faktor. Jedoch gibt es auch im System Privatpilot durchaus notwendige Interaktionen zwischen verschiedenen Personen. Dazu gehören evtl. Wetterberater, Flugsicherungspersonal oder Passagiere.

Liveware–Hardware (Interaktion zwischen Mensch und Maschine)
Eine weitere interaktive Komponente des SHELL-Modells ist die Schnittstelle zwischen Mensch und Maschine (Hardware), also unserem Fluggerät. Diese Schnittstelle wird in einem Mensch-Maschine-System am häufigsten betrachtet. Dazu gehört alles, was in dem Flugzeug in Verbindung steht. Der Wartungsstand der Maschine gehört genauso dazu wie das Design der Sitze hinsichtlich der Ergonomie des menschlichen Körpers, Instrumentendisplays und die damit verbundenen Informationsverarbeitungen des Benutzers, der Steuerungskontrollen, usw. Ebenso spielt der Erfahrungsstand des Piloten auf dem Muster eine beitragende Rolle.
Liveware–Software (Interaktion zwischen Mensch und Regeln, Vorschriften)
Software ist der Oberbegriff, der für alle Gesetze, Regeln, Vorschriften, Verordnungen, Standard Operating Procedures (SOP's), Sitten und Gebräuche und die normale Art und Weise, wie Dinge getan werden, gilt. Immer mehr bezieht sich Software auch auf Computer-basierte Programme, die entwickelt werden, um automatisierte Systeme zu betreiben.
Um eine sichere, effektive Zusammenarbeit zwischen der Liveware und Software zu erreichen, ist es wichtig sicherzustellen, dass die Software, insbesondere wenn sie Regeln und Verfahren betrifft, auch entsprechend umgesetzt werden kann. Auch muss bestimmten Ausdrucksformen Aufmerksamkeit geschenkt werden, die missverständlich oder zu komplex sind.

Liveware–Environment (Interaktion zwischen Mensch und Umwelt)
Die Liveware-Umwelt-Schnittstelle bezieht sich auf jene Wechselwirkungen, die sich der direkten Kontrolle des Menschen, nämlich der physischen Umwelttemperatur, Wetter, Strahlung, usw., entzieht. In diesem Bereich konzentriert man sich in der Human Factors-Entwicklung häufig darauf, Wege zu finden, wie Mensch und Material vor diesen Einflüssen geschützt werden können.

Vergleich der Modelle

Beide Modelle eignen sich zur Identifikation und Analyse potenzieller Risiken und Gefahren in der Planungsphase einer Mission oder eines Arbeitsvorganges. Das 5M-Modell ist dabei eher auf die Mission ausgerichtet, während sich das SHELL-Modell mehr auf den Menschen als Mittelpunkt konzentriert. Die dabei auf den Menschen einwirkenden, beeinflussenden Faktoren sind indes bei beiden Modellen ähnlich. Welches dieser Modelle zur Risikoanalyse genutzt wird, ist letztlich abhängig vom Nutzer. Beide führen am Ende zum Ziel.
Für unsere Zwecke ist nach meiner persönlichen Ansicht das 5M-Modell zielführender. Der Aspekt des Fluginhaltes oder des Flugprofils wird hier stärker hervorgehoben. Aus diesem Grund eignet sich das 5M-Modell besser für Privatpiloten als Anwender. Der Inhalt des Fluges ist ein elementarer Bestandteil für potenzielle Risiken, der auf jeden Fall im Rahmen einer ORM-Analyse (ORM = Operational Risk Management) betrachtet werden muss. Aber wie genau funktioniert das?

Aufbau eines ORM-Analyse-Werkzeuges für Privatpiloten

Der folgende Teil des Buches soll dem Leser einen Anhaltspunkt geben, wie ORM (Operational Risk Management) effektiv und effizient angewendet werden kann. Ich werde mit Ihnen eine Art Checkliste entwickeln, die in der Flugplanung angewendet werden kann, um potenzielle Risiken zu identifizieren und zu bewerten. Das ORM-Analyse-Blatt wird am Ende eine gute Grundlage bilden, die entweder unverändert benutzt werden kann (Sie finden die komplette Checkliste im ANNEX), oder Sie benutzen diese Grundlage, um daraus mit Hilfe Ihrer eigenen Erfahrung ein auf sie maßgeschneidertes Produkt zu schaffen. Es liegt ganz bei Ihnen.
Die Grundlage meines Risikomanagement-Systems ist die Bewertung des Risikos nach einem »gewichteten Bewertungssystem« (engl.: »weighted scoring method«). Auch wenn diese Art der Risikoanalyse in der Wirtschaft unter Risikoexperten umstritten ist, eignet sie sich für unsere Zwecke erfahrungsgemäß sehr gut. Diese Methode wird im Englischen auch als FRAT (Flight Risk Assessment Tool) bezeichnet.
Die Grundlage der ORM-Checkliste bildet das 5M-Modell. Für jedes der fünf M's habe ich einige potenzielle Risiken definiert und dann Bewertungskriterien festgelegt. Natürlich sind die von mir gewählten Risiken nicht die einzigen die auftreten können. Aufgrund meiner Erfahrung bilden sie jedoch eine gute Grundlage zur Entwicklung des ORM-Sheets.
Ein Aspekt bleibt allerdings bei der Nutzung eines solchen ORM-Sheets unberücksichtigt. Die Eintrittswahrscheinlichkeit wird nicht direkt betrachtet. Sie wird im Bereich der Riskoeinstufung im Sinne einer höheren Bewertung nur indirekt gemessen.

Man

Das erste »M« ist Man (= Mensch/Pilot). Die potenziellen Risken, die sich hier verbergen, sind vielfältig. Meine Überlegungen konzentrierten sich in erster Linie auf:

- Crew Rest (Schlaf)
- Stress-Level
- Qualifikation des Piloten für den Flug
- Stunden
- Erfahrung
- IFR Rating ja oder nein?
- sind Passagiere an Bord?

Diese Risiken werden dann gemäß ihrem Risikopotenzial bewertet. Die Kriterien wurden von mir subjektiv festgelegt. Dabei habe ich Erfahrungswerte verwendet. Viele dieser Werte werden in der Luftwaffe in ähnlicher Weise verwendet und funktionieren erfahrungsgemäß gut.
Beispiel:
Unser Pilot plant einen Flug für das Wochenende. In der Nacht von Freitag auf Samstag war er zu Gast bei einer Veranstaltung und kam erst spät ins Bett. Er hatte maximal sechs Stunden Schlaf. Alkohol war nicht im Spiel. Er fühlt sich moderat durch den Beruf gestresst und möchte den Flug als Entspannung und Ablenkung durchführen. Er besitzt alle für den geplanten Flug notwendigen Berechtigungen. Sein letzter Flug war berufsbedingt vor über einem Monat. Auf dem für den Flug geplanten Flieger hat er erst 80 Stunden. Seine Gesamtflugerfahrung beträgt 768 Stunden und er besitzt kein IFR-Rating. Seine Frau und sein Sohn begleiten ihn, sie sind schon öfter mitgeflogen.
Mit diesen Informationen befüllen wir nun das ORM-Sheet vor dem Flug.

Risiko Faktoren	Risiko-Bewertungsskala				Punkte
	Niedrig 0 Punkte	Moderat 1 Punkt	Hoch 2 Punkte	Kritisch 3 Punkte	
Man/Pilot					
Crew Rest	> 8 Std.	8 – 6 Std.	6 – 4 Std.	< 4 Std.	2
Pilot Stress empfinden	Niedrig	Erhöht	Hoch	Kritisch	1
Pilot für Flug Qualifiziert	Ja, uneinge-schränkt	Ja, einge-schränkt	Nur mit Flug-lehrer	Nein	0
Letzter Flug	< 14 Tage	< 30 Tage	< 60 Tage	< 90 Tage	2
Stunden auf Muster	> 300	< 300	< 100	< 20	2
Erfahrung	> 1000 Std	< 1000 Std	< 100 Std		1
Letzter IFR Anflug (IFR Rating)	< 14 Tage	< 30 Tage	< 60 Tage	< 90 Tage	0
Passagiere (wenn ja)	Flugerfahren	nicht Flugerfahren	gesundheitl. eingeschränkt		0
				Wert Man	8

Unser ORM-Sheet gibt uns nach Eingeben der oben genannten Informationen den Wert »8«.

Dieser hat für uns ohne eine konkrete Abgrenzung noch keine Aussagekraft. Gemessen an der maximal möglichen Punktzahl und anderen möglichen Konstellationen habe ich den kritischen Wert für dieses »M« mit 18 festgelegt. Alles was darunter liegt, ist als Voraussetzung für den Flug in Ordnung. Es sind auch zwei Felder als flugausschließend definiert (Rosa markiert). Diese entsprechen in der Regel wirklich kritischen Risiken oder verstoßen gegen Regeln und Vorschriften. Werden diese markiert, sollte bzw. *darf* der Flug so nicht angetreten werden! Graue Felder haben keinen Wert.
Am Ende des ORM-Sheets ist die Bewertungsskala zu finden. Diese finden Sie im folgenden Schaubild schon einmal als Übersicht.

Risiko Profil des Fluges	Totale Risiko Werte	Berechneter Wert	Faktoren Einzelbewertung		Kritische Schwelle
			Man	8	> 16
Niedrig	00 – 13		Machine		> 14
Erhöht	14 – 36		Media		> 10
Hoch	37 – 61		Mission		> 13
Kritisch	62 – 82		Management		> 8

Hier ist der Wert für unsere Kategorie »Man« schon eingetragen. Nach diesem Schema werden nun die nächsten M's ebenfalls bewertet.

Machine

Unser Flugzeug stellt die zweite Bewertungskategorie dar. Hier geht es in erster Linie darum festzustellen, ob das Flugzeug vertraut ist und alle nötigen Anforderungen an den Flug erfüllt. Dabei spielt der Kraftstoffvorrat genauso eine Rolle wie die Beladung des Flugzeugs. Für mich spielen die folgenden Einzelrisiken eine wichtige Rolle:

- Kennen Sie das Flugzeug aus dem Verein, sind Sie der Besitzer, oder ist es ein Charterflugzeug?
- Wie ist die Instrumentierung?
- Betankungszustand
- optischer Eindruck (zugegeben nicht immer aussagekräftig)
- Wartungszustand
- Für den Flug geeignet (IFR, Leistung, usw.)
- Weight and Balance

Zurück zu unserem Beispiel:
Unserem Piloten ist das Flugzeug bekannt, er ist mit der Instrumentierung trotz der wenigen Stunden auf dem Muster vertraut. Die Maschine ist vollgetankt und in tadellosem Zustand. Nur die Beladung ist mit drei Personen zwar noch unkritisch aber beachtenswert. Daraus ergibt sich folgendes Ergebnis:

Machine/ Flugzeug	Niedrig 0 Punkte	Moderat 1 Punkt	Hoch 2 Punkte	Kritisch 3 Punkte	
Flugzeug bekannt	ja	nein			0
Instrumentierung	vertraut/ technisch auf neuestem Stand	Kein GPS	nicht vertraut		0
Betankung	vollbetankt	bekannte Restmenge	unbekannte Restmenge	unbekannt	0
Optischer Eindruck	sehr gut	in Ordnung	ungepflegt	schlecht	0
Wartungszustand	sehr gut	in Ordnung	demnächst fällig	überfällig	0
Für Flugprofil geeignet	ja			nein	0
Weight and Balance	weit unter Limit	nahe am Limit	ausgereizt	über dem Limit	1
				Wert Machine	1

Hier ist also der Wert sehr niedrig, was auch subjektiv geschätzt zutrifft. Dieser Aspekt ist sehr wichtig. Ihre eigene Einschätzung sollte auch dem Wert des ORM- Sheets entsprechen. Es nützt nichts, wenn ihre eigene Einschätzung und der Wert des Bewertungsblattes zu sehr voneinander abweichen. Die Bewertung des ORM- Sheets muss für Sie nachvollziehbar sein und sich mit Ihrer eigenen Einschätzung decken.
Jetzt werden Sie sich fragen warum dann überhaupt ein Zettel ausgefüllt werden muss, wenn Sie das Ergebnis schon vorher kannten? Dies wird durchaus mehr als nur einmal der Fall sein. Es ist sogar die Regel. Das ORM-Sheet wird deshalb so wichtig, weil es alle wichtigen Teilaspekte eines Fluges betrachtet und damit am Ende ein Gesamtbild ergibt. Dieses Gesamtbild mag uns in der Flugplanung nicht immer bewusst sein. Zum anderen dient das ORM-Sheet als Entscheidungshilfe in Situationen, die auf den ersten Blick nicht eindeutig sind oder der Pilot sich nicht über den Kosten-/Nutzenfaktor im Klaren ist. Ist das Ergebnis der ORM-Analyse im kritischen Bereich, sollte das der ausschlaggebende Punkt sein, den Flug doch nicht anzutreten. Entscheidet sich der Pilot trotzdem dafür den Flug anzutreten, weiß er zumindest in welchen Bereichen er die größten Risiken zu erwarten hat und kann sich dementsprechend vorbereiten. Am Ende entscheidet immer der Pilot. Also Sie!

Weiter in unserem Beispiel:

Media

Für den Privatpiloten ist dieser Teil sicherlich einer der wichtigsten für unsere Bewertung, denn Wetter ist einer der Haupt-Risikofaktoren. Daher ist hier entsprechende Sorgfalt angebracht. Trotzdem wollen wir es nicht übertreiben. Unser Tool soll ja anwendbar bleiben und *alle* Eventualitäten können wir mit dem Blatt nicht wirklich abdecken. Das ist auch gar nicht der Sinn der Sache. Es soll uns dabei helfen, bei den zahlreichen Einflussfaktoren des Wetters den Überblick zu erhalten. Für mich sind die folgenden Faktoren wichtig:

- Wetter für VFR-Flug ausreichend?
- Wetter für IFR-Flug (detaillierter/Anflugverfahren/generell)
- Nachtflug
- besondere Gefahren (z.B. Eis)
- Bedingungen Heimatplatz/Vertrautheit mit Verfahren
- Wetter Ausweichplatz (falls vorhanden)

Das Wetter für den geplanten Flug ist durchwachsen. Es herrschen vorwiegend VFR-Bedingungen, die Route führt allerdings durch ein Gebiet, in dem die Sicht und die Wolkenuntergrenzen an die kritisch sind. Andere Gefahren existieren nicht. Das Wetter am Heimatplatz ist gut. Das ergibt für unsere Matrix folgende Bewertung:

Media/Wetter und Umwelt	Niedrig 0 Punkte	Moderat 1 Punkt	Hoch 2 Punkte	Kritisch 3 Punkte	
Wetter für VFR-Flug	uneingeschränkt VFR	eingeschränkt VFR	marginal VFR	kein VFR-Wetter	2
Wetter für IFR-Flug	700/3,7 km	400/1,6 km	CAT I -Minimums	unter CAT I-Minimums	0
Nachtflug	nein	ja			0
Wetter Hazards	keine	möglich	wahrscheinlich	ja	0
Flugplatz (Start)	Heimatplatz sehr vertraut	bekannt	unbekannt		0
Wetter Ausweichflugplatz	VFR	700/3,7 km	400/1,6 km	CAT I-Minimums	0
				Wert Media	2

Diese Bewertung ist nicht besonders auffällig. Allerdings würde es sich durchaus anbieten, über die Möglichkeit von schlechtem Wetter auf der Route nachzudenken und sich schon jetzt verschiedene Optionen zurechtzulegen.

Mission

Auch der geplante Fluginhalt hat Einfluss auf unser Risiko. Was für ein Flug ist geplant, wann habe ich so etwas das letzte Mal gemacht? Lande ich an einem fremden Platz? Aus diesen Fragen ergeben sich die Einflussfaktoren für unseren Bewertungsbogen:

- Flugprofil (Inhalte/Checkflug/Rundflug/usw.)
- letzter Flug dieses Profils
- Fragen zum Zielflugplatz
- Flugdauer
- Terrain (Wasser/Gebirge/Flach)

Der Flug selbst ist geplant als VFR-Streckenflug mit einer geplanten Flugdauer von 2:30 Stunden. Unser Pilot möchte für diesen Tag das Maximale an Flugzeit herausholen, da er auch eine

längere Zeit nicht geflogen ist. Ansonsten ist nichts Außergewöhnliches geplant. Die Route führt im Süden allerdings kurzzeitig über alpines/bergiges Gelände.
Daraus ergibt sich folgende Bewertung:

Mission/ Flugprofil	Niedrig 0 Punkte	Moderat 1 Punkt	Hoch 2 Punkte	Kritisch 3 Punkte	
Flugprofil I	einfach; bekannte Inhalte	herausfordernd; neue Inhalte; Checkflug	schwer; komplexe Inhalte	sehr schwer; so noch nie geflogen	0
Flugprofil II	Rundflug	out & back	Langsteckenreise		0
Profil zuletzt geflogen	< 14 Tage	< 30 Tage	< 90 Tage	> 90 Tage	2
Zielflugplatz	Heimatplatz sehr vertraut	bekannt	unbekannt		0
Geplante Flugdauer	< 2 Std	< 4 Std	> 4 Std	> 6 Std	1
Terrain/ Temperatur	flach/keine Hazards	wenige Hazards	Gebirge		2
				Wert Mission	5

Die 5 als Wert erscheint relativ hoch. Allerdings macht es durchaus Sinn, die einzelnen Faktoren zu betrachten, die zu diesem Wert führen. Es ist einige Zeit her, seit der Pilot diese Art Flug durchgeführt hat, die Flugdauer ist relativ lange und die Route führt durch anspruchsvolles Gelände. Das rechtfertigt meiner Meinung nach durchaus diesen Wert.

Management

Der letzte Bewertungsfaktor betrifft in erster Linie die Flugvorbereitung. Dinge wie der persönliche theoretische Wissensstand werden nicht bewertet, da sich dies subjektiv nur schlecht einschätzen lässt.

- Zeit zur Flugvorbereitung
- Kartenmaterial (Elektronisch/Hardcopy/Gültigkeit)
- Wetterberatung (Welche Art)
- Treibstoffberechnung

Unser Pilot hatte aufgrund der vorherigen Nacht nicht soviel Zeit wie eigentlich geplant zur Flugvorbereitung. Sie war gerade so ausreichend. Aus diesem Grunde gibt er sich mit einer Wetterberatung aus dem Internet zufrieden. Alle Karten sind vorhanden und gültig. Die Treibstoffberechnung ist aufgrund der geplanten Flugzeit an der Grenze des Machbaren. Für ein paar Platzrunden zum Ende des Fluges wird es vermutlich nicht mehr reichen.
Für die Bewertung hat das folgende Auswirkungen:

Management/ Flugvorbereitung	Niedrig 0 Punkte	Moderat 1 Punkt	Hoch 2 Punkte	Kritisch 3 Punkte	
Zeit zur Vorbereitung	ausreichend	gerade ausreichend	hektisch	nicht ausreichend	1
Karten/Anflugverfahren	alle vorhanden & gültig	benötigte vorhanden & gültig	abgelaufen	unvollständig; abgelaufen	0
Wetterberatung	persönlich	Internet		keine	1
Treibstoffberechnung	ja, mehr als genug vorh.	ja, reicht	ja, reicht gerade eben	keine	3
				Wert Management	5

Dieser Wert ist ebenfalls relativ hoch. Die knappe Flugvorbereitung im Zusammenhang mit der knappen Treibstoffberechnung ist dafür ausschlaggebend.

Risikoprofil des geplanten Fluges

Das ORM-Sheet ist nun komplett ausgefüllt. Die Werte werden nun für die Einzelbewertung als auch für den Gesamtwert eingetragen. Für unseren Flug musste kein Wert als »sofort ausschließend« bewertet werden. Schauen wir uns das Ergebnis einmal an:

Risiko Profil des Fluges	Totale Risiko Werte	Berechneter Wert	Faktoren Einzelbewertung		Kritische Schwelle
			Man	8	> 16
Niedrig	00 – 13	21	Machine	1	> 14
Erhöht	14 – 36		Media	2	> 10
Hoch	37 – 61		Mission	5	> 13
Kritisch	62 – 82		Management	5	> 8

In keinem der Einzelbereiche erreichen wir einen kritischen Wert. Das ist schon mal gut. Der Gesamtwert liegt mit 21 Punkten im Bereich »erhöht«. Gemessen am subjektiven Risikolevel (oder Gefühl) ist das durchaus zutreffend. Übersetzt bedeutet das etwa: »Es ist in Ordnung den Flug unter den gegebenen Bedingungen durchzuführen. Dass der Flug aufgrund der etwas längeren Pause des Piloten, des nicht ganz so guten Wetters und der langen Flugzeit (Treibstoff) schon einige kleine Herausforderungen hat, ist uns spätestens jetzt klar. Darauf werden wir ein ganz besonderes Augenmerk während des Fluges legen.«

Außerdem muss festgelegt sein, was der Gesamtwert für den Flug bedeutet. Sie sollten das für sich genau definieren. In etwa so:

Niedrig: Der Flug kann ohne Einschränkungen durchgeführt werden.

Erhöht: Der Flug kann unter Beachtung der identifizierten Risiken angetreten werden.

Hoch: Der Flug sollte nur angetreten werden, wenn der Wert durch verändern der äußeren Umstände gesenkt werden kann.

Kritisch: Der Flug sollte nicht angetreten werden.

Noch ein Kommentar zu »diesem« ORM-Sheet
Es gibt die verschiedensten Möglichkeiten, solche ORM-Blätter zu konstruieren. Der wichtigste Aspekt bei der Nutzung ist jedoch:

Dieses Tool muss **für Sie** nutzbar sein!

Es macht wenig Sinn, ein Tool zu verwenden mit dem Sie entweder nichts anfangen können oder es zu nicht nachvollziehbaren Ergebnissen kommt. Dabei können die Ansätze zum Erfolg komplett unterschiedlich sein. Ich persönlich ziehe z.B. Bewertung nach Punkten mit klaren Abgrenzungen einer »Low – Medium – High«-Bewertung in den einzelnen Risikofaktoren vor. Ich bevorzuge es, wenn ich beim Ausfüllen nicht viel nachdenken muss. Mir fällt aus diesem Grunde oben vorgestellte Art von Risikobewertung leichter. Andere mögen mit »Low – Medium – High« besser zurechtkommen. Für mich stellen sich dabei aber zu viele Fragen. Zum Beispiel was die Begriffe eigentlich bedeuten. Was ist »Low Risk« bei Wetter? Was ist »Medium«? Ich möchte diese Abgrenzungen fest definieren. Man könnte nun argumentieren, dass wie schon erwähnt, Piloten mit unterschiedlichem Erfahrungsstand unterschiedliche Auffassungen von Risiko haben und sich deshalb eine individuelle Einschätzung mit »Low – Medium – High« besser eignet. Da wir aber nur einen Piloten betrachten, können wir diese Kriterien ja auch vorher festlegen.
Bei der Entwicklung des hier vorgestellten Beispiels habe ich mehrere hundert mögliche Szenarien getestet und überwiegend zufriedenstellende Ergebnisse erhalten. Kein ORM-Sheet wird vermutlich jemals perfekt sein. Dieses hier soll Ihnen einen ersten Anhalt geben. Wenn Ihnen die Werte nicht plausibel erscheinen, können Sie diese an Ihre Bedürfnisse anpassen. Trotzdem sollte vermieden werden, das ORM-Sheet so zu konstruieren, dass immer ein geringes Risiko herauskommt, ganz egal was ich eingebe. Auch sollte die nötige Disziplin bei der Bewertung der Risiken eingehalten werden. Es bringt nichts, den Wert durch falsche Angaben drücken zu wollen (»Ich-bin-zwar-zwei-Monate-nicht-geflogen, macht-aber-nichts« – Einstellung). Damit betrügt man sich am Ende nur selbst.
Wenn Sie eine Zeit lang mit der Checkliste gearbeitet haben, werden Sie feststellen, dass Sie vermutlich die meiste Zeit im niedrigen oder allenfalls leicht erhöhten Bewertungsbereich landen. Und genau so sollte es auch sein. Wenn Sie sich hauptsächlich im hohen Risikobereich aufhalten, sollten Sie dafür wirklich gute Gründe haben. Im Hobbybereich gibt es diese Gründe meiner Ansicht nach nicht.
Das Tool ORM-Sheet hat nur einen Zweck:
Es soll den routinemäßigen Ablauf der Flugvorbereitung unterstützen und dabei helfen, auf besondere Umstände (Risiken) aufmerksam zu machen. Damit soll ein Bewusstsein für diese Risiken geschaffen werden. Mit diesem Bewusstsein kann dann im Flug vorausschauend geplant werden.
Das komplette ORM-Blatt als Tool zum Fliegen finden Sie im Anhang unter Punkt 8.

Kapitel 8

Ermüdung/ Fatigue

»Meine Gedanken kommen und gehen. Ich lasse das eine Auge zufallen und versuche das andere mit meiner Willenskraft offen zu halten. Aber die Müdigkeit ist einfach zu stark, der Schlaf will mich übermannen. Mein ganzer Körper sagt mir, dass nichts im Leben so erstrebenswert sein kann, wie Schlaf. Mein Verstand verliert die Kontrolle.«

- Charles Lindbergh über seinen Transatlantik Flug 1927 -

Ermüdung (engl.: »Fatigue«) spielt in der modernen Fliegerei eine immer größer werdende Rolle. In der zivilen Luftfahrt werden die Cockpitbesatzungen immer wieder an die Grenzen des für den Menschen Machbaren gebracht. Trotz existierender Vorschriften kämpfen Airlinepiloten auf Langstreckenflügen oft mit Ermüdung. Es wurden sogar mittlerweile von den Airlines sogenannte »Fatigue Management Systems« entwickelt, um diesem Problem im Cockpit zu begegnen.
In der Militärfliegerei ist diese Entwicklung ähnlich bedenklich, wenn auch unter anderen Vorzeichen. Piloten im Einsatz sind unter Umständen mit kurzfristigen Änderungen ihres Flugprofils konfrontiert, nicht selten wurden bei Einsätzen z.B. im Irak »normale« Vier-Stunden-Flüge auf mehr als neun Stunden verlängert. Studien der USAF zeigen, dass sich die Unfallrate bei Flügen, wo Fatigue ein beitragender Faktor war, in den letzten Jahren erhöht hat.
Bei vielen Katastrophen in der Vergangenheit hat Ermüdung eine Rolle gespielt. Es ist in einer Unfalluntersuchung nicht immer einfach, Ermüdung der Piloten als Hauptursache für einen Flugunfall auszumachen. Häufig wird es als beitragender Faktor mit aufgeführt. Es gibt jedoch auch Fälle, in denen Ermüdung als Ursache aufgrund der Rahmenbedingungen offensichtlich ist:
Der folgende Unfall ereignete sich am 18. August 1993 in Guantanamo Bay, Kuba. Die DC-8 wurde zerstört und die Besatzung schwer verletzt. Der Abschlussbericht der NTSB (National Transportation Safety Board) liest sich wie folgt:

Das Flugzeug schlug ca. 400 m vor der Landbahn auf dem Boden auf, nachdem der Kapitän die Kontrolle über das Flugzeug verloren hatte. Die Besatzung litt zum Zeitpunkt des Unfalls unter akutem Schlafmangel und Unterbrechung des Biorhythmus. Die Crew befand sich seit 18 Stunden im Dienst und war vor dem Unfall seit neun Stunden in der Luft. Der Kapitän bemerkte die zunehmende Abweichung vom Flugweg und den vorgegebenen Geschwindigkeitsparametern nicht, weil er mit der Suche nach der Landebahnbefeuerung beschäftigt war. Diese war allerdings unbekannterweise nicht in Betrieb. Wiederholte Ansagen des Flugingenieurs über die zu geringe Geschwindigkeit wurden vom Kapitän augenscheinlich nicht wahrgenommen.
Der Kapitän leitete die Kurve auf den Endanflug mit einer Geschwindigkeit ein, die niedriger als die errechnete Anfluggeschwindigkeit von 147 Knoten war und ließ die Schräglage auf über 50° ansteigen. Die Überziehwarnung und der Stickshaker wurden sieben Sekunden vor dem Aufschlag aktiviert, fünf Sekunden, bevor das Flugzeug in den Strömungsabriss geriet. Es gibt keine Anzeichen dafür, dass der Kapitän versuchte, Korrekturen nach der Aktivierung des Stickshakers vorzunehmen.

Vermutete Ursache:
Eingeschränktes Situationsbewusstsein, schlechte Entscheidungsfindung und unzureichende fliegerische Fähigkeiten des Kapitäns hervorgerufen durch Ermüdung.
(NTSB Report AAR-94/04, adoptde 5/10/94)

Privatpiloten haben Probleme mit Dienstzeiten in der Regel nicht. Sie bestimmen ihre Flugzeiten ja selbst. Sie haben es selbst in der Hand, wann sie ins Flugzeug steigen und wie lange sie in

der Luft sein wollen. Die Inhalte dieses Kapitels können indes leicht auch auf andere Bereiche des täglichen Lebens übertragen werden. Insofern dient dieser Teil des Buches dazu, nützliche Informationen zur Verfügung zu stellen, die dabei helfen sollen, Dinge wie Fatigue gar nicht erst entstehen zu lassen. Dazu werden wir einige Dinge über Schlaf und Biorythmus erfahren.
Aber was ist überhaupt mit dem Begriff »Fatigue« gemeint? Fatigue bezeichnet:

- Ein Stadium abnehmender Fähigkeit aufgrund von mentalem und physischen Stress.
- Die Abnahme an Aufmerksamkeit und der Fähigkeit, Informationen zu verarbeiten.
- Einen Zustand, bei dem mehr Anstrengung bei gleicher Leistung nötig ist.

Auf den ersten Blick könnte man diesen Begriff vermehrt mit allgemeiner Müdigkeit in Verbindung bringen, also konkreter Schlafmangel. Dies ist aber nur ein Teilbereich von dem, was damit eigentlich gemeint ist. Fatigue lässt sich daher treffender mit Ermüdung übersetzen. Darin ist Schlafmangel genauso enthalten wie Ermüdung durch Stress oder schlechte Arbeitsbedingungen.
Es existieren viele verschiedene Definitionen von Fatigue oder Ermüdung. Eine mögliche Interpretation könnten wir vielleicht wie folgt zusammenfassen:

- Fatigue entsteht durch ungenügende Ruhezeiten.
- Fatigue entsteht durch Unterbrechen des normalen Biorhythmus.
- Fatigue entsteht durch übermäßiges physisches Training oder Anstrengung.
- Fatigue entsteht durch anstrengende kognitive Arbeit.

Die US-Luftwaffe fügt zu den oben genannten Punkten noch folgende hinzu:

- Akute mentale Ermüdung bei mehr als 16 Stunden ohne Schlaf.
- Sich ansammelnde Ermüdung durch Schlafunterbrechungen oder zu kurze Schlafperioden über mehrere Tage.
- Chronische Ermüdung durch Einwirken mehrerer externer Faktoren wie z.B. Schlafunterbrechung, Stress und konstante Überstunden über den Zeitraum von mindestens einem Monat.

In allen gängigen Interpretationen finden sich immer wieder dieselben Ursachen. Am häufigsten tauchen als Erklärung für Fatigue Schlafmangel und Unterbrechen des Biorhythmus auf. Beitragende Faktoren sind ohne Zweifel intensives physisches Training und mental anstrengende Arbeiten. In einigen Berufsfeldern sind diese letztgenannten Eigenschaften leider unumgänglich. In der professionellen Fliegerei stellen sie oft zusätzlich zu ungünstigen Arbeitszeiten und Schichtbetrieb ein nicht zu unterschätzendes Problem dar. Der Fokus zum Management von Fatigue wird aus diesem Grunde vermehrt im Bereich physikalischer oder mentaler Ermüdung im Zusammenhang mit Schlafdefizit oder Problemen im Bereich des menschlichen Bio-Rhythmus ausgerichtet.
Aus diesem Grund werden wir uns in diesem Kapitel mit den folgenden Bereichen beschäftigen:

- Schlaf
- Biorhythmus des menschlichen Körpers
- Einfluss von Stressoren
- Was kann ich als Mensch tun, um Fatigue besser zu begegnen

Fakten über Schlaf

> *»Im Schlaf werden Proteine abgebaut, um neue Lernprozesse zuzulassen und es unserem Gehirn zu ermöglichen, sich nach einem anstrengenden Tag neu zu strukturieren.«*
> *- Dr. Giorgio Gilesto, Univ. of Wisconsin -*

Das Thema Schlaf allein würde ohne Probleme mehrere Bücher füllen. Wir wollen uns in diesem Teil darauf beschränken, etwas mehr über Schlaf im Allgemeinen zu lernen und verstehen, wie sich menschliches Verhalten bei Schlafmangel verändert.

Bis heute gibt es keine Möglichkeit,den Grad einer Ermüdung zu messen oder anhand von biomechanischen Markern zu bestimmen. Es ist kein Problem den Alkoholgehalt des Blutes zu bestimmen, für Müdigkeit gibt es diese Möglichkeit nicht. Wir werden im Verlauf dieses Kapitels noch sehen, dass Schlafmangel und Alkohol durchaus Gemeinsamkeiten im menschlichen Verhalten hervorrufen können. Wir sind uns vermutlich einig, dass bei Schlafmangel oder Müdigkeit die menschliche Leistungsfähigkeit nachlässt. Leider tun wir uns schwer, den Grad der Ermüdung an uns selbst festzustellen. Unser subjektives Empfinden von Müdigkeit stimmt oftmals nicht mit der Realität überein. Das bedeutet, dass wir uns oftmals nicht eingestehen wirklich müde zu sein und arbeiten, fahren oder fliegen weiter, obwohl es eigentlich viel schlauer wäre, kurz mal eine Pause zu machen.

Zugegeben, wenn Sie als Privatpilot alleine in ihrer Maschine unterwegs sind, ist es schwierig mal kurz »rechts ran« zu fahren. Gerade aus diesem Grund empfiehlt es sich, immer ausgeruht in den Flieger zu steigen.

Dazu kommt, dass jeder Mensch individuell verschieden ist und unterschiedlich auf Schlafmangel reagiert. Aber wie viel Schlaf brauchen wir überhaupt und was passiert, wenn ich diesen nicht bekomme?

Eine gängige Anzahl an Schlafstunden pro Nacht sind ca. sechs bis neun Stunden. Diese Stunden Schlaf braucht der Körper, um maximal leistungsfähig zu sein. Wenn Sie herausfinden möchten wie viel Schlaf gerade Sie benötigen, können Sie das folgendermaßen an sich testen: Sie sollten darauf achten, dass dieser Test nur funktioniert, wenn Sie keinen äußeren Reizen oder Terminen oder ähnlichem Zeitdruck ausgesetzt sind. Am besten funktioniert das also am Wochenende oder im Urlaub. Sie sollten allerdings auch dann am folgenden Tag keinen Zeitplan einhalten müssen. Für den Test gehen Sie normal zu Bett. Sie sollten dafür Ihre normalen Gewohnheiten einhalten, d.h. gehen Sie zu Bett, wenn Sie müde sind.

Wenn Sie am nächsten Morgen von sich aus aufwachen, notieren Sie die Stunden, die Sie geschlafen haben. Um ein besseres und genaueres Ergebnis zu bekommen, sollten Sie den Test mehrmals durchführen. Die von Ihnen ermittelte Stundenanzahl ist der Schlaf, den Sie brauchen, um sich unter normalen Umständen komplett zu erholen. Das beste Ergebnis erzielen Sie dabei, wenn externe Zeitgeber wie z.B. Tageslicht dabei ausgeschaltet werden.

Falls Sie nun überrascht sind und meinen, mit weniger auszukommen, ist das noch kein großes Problem. Forschungen haben ergeben, dass der Mensch im Minimum ca. sechs Stunden braucht um seine Leistungsfähigkeit über einen kurzen Zeitraum zu erhalten (über eine Woche z.B.). Allerdings ist der Mensch nicht in der Lage sich ein Schlafpolster zu schaffen. Im Gegensatz dazu addieren sich Schlafdefizite im Laufe der Zeit. Falls ein Mensch also in der Woche mit

nur vier Stunden Schlaf auszukommen versucht, wird sein Körper versuchen, das Schlafdefizit auszugleichen. Das kann dann nur durch ausreichend Schlaf passieren. Eine Pause um auszuruhen (ohne Schlaf) ist dafür nicht ausreichend. Der Mensch ist auch nicht in der Lage, sich auf weniger Schlaf zu trainieren. Der Regenerationsmechanismus unseres Körpers ist genetisch bedingt und kann nicht verändert werden.
Fakt ist: Der durchschnittliche Erwachsene sammelt im Laufe einer Arbeitswoche eine »Schlafschuld« von ca. 7,5 Stunden an. Das entspricht dem Schlaf einer ganzen Nacht. Dies erscheint uns normal und wir gewöhnen uns langsam an diesen Zustand. Der Körper wird sich dann entweder dieses Defizit zurückholen oder wir werden mit der Zeit immer anfälliger für Fehler und Launen.

Auswirkungen von Müdigkeit auf den menschlichen Körper und Psyche

Aber wie reagiert nun unser Körper, wenn er zu wenig Schlaf bekommt? Jeder kennt das Gefühl von Müdigkeit. Vermutlich haben Sie auch viele der nun folgenden Symptome an sich selbst schon einmal festgestellt. Der Körper gibt Ihnen durch bestimmte Reaktionen zu verstehen, dass er Schlaf braucht. Dazu gehören:

- Brennende Augen/ständiges Reiben der Augen nötig
- Schwere Augenlieder
- Augen fallen für kurze Momente zu
- Verlust von klarem Sehen
- Verstärktes Gähnen, dass nicht unterdrückt werden kann
- Empfinden von Kälte bei gleicher Temperatur
- Sekundenschlaf

Hinzu kommen noch damit zusammenhängende Verhaltensänderungen:

- Reaktionszeiten verlängern sich
- Reduzierte visuelle Wahrnehmung
- Konzentrationsstörungen
- Fokussierung nötig zur Wahrnehmung von Informationen
- Muskelkraft und Koordination verringern sich
- Entstehen von Gedächtnislücken
- Entscheidungsfindung verlangsamt sich
- Motivation leidet
- Kommunikation mit der Umwelt verringert sich
- Kooperationsbereitschaft sinkt
- Mangelnde Selbstreflexion (kein Eingestehen von Müdigkeit)
- Neigung zu Depression

Wie man aus diesen Aufzählungen leicht erkennen kann, hat Müdigkeit einen nicht zu unterschätzenden Einfluss auf die menschliche Leistungsfähigkeit. Wenn in diesem Zusammenhang auch noch anspruchsvolle Tätigkeiten ausgeführt werden müssen, wie z.B. das Steuern eines Flugzeuges, kann man sich vorstellen, wie leicht man an Grenzen stößt, die nicht mehr kontrollierbar sind. Ein weiterer interessanter Aspekt ist der Zusammenhang unseres Verhaltens wenn wir müde sind, im Vergleich zu einem Menschen der Alkohol getrunken hat. Forschungen (Lamond & Dawson, 1999) haben ergeben, dass unser Verhalten z.B. nach 17 Stunden ohne Schlaf einem Zustand von ca. 0,5 Promille entspricht. Noch extremer wird dieser Vergleich bei einem ganzen Tag ohne Schlaf, also 24 Stunden. In diesem Fall verhält es sich so, als hätte unser Blut einen Alkoholgehalt von 1,0 Promille.
Als ich von diesem Vergleich das erste Mal im Rahmen eines Seminars hörte, war ich doch etwas überrascht. Allerdings verflog diese Überraschung schnell wieder. Man kann im Alltag viele Beispiele finden, wo dieser Vergleich durchaus zum Tragen kommt. Als gutes Beispiel bietet sich der Straßenverkehr an. Für den Autofahrer ist Fatigue ebenfalls ein Thema. Als Wochenendpendler saß ich jahrelang am Wochenende im Auto. Die Heimfahrt am Freitag war noch nicht ganz so schlimm. Am Sonntag jedoch verhielt sich das schon ganz anders. Da man so viel Zeit wie möglich mit der Familie verbringen möchte, fährt man erst später los. Je nach Startzeit, Fahrzeit und Schlaf in der Nacht zuvor, kommt man eventuell schneller an seine Grenzen als man glaubt: Aufstehen um 09:00 Uhr, geplante Abfahrt dann am Abend um 18:00 Uhr. Fahrzeit ca. sechs Stunden, dann bin ich vielleicht sogar noch vor Mitternacht da. Rechnet man das zusammen, ergibt das geplante 16 Stunden ohne Schlaf, mit der anspruchvollsten Aufgabe am Ende des Tages – der Autofahrt. Das Ganze im Dunkeln (wir erinnern uns, bei Müdigkeit lässt die Sehfähigkeit nach), bei vielleicht schlechtem Wetter wie Regen oder Verzögerungen wie Staus. Sie kommen also mit gefühlten 0,5 Promille am Ziel an – geplant. Eigentlich keine gute Idee, trotzdem tut man es.

Einfluss von Schlafmangel auf die Fehlerhäufigkeit

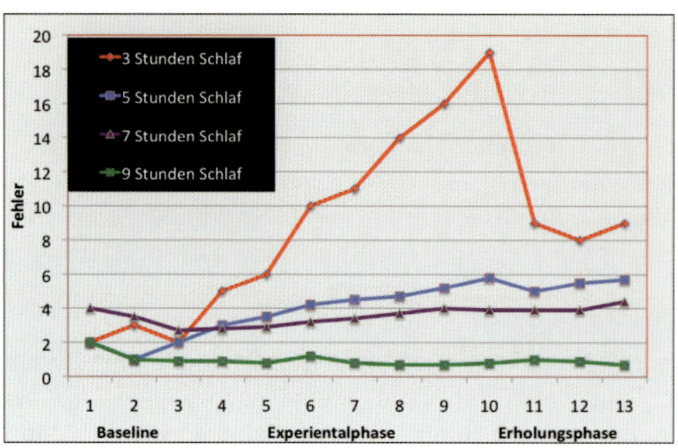

Eine interessante Frage im Zusammenhang mit Schlafmangel ist natürlich die Häufung von Fehlern. In einer Studie von Balkin im Jahr 2000 wurde genau diese Frage untersucht.

Vigilance Task Performance – Studie zu Fehleranfälligkeit unter Ermüdung (Balkin 2000).

Die Studie kam zu dem Resultat, dass nur geringfügig weniger Schlaf die Anzahl an Fehlern noch nicht stark ansteigen lässt. Sogar bei nur fünf Stunden Schlaf stieg die Fehleranzahl nur leicht an. Bei einem signifikanten Schlafdefizit allerdings stieg die Fehlerhäufigkeit nach anfänglich normalem Verlauf extrem stark an.

Zirkadianischer Rhythmus - der Biorhythmus

Der Biorhythmus des Körpers bestimmt und koordiniert viele biologische, neurologische und physiologische Abläufe in unserem menschlichen Körper. Es existieren über 200 verschiedene Zyklen, die parallel in unserem Körper ablaufen. So werden z.B. unsere Körpertemperatur, Pulsschlag, Hormonproduktion, uvm. durch den Biorhythmus gesteuert.
Gesteuert wird dieser Rhythmus in erster Linie durch externe Taktgeber. Der wichtigste dieser Taktgeber ist Licht. Primär ist damit das Tageslicht gemeint. Unsere innere Uhr läuft ohne äußere Einflüsse gemäß einem 24:18 Stunden Tag (Czeisler et al., 1999). Wir sind in der Lage, diesen Ablauf durch externe Zeitgeber anzupassen, allerdings vergehen bis zu dieser Anpassung einige Tage. Diese Taktgeber können z.B. feste Essenszeiten in Ihrem täglichen Ablauf sein. Wenn Sie diese plötzlich ändern, haben Sie leicht den Eindruck eines falschen Zeitgefühls.
Der Biorhythmus bestimmt aber auch die Zeiten unseres Körpers, in denen er wachsam und leistungsfähig oder müde ist.

So ist z.B. unser Körper in der Zeit zwischen 02:00 und 06:00 Uhr nachts auf einem zirkadianischen Tiefpunkt. In dieser Zeit ist das Bedürfnis für Schlaf besonders hoch. Gerade wenn zu dieser Zeit komplexe Tätigkeiten ausgeübt werden müssen, ist das für den Menschen mit Herausforderungen verbunden.

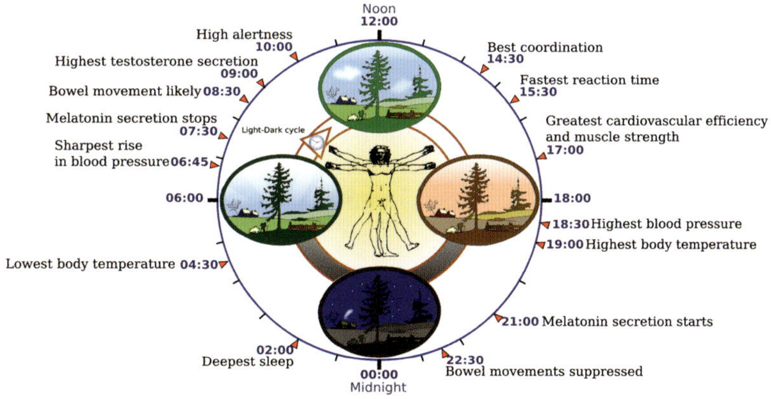

Beispielhafte Darstellung unseres zirkardianischen Kreislaufs mit Körperphasen.

Während unsere innere Uhr ohne äußere Reize auf den oben erwähnten 24:18 Stunden-Zyklus läuft, gibt es diverse externe Taktgeber die unseren Biorhythmus beeinflussen können. Licht als wichtigstes Element haben wir schon genannt. Dazu kommen soziale Faktoren wie die Zeiten

für bestimmte Aktivitäten oder Sport, Mahlzeiten, Fernsehprogramme, usw.
Manchmal wird es nötig diese innere Uhr an andere Umstände anzupassen. Bei Reisen durch mehrere Zeitzonen haben wir alle mit Zeitumstellung zu kämpfen. Das ist nichts anderes als die Anpassung des Biorhythmus an die neue Zeit und den damit verbundenen Tag-/Nacht-Zyklus. Diese Anpassung nimmt etwas Zeit in Anspruch. Faustregeln für diese Anpassung gibt es mehrere. Die einfachste ist die drei-Tages-Regel: Der Körper braucht ca. drei Tage, um sich an den neuen Tag-/Nacht-Zyklus anzupassen. Die komplette Anpassung kann dann noch bis zu sieben Tage dauern. Zugegeben ist das etwas allgemein und mag auch nicht auf jeden zutreffen, aber es ist ein Anfang. Eine etwas genauere Faustregel berücksichtigt ebenfalls die Anzahl der Zeitzonen und die Reiserichtung nach Osten oder Westen. Reisen nach Westen fallen in der Regel leichter, während Reisen nach Osten für den Körper mehr belastend sind. Als Faustregel kompensiert der Körper für Reisen nach Westen ca. 1,5 Stunden pro Tag, nach Osten nur eine Stunde. Das bedeutet z.B.:

Reiseziel: Dallas, Texas, USA. Zeitverschiebung: sieben Stunden. Bei 1,5 Stunden Anpassung pro Tag würde das bedeuten, dass der Körper nach ca. viereinhalb Tagen angepasst wäre (7:1,5 = 4,6).

Bei Reisen nach Osten dauert die Anpassung dementsprechend länger, unter Umständen sogar über eine Woche.
Die größte Gefahr hinsichtlich Ermüdung im Zusammenhang mit dem zirkadianischen Rhythmus ist die Ausübung komplexer Tätigkeiten in Zeiten der natürlich bedingten Tiefpunkte unseres Körpers. Das heißt Nachtarbeit, Schichtarbeit, ständig wechselnde Arbeitszeiten oder unvorhersehbare Änderungen der Arbeitszeiten stellen für den Menschen im Arbeitsumfeld ein nicht zu unterschätzendes Risiko dar. Trotzdem befindet der Mensch sich immer wieder in Situationen, in denen er genau diesem Risiko ausgesetzt ist. Schichtarbeiter oder Piloten bei Transatlantikflügen sind hier nur zwei Beispiele von vielen.
Für den Privatpiloten sind diese Bedingungen eher selten ein Faktor. Es sei denn, er begibt sich auf lange Überlandflüge oder Überführungsflüge, die vielleicht auch noch bis spät in den Abend hinein dauern. Trotzdem ist es auch für den Hobbyflieger gut zu wissen, wie Ermüdung auch im Alltag das Hobby Fliegerei beeinflussen kann. Gerade wenn noch andere Stressoren auf den Piloten einwirken.

Andere Einflussfaktoren auf Fatigue

Sind zu wenig Schlaf und die Unterbrechung des Biorhythmus offensichtliche, unmittelbare Einflussfaktoren von Ermüdung, so tragen andere Dinge ebenfalls zu der körperlichen Leistungsfähigkeit des Menschen bei.
Darunter fallen z.B. die Arbeit unter extremen Bedingungen wie Hitze, Kälte, Luftfeuchtigkeit, Wind oder bei Seegang auf einem Schiff. In meiner Zeit als Fluglehrer in den USA hatten wir einen Temperaturindex, der anhand der Temperatur und der Luftfeuchte bestimmt wurde. Je

nach Wert des Index wurde genau festgelegt, wie lange man sich im Freien aufhalten durfte. Im Sommer wurden kritische Werte zum Teil sogar schon morgens um 08:00 Uhr erreicht. Das bedeutete, dass die Piloten sich maximal eineinhalb Stunden während des Arbeitstages im Freien aufhalten durften. Für die Vorfluginspektion mit Anlassen der Triebwerke und Rollen zur Startbahn benötigte man in der Regel eine halbe Stunde. Musste man aufgrund eines technischen Problems die Maschine wechseln, war man leicht mal eine Stunde am Stück draußen »auf der Platte«. Flog man am Nachmittag dann noch mal, war es nicht mehr möglich die Maschine zu wechseln, ohne dass die maximale Zeit überschritten werden würde. So mussten ein ums andere mal Flüge ausfallen.
Unter extremen Bedingungen ist es wichtig, dass der Körper gut hydriert ist und ausreichend Flüssigkeit zur Verfügung steht. Auch eine gute körperliche Grundfitness kann Fatigue entgegenwirken. Eine gesunde Ernährung ist ebenfalls nicht zu vernachlässigen. Sind diese Dinge nicht gegeben, wird der Körper anfällig für Ermüdung.
Ebenfalls nicht zu unterschätzen sind psychische Faktoren: Persönliche Probleme, Todesfälle in der Familie oder Freundeskreis, Scheidung, finanzielle Probleme oder zu hohe Arbeitsbelastung können Faktoren sein, die Einfluss auf die Leistungsfähigkeit und Ermüdung des menschlichen Körpers haben. Wir sind zwar in der Lage, solche Dinge bis zu einem gewissen Grad in unserem Gehirn abzuspeichern und auszublenden. Dieser Abschottungsmechanismus gehört zu den Abwehrmaßnahmen unseres Gehirns. Allerdings funktioniert dies nur bis zu einem gewissen Grad. Wann die kritische Schwelle erreicht wird, können wir nicht vorhersehen. Dieser Abwehrmechanismus unterliegt allerdings einigen Einschränkungen. So können wir Stressoren nicht komplett ausblenden. Sind mehrere Stressoren vorhanden, verringert sich die Fähigkeit zur Abschottung.

Allgemeine Gesundheit

Auf den ersten Blick ist die eigene Gesundheit ein wichtiges Element der eigenen Leistungsfähigkeit. Trotzdem ignorieren wir oftmals die Warnsignale unseres Körpers wenn es um einfache Krankheiten wie z.B. Erkältungen, Kopfschmerzen oder Grippe-Infektionen geht. Dabei können diese Krankheiten als Stressor vermehrt zu Fehlern führen, da sowohl die mentale als auch die physische Leistungsfähigkeit beeinflusst werden. Ungeachtet dieser Tatsache gibt es Menschen, die trotz deutlicher Symptome einer Krankheit zur Arbeit gehen. In einigen Jobs mag das keine große Folgen haben, außer dass man vielleicht das ganze Büro infiziert. In der Fliegerei ist das nicht so. Ein guter Gesundheitszustand ist die Grundvoraussetzung zum Führen eines Flugzeugs. Nahezu jeder Luftfahrtzeugführer in der Luftwaffe kennt diese Regel. Trotzdem vermied auch ich es gerade als junger Pilot oft, den Fliegerarzt wegen einer kleinen Erkältung aufzusuchen. Der würde einen ja dann »grounden« (krankschreiben, was bedeutet: nicht fliegen). Als junger, aufstrebender Pilot wollte man aber so viel in der Luft sein wie möglich. Also ignorierte man die Symptome der Erkältung, ging nicht zum Arzt, aber dafür fliegen. Das böse Erwachen erfolgte dann meistens im Landeanflug, weil man den Druckausgleich nicht mehr hinbekam. Die Folge waren dann nicht selten geplatzte Trommelfelle. Ob es das im Nachhinein dann wert war, ist die Frage.

»IM SAFE«-Modell

Ein gutes Werkzeug für Piloten zur Überprüfung des eigenen Befindens, um festzustellen, ob man ohne Einschränkungen »fit to fly« ist, bietet das sogenannte »IM SAFE«-Modell – welches für »I am Safe« steht. Dabei werden innerhalb dieser Mnemotechnik die folgenden Punkte betrachtet:

I – Illness (Krankheit)
Ist der Pilot krank oder zeigt Symptome einer Krankheit die seine Leistungsfähigkeit in der Luft beeinträchtigen können?

M – Medication (Medikamente)
Nimmt der Pilot derzeit Medikamente ein, die seine Leistungsfähigkeit in der Luft beeinträchtigen können?

S – Stress
Steht der Pilot unter Stress (psychologisch/emotional), was seine Leistungsfähigkeit in der Luft beeinträchtigen kann?

A – Alcohol (Alkohol)
Hat der Pilot Alkohol konsumiert? In der Luftfahrt gilt die Null-Promille-Regel. Zusätzlich dazu gibt es unter Umständen auch noch die zwölf-Stunden-Regel.

F – Fatigue (Ermüdung)
Hatte der Pilot genügend Schlaf oder Crew Rest?

E – Eating (Ernährung)
Hat der Pilot vor dem Flug ausreichend Nahrung und Flüssigkeit zu sich genommen?

Zugegeben ist dieses Modell eher simpler Natur, aber trotzdem bietet es einige durchaus vernünftige Ansatzpunkte, um festzustellen, ob Sie wirklich flugtauglich sind.

Monotonie im Cockpit

Fliegen ist eigentlich per se nicht langweilig oder eintönig. Wobei – es kommt ganz darauf an: Überlandnavigation mit Karte, Uhr und Kompass oder Sightseeing ist vermutlich nicht gerade monoton. Lange Überführungsflüge mit Unterstützung des Autopiloten über einer geschlossenen Wolkendecke dagegen vielleicht schon. Ich habe auf Verlegungen und Überführungen auch immer gerne den Autopiloten genutzt. Das macht die Sache etwas entspannter, keine Frage. Aber die Nutzung eines Autopiloten und die nun vom Piloten übernommene Überwachung der

Flugparameter kann in der Tat leicht monoton und eintönig werden. Es ist wissenschaftlich erwiesen, dass monotone Arbeiten zu physiologischen Aufmerksamkeitsstörungen führen können. Physiologische Messungen haben gezeigt, dass Piloten in monotonen Phasen des Fluges mit Abfall des Blutdrucks und mit bis zu 30% reduziertem Puls reagiert haben. Unser menschliches Gehirn ist einfach nicht für monotone Arbeit in einem präzisionsgeprägten Arbeitsumfeld konstruiert. Wir neigen schon nach wenigen Minuten zum »Abschalten«. Dieses Phänomen wird auch als tonische Aufmerksamkeit oder Restaufmerksamkeit bezeichnet. Unter solchen Bedingungen kommt das Gehirn nur unter bestimmten Reizbedingungen wieder zu vollem Bewusstsein. Das Resultat ist ein Aufmerksamkeitssprung. Alarmreize führen dann zu einem Übergang von der Restaufmerksamkeit, die noch vorhanden ist, zu einer mehr oder weniger vollen Aufmerksamkeitsleistung. Es ist nachgewiesen, dass die Reaktionsträgheit mit der Dauer der monotonen Aufgabe zunimmt, in der Folge dauert die Umstellung auf die volle Leistungsfähigkeit länger. Das ist insbesondere dann ein Problem, wenn durch eine kritische Situation die Arbeitbelastung nach einer solchen Phase ohne Vorwarnung ansteigt. In dieser Phase kann das Gehirn seine volle Leistungsfähigkeit nicht zur Verfügung stellen. Ein weiteres Problem in dieser Situation ist die Entstehung von Konflikten zwischen automatisierten und bewussten Handlungen. Diese Interferenzen führen im ungünstigsten Fall zu Fehlbedienungen. Das bedeutet, dass die automatische Reaktion etwas anderes ausführt, als eigentlich bewusst beabsichtigt war.

Gegenmaßnahmen - Fatigue Counter Measures (FCM's)

Wir haben nun einen Eindruck davon bekommen, wie Ermüdung entsteht und welchen Einfluss dies auf unsere Leistungsfähigkeit haben kann. Was kann ich aber jetzt aktiv dagegen tun?

»Schlaf-Etikette«

Die beste Gegenmaßnahme ist wohl offensichtlich: Ausreichend Schlaf! Testen Sie, wie viel Schlaf Sie benötigen. Versuchen Sie dann, diesen benötigten Schlaf durch täglich feste Schlafzeiten einzuhalten. Damit unterstützen Sie den Biorhythmus Ihres Körpers. Entwickeln einer »Schlaf-Etikette« hilft dabei, auch wirklich erholsamen Schlaf zu bekommen. Ihr Schlafzimmer sollte dunkel, ruhig, kühl und komfortabel sein. Dieser Raum sollte nur zum Schlafen genutzt werden. Können Sie nicht einschlafen, stehen Sie auf und führen Sie eine ruhige Aktivität durch, bis Müdigkeit eintritt (es hilft nichts, wenn man sich nachts ständig von einer Seite auf die andere wälzt.). Auf die Einnahme von stark gewürzten oder fettigen Speisen, Alkohol und Nikotin sollte vor dem Zubettgehen verzichtet werden. Spätestens vier Stunden vor dem Schlafengehen sollte auf Koffein, Schokolade und (anregenden) Tee verzichtet werden. Auch sollte bis spätestens drei Stunden vor dem Schlafen gehen kein Sport mehr getrieben werden.

Wichtig ist, dass der Schlaf wirklich erholsam ist. Wenn trotz genug Zeit kein ausreichender Schlaf in der Nacht gefunden werden konnte, hilft das Ihrem »Schlafkonto« nämlich nicht.

Andere effektive Maßnahmen sind eine gute Planung und ein vorhersehbarer Zeitplan. Arbeitszeiten können nicht immer aktiv im Sinne von Biorhythmus Problemen beeinflusst werden. Dann wird es umso wichtiger, ausgeruht in eine hohe Belastungsphase einzusteigen.

Wach bleiben

Natürlich existieren genauso Maßnahmen, die dazu dienen, noch ein paar Reserven aus dem Körper herauszukitzeln, wenn es mal unumgänglich ist. Die deutsche Gesellschaft für Schlafmedizin empfiehlt z.B.:

Ausreichend Trinken:
- Süßer Eistee, Softdrinks (am besten zuckerhaltig), Grüner Tee, Energy Drinks
- Heiße Schokolade
- Kaltes Wasser

Essen:
- Natürlicher Zucker: Äpfel, Citrusfrüchte, Wassermelone, Ananas
- Eiscreme
- Keine »schwere« Kost
- Auf etwas kauen (sauer, bitter, Kaugummi)

Bewegung, Aktivitäten:
- Strecken und Dehnen (hilft der Blutzirkulation)
- Mit jemandem sprechen oder unterhalten
- Gesicht mit kaltem Wasser waschen

Dies sind natürlich nur kurzzeitige Methoden, die keinesfalls von Dauer sein können und man sollte sich gut überlegen, ob es in einer Situation mit erkannter Müdigkeit nicht doch ratsamer ist, eine kleine Pause zu machen. Es gibt noch eine weitere Möglichkeit, die sich sehr gut dazu eignet, die eigene Leistungsfähigkeit über einen Tiefpunkt hinaus auf einem hohen Level zu halten oder sogar präventiv einsetzbar ist: der »Nap«.

Der Nap

Der »Nap« – oder auf Deutsch frei übersetzt, das »Nickerchen« –, ist ein hervorragendes Hilfsmittel, um in Situationen, wo ausreichender, zusammenhängender Schlaf nicht möglich ist, das Schlafkonto etwas aufzufüllen. Der Nap reduziert den »homeostatic sleep drive«, also das Schlafbedürfnis, das in unserem Gehirn verankert ist.
Damit Nap's funktionieren, ist nur eine simple Regel einzuhalten (diese aber tatsächlich):

- Naps sollten maximal 45 Minuten dauern.

Je nach Studie werden unterschiedliche optimale Zeiten genannt. Als Zeitrahmen werden allgemein 10–45 Minuten genannt. 45 Minuten sollten deshalb nicht überschritten werden, um den Eintritt in eine neue, tiefere Schlafphase zu verhindern. Geschieht dies, ist der Nap sogar kontraproduktiv und der Körper braucht sehr viel mehr Zeit, um danach wieder fit zu werden.
Um die Qualität eines Naps zu erhöhen können folgende Dinge getan werden:

- Nutzen einer Schlafmaske und Gehörschutz – so werden Licht und andere äußere Taktgeber ausgeschlossen.
- Beste Zeitfenster sind zwischen 14:00–16:00 Uhr und 03:00–06:00 Uhr
- Wenn möglich Naps präventiv nutzen, also bevor die Müdigkeit eintritt
- Je mehr, desto besser!

Die nach einem Nap für ca. 15–20 Minuten auftretende Reaktionsträgheit ist normal (und sollte bei der Planung berücksichtigt werden). Das größte Problem im Zusammenhang mit Naps ist vermutlich, dass »auf Befehl« schlafen für viele nicht ganz einfach ist. Das kann allerdings mit Hilfe von autogenem Training erlernt werden. Auch sollte man, um das 45 Minuten-Limit nicht zu überschreiten, einen Wecker (Handy, Armbanduhr mir Alarm) zur Hand haben.
Die einfachste und erfolgreichste Maßnahme, um Ermüdung vorzubeugen, ist aber allen »Abkürzungen« zum Trotz, genügend Schlaf und ein möglichst stressfreies Umfeld. Als Privatpilot sollten sie es selbst in der Hand haben, wann Sie fliegen gehen. Je nach Art und Umfang des Fluges sollten Sie vorbereitet und ausgeruht sein. Das umfasst die Flugvorbereitung genauso wie Ihre eigene körperliche Verfassung.

Stress

Stress ist ein in unserer Bevölkerung fest verankerter Sammelbegriff für etwas, das uns in unserem täglichen Leben belastet. Zuweilen meint man gar, dass es ohne Stress gar nicht mehr geht. Sätze wie: »Ich bin gerade total gestresst!« oder die Frage: »Hast du gerade Stress?« klingen gar nach so etwas wie einem immer präsenten Zustand unseres täglichen Lebens. Aber was genau ist Stress eigentlich?
Der Begriff »Stress« ist in unserem Sprachgebrauch ausschließlich negativ behaftet. Stress ist schlicht und einfach schlecht. Es gibt zwar in der Wissenschaft auch Stimmen die behaupten, es gäbe »guten« oder positiven Stress, aber dazu später mehr. Man kann Stress auch als die Summe aller auf uns wirkenden Reize bezeichnen. Stress kann auch die Reaktion auf ein eingetretenes Ereignis oder eine Situation sein. Und zwar eine Situation, die wir allgemein als ungut oder Bedrohung empfinden. Darunter verstehen wir alles, was Unruhe, Besorgnis oder Angst auslösen kann. Unser Körper und Geist reagieren darauf mit erhöhter Aktivität. Diese Reaktion stammt noch aus der Urzeit: Angriff oder Flucht? Kontrollierbar oder nicht?
Findet unser Gehirn keine Lösung für ein Problem, beginnen wir, uns unwohl zu fühlen. Der Stresslevel steigt an. Unser Körper reagiert. Beispielsweise wird die Herzfrequenz erhöht und Blut zu den wichtigen Muskelgruppen geleitet. Wir fangen an Hormone auszuschütten, wie z.B. Adrenalin. Die Atmung wird schnell, flach und unregelmäßig. Durch eine Bedrohung kann ebenfalls ein Tunnelblick durch Fixierung oder Verwirrung entstehen, wodurch wiederum die Wahrnehmung gestört wird und den Verlust von SA zur Folge haben kann. Wie wir bereits wissen, ist das in der Fliegerei kein unbedingt erstrebenswerter Zustand. Stress bindet Kapazitäten und Reserven. Die Frage ist also, wie sich Stress auf unsere Leistung auswirkt?

Stress und Kapazität

Gehen wir einmal davon aus, dass wir uns in einem normalen, ausgeruhten Zustand ohne irgendwelche zusätzlichen unmittelbaren Belastungen befinden. Unser Stresslevel ist also recht niedrig. Beeinflussen tun uns natürlich immer zum Teil physiologische oder psychologische Faktoren. Diese Faktoren nennen wir Stressoren. Darunter zählen z.B.: familiäre Probleme, Angst, Krankheit, Hunger, Durst, Zeitdruck, Lärm, Hitze, Kälte, Müdigkeit, usw.
Diese Stressoren nehmen einen gewissen Raum unserer verfügbaren Kapazitäten ein.

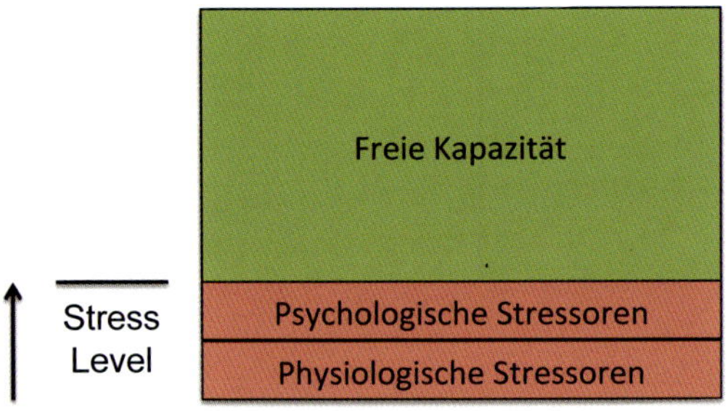

Kapazitäten-Modell (Richter).

Kommen nun noch mehr Stressoren hinzu, nimmt die verfügbare freie Kapazität immer weiter ab. Bis zu dem Punkt, an dem die freien Kapazitäten zum Erfüllen der Aufgaben nicht mehr ausreichen. Die Folge sind der Verlust von SA und Fehler.
Die Auswirkungen von Stress auf ein Individuum sind dabei von Mensch zu Mensch verschieden; Stress wird individuell empfunden. Der junge Flugschüler empfindet bestimmte Situationen als schwierig, teilweise sogar als gefährlich, während der erfahrene Fluglehrer die Situation als nicht wirklich dramatisch empfindet. Der Flugschüler wird in diesen Situationen sicherlich Stress empfinden, wenn er sie noch nicht erlebt hat. Unter normalen Bedingungen wird der Fluglehrer aufgrund seiner Erfahrung von Haus aus mehr Kapazität mitbringen.

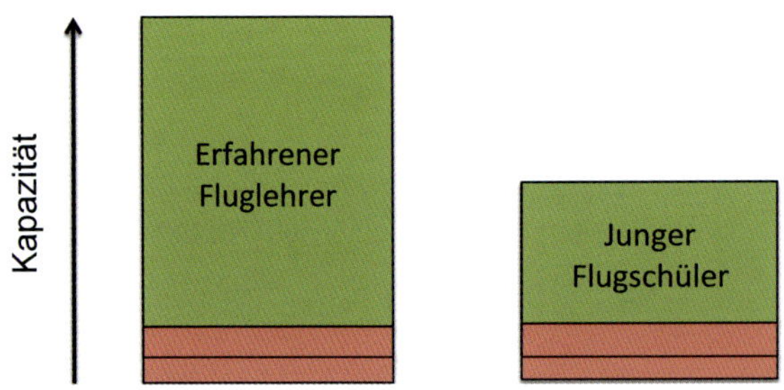

Vergleich unterschiedlicher Kapazitäten am Beispiel Erfahrung.

Ein Flugschüler kann sicherlich durch die Aufgaben des nächsten Fluges schnell einen erhöhten Stresslevel haben. Auch ein bevorstehender Checkflug wird sicherlich einen Einfluss auf seine Kapazitäten haben und einen gewissen zusätzlichen (vielleicht sogar vom Prüfer gewünschten) Stress erzeugen. Das erscheint uns offensichtlich.
Viel interessanter ist aber der Blick auf unseren Fluglehrer. Was ist z.B., wenn unser erfahrener Fluglehrer gerade Ärger mit dem Bau seines Traumhauses hat, und die Kosten ihm über den Kopf wachsen? Darüber hinaus hatte er morgens einen heftigen Streit mit seiner Frau. Schon auf der Fahrt zum Flugplatz war er dermaßen am Grübeln, dass er an einer Ampel einen kleinen Auffahrunfall mit leichtem Blechschaden verursacht hat. Durch den Unfall hat er sich außerdem noch verspätet. Wie werden wohl der wirkliche Stresslevel und die noch vorhandenen Kapazitäten aussehen?

Die oben genannten Stressoren können sogar dazu führen, dass unser erfahrener Fluglehrer jetzt weniger Kapazität für den bevorstehenden Flug zur Verfügung hat als sein junger Flugschüler. Eine zugegeben suboptimale Konstellation. Es lohnt sich also durchaus darauf zu achten, nicht mit zu vielen angesammelten Problemen in ein Flugzeug zu steigen. Von außen betrachtet ist uns diese verminderte Leistungsfähigkeit nicht unbedingt anzusehen. So können also noch andere Probleme hinzukommen. Der Flugschüler ahnt schließlich nichts von den Problemen seines Lehrers und erwartet uneingeschränkte Leistungsfähigkeit. Dieser kann dann sehr wohl überrascht werden, wenn nun in einer kritischen Situation gerade die nicht mehr vorhanden ist.

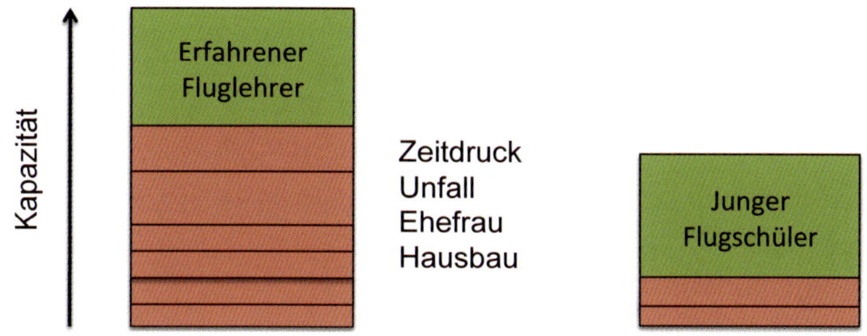

Verringerung der Kapazität durch Stressoren.

Stress und Leistung

Nun ist es nicht so, dass wir nur ohne Stress optimal funktionieren. Ganz im Gegenteil. Wir brauchen gewisse Reize, um optimale Leistung zu liefern. Es gibt nicht wenige Fluglehrer die behaupten, dass ein wenig Druck (= Stress) noch keinem Flugschüler in der Ausbildung zum Piloten geschadet hätte. Und da ist durchaus etwas Wahres dran.
Der Mensch braucht Anreize für optimale Leistung. Aus welcher Motivation heraus diese Reize stammen ist für uns dabei erst einmal unerheblich. Ein Mensch der ständig unterfordert ist, wird über kurz oder lang nicht seine beste Leistung bringen. Steigen die Reize, wird die Leistungsfähigkeit verbessert. Die grafische Darstellung der Stress/Leistungskurve von Yerkes-Dodson soll dies verdeutlichen.

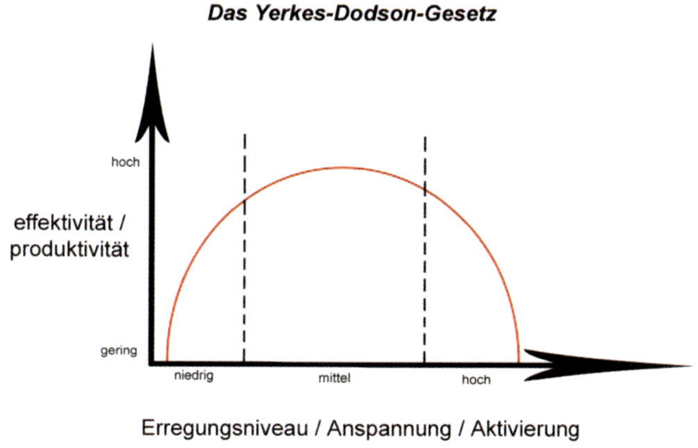

Nach dem Yerkes-Dodson Gesetz (1908) steht die kognitive Leistungsfähigkeit in Abhängigkeit von unterschiedlichen Erregungsniveaus. Diese werden auch als »Aktivationsniveaus« bezeichnet. Der Leistungsverlauf ist bei jedem Menschen unterschiedlich. Er hängt von der Höhe der emotionalen Aktiviertheit ab. Bei Unterforderung bleibt der Mensch hinter seinen

Möglichkeiten zurück – es entsteht ein Leistungsloch. Durch ein gesundes Maß an emotionaler Aktiviertheit kann die Leistung bis zu einem Spitzenwert gesteigert werden. Erhöht sich das Anspannungsniveau über einen maximalen Wert, fällt die Leistung wieder ab. Es existieren Modelle und Meinungen, bei denen die linke Seite als positiver Stress (Eustress) bezeichnet wird, der benötigt wird, um die volle Leistungsfähigkeit abzurufen. Auf der rechten Seite finden wir dann den Distress, den negativen Stress. Heute wird diese Unterscheidung allerdings nicht mehr so häufig angewendet.
Der Begriff »Stress« hat auch für mich eine negative Bedeutung. Für mich gibt es so etwas wie guten Stress nicht. Es existieren bestimmte Reize, eine Motivation oder eine Anspannung die mich zu Höchstleistungen treiben, aber Stress als solcher ist nicht positiv. Eine kurzfristige Anspannung, z.B. in Form einer Herausforderung, ist völlig normal und trainiert Körper und Gehirn. Schlägt diese Anspannung aber in längerfristigen oder unkontrollierbaren Stress um, steigt der persönliche Druck und die mentale Leistungsfähigkeit sinkt ab.
Wer also gute Leistungen erzielen will, sollte über die Fähigkeit verfügen, seine eigenen Stressreaktionen und seine Grenzen diesbezüglich möglichst genau einschätzen zu können. Werden diese rechtzeitig erkannt, besteht die Möglichkeit die verursachenden Umstände insofern zu beeinflussen, dass ein Überschreiten der kritischen Belastungsgrenzen vermieden wird.

Stressverstärker
Zusätzlich zu externen Stressoren, die auf den Menschen in Form von negativen Ereignissen oder Vorkommnissen einwirken, können diese durch bestimmte Verhaltensweisen noch verstärkt werden. Menschen z.B., die immer alles perfekt machen wollen, setzen sich zusätzlich unter Druck und damit unter Stress. Persönliche Stressverstärker können z.B. sein:

- Einzelkämpfer-Mentalität
- Es allen recht machen zu wollen
- Unrealistische Erwartungen haben
- Einstellung von Hilflosigkeit (»Opferhaltung«)
- Alles selbst machen zu wollen
- Alles auf sich beziehen
- »Muss-Denken« – Wünsche werden zu Forderungen
- »Alles-ist-schlecht-Haltung«
- Überbewerten von schlechten Ereignissen

Diese Aufzählung erhebt keinen Anspruch auf Vollständigkeit, das Muster wird aber deutlich. Neigen wir zu solchen Denkweisen, wird unsere Stresstoleranzschwelle unter Umständen stark herabgesetzt. Das bedeutet, die maximal zulässige Leistungsgrenze kann dann auch sehr schnell überschritten werden. Für uns ist es deshalb wichtig zu wissen, wann Stress beginnt, unsere Leistungsfähigkeit negativ zu beeinflussen.

Stress erkennen
Wir unterscheiden hier zwischen mentalen und körperlichen Signalen (Flags). Je früher ich Anzeichen für Stress erkenne, umso eher und leichter ist es, mit Gegenmaßnahmen zu reagieren.

Mentale Stress-Flags:

- Verlust von Informationsverarbeitung
- Überreaktionen
- Unbewusste Reaktionen und eingeschränkte geistige Kapazität
- Kein Vorausdenken und Planen mehr
- Gedächtnislücken
- Konzentrationsschwächen
- Oberflächliche Wahrnehmung der Umwelt
- Schwierigkeiten beim Erkennen von Mustern und Zusammenhängen

Körperliche Stress-Flags:

- Erhöhter Puls
- Flache, schnelle und unregelmäßige Atmung
- Hautabkühlung
- Schweißausbrüche
- Verkrampfungen

Bei lang anhaltendem Stress hat der Körper keine Möglichkeit zur Regeneration. Bei Langzeitstress können in der Folge dann u.a. die folgenden Symptome auftreten:

- Müdigkeit
- Lustlosigkeit
- Depressionen
- Besorgnis
- Konzentrationslücken
- Gedächtnisschwächen

Erkennen Sie diese Symptome am Boden vor dem Flug oder in der Luft, ist es wichtig, die richtige Antwort dagegen parat zu haben. Akzeptieren von Stress ist dabei die denkbar schlechteste Lösung. Das wird vielleicht ein paar Mal, aber nicht lange gut gehen. Piloten sind ohne Frage oft Situationen ausgesetzt in denen Stress schnell und unvorhersehbar entstehen kann. Gerade wenn sie allein im Cockpit sitzen. Aus diesem Grund ist es ratsam, die richtige Bewältigungsstrategie in petto zu haben.

Stressbewältigungsstrategien

Jeder Mensch hat seine eigene Strategie mit Stress umzugehen. Eine der gängigsten Gegenmaßnahmen gegen Stress ist vermutlich Verdrängung. Wirklich gelöst wird aber das Stressproblem dadurch eher selten. Die NASA hat in einer Studie zur Stressbewältigung herausgefunden, dass es sich durchaus lohnt, das Verhalten von »Top Performern« zu beobachten und zu versuchen, von deren Arbeitsweise zu lernen. Die »Top Performer« der Studie zeigten z.B. folgende Verhaltensweisen:

- Vorausplanen
- Setzen von Prioritäten (das Richtige zur richtigen Zeit tun)
- Sich auf das was möglich ist zu konzentrieren
- Bei Overload Hilfe zu Rate ziehen

Der wichtigste Punkt der zu beobachteten Personen war die Erkenntnis des strukturierten Vorgehens und dem Glauben, die Aufgaben lösen zu können. Der Gedanke an das mögliche Versagen wird ausgeklammert.
Zusätzlich dazu gibt es eine Reihe von persönlichen Stressbewältigungsstrategien die dabei helfen, Stress zu reduzieren. Dabei unterscheiden wir unter anderem zwischen körperlichen und kognitiven Gegenmaßnahmen.

Körperliche Maßnahmen:

- Atmung kontrollieren
- Ruhige, tiefe Atmung entspannt den Körper
- Bewusstes Entspannen des Nackens und der Schultern
- Die Augen fokussieren und auf nahe Objekte richten

Kognitive Maßnahmen:

- Die Bedrohung analysieren
- Die Bedrohung in eine Herausforderung umwandeln (dadurch wird der automatische Reaktionsablauf im Gehirn verändert. Wir sind nicht mehr im Fluchtmodus sondern ersetzen diese durch Anreize zur Leistungssteigerung.)
- Realität akzeptieren
- Ärgerliche Situationen »abhaken«, nach vorne denken
- Sich nicht selbst abwerten
- Nicht grübeln
- Sich an etwas erfreuen
- Sportliche Aktivitäten ausführen/verstärken
- Erlernen von Entspannungstechniken
- Negative Emotionen stoppen

Diese Maßnahmen sind natürlich allgemeiner – und auch vorbeugender – Natur. Im Flugzeugcockpit sind manche dieser Vorschläge nicht unbedingt durchführbar. Einige dieser Strategien bilden allerdings die Grundlage für das nächste Kapitel »Verhalten bei Notfällen«. Ohne Zweifel entsteht in kritischen Situationen wie einer Luftnotlage ein gewisses Maß an Stress. Damit Sie trotzdem alles unter Kontrolle behalten, werden wir im nächsten Kapitel einige dieser Strategien in konkrete Handlungen im Cockpit umwandeln.

Spirit
of
t.Louis

Kapitel 9

Verhalten bei Luftnotlagen und Notfällen

»Der wirklich herausragende Pilot benutzt sein überragendes Situationsbewusstsein um Situationen zu vermeiden, in denen er seine herausragenden fliegerischen Fähigkeiten auch wirklich brauchen würde.«

Bevor wir uns im Detail dem Thema Luftnotlagen widmen, möchte ich Sie mit der meiner Meinung nach wichtigsten Regel für Piloten vertraut machen. Es ist eine dieser Sätze, die der junge Flieger sein Leben lang nicht vergisst. Für mich ist er so etwas wie ein Gesetz!

»Aviate – Navigate – Communicate« (fliege – navigiere – kommuniziere)

Falls sich ein Pilot in einer brenzligen Situation wiederfindet, ist die Anwendung dieses Leitspruchs ein erster Sicherheitsanker. Er soll uns an daran erinnern, wie wir in der Luft priorisieren sollten. Dies ist nicht nur für Luftnotlagen zutreffend, sondern in jeder Lage, in der sich der Pilot gefordert (oder auch überfordert) fühlt.
Der Satz legt die Prioritäten klar fest.

Aviate
Die oberste Priorität ist die Kontrolle über das Flugzeug! Fliegen Sie das Flugzeug – nicht das Flugzeug Sie! Wie bemerken wir, dass wir langsam die Kontrolle verlieren? Die Flugzeugparameter »laufen uns weg« – Höhe, Geschwindigkeit, der Kurs, ich verliere die Orientierung, überhöre Funksprüche, der Controller am Boden nervt. Langsam beschleicht uns das Gefühl, dass wir nicht mehr alles unter Kontrolle haben. Wir nennen das in der Militärfliegerei: »Getting behind the aircraft!« Übersetzt bedeutet das in etwa soviel wie: »Ich komme nicht mehr hinterher.« Ist man erstmal »behind«, ist es wahnsinnig schwierig, wieder an Bord zu kommen. Die Aufgaben und Probleme lösen sich ja nicht von selbst, es werden eher mehr. Die einzige Möglichkeit dies zu bewältigen ist Priorisierung! Und hier ist das Wichtigste ist die Kontrolle über das Flugzeug. Die Parameter müssen wieder »eingefangen« werden. Also gilt die erste Aufmerksamkeit unserer Höhe und Geschwindigkeit. Danach trimmen – diese Parameter sollen ja erstmal konstant bleiben.
Je nach Situation ist eventuell die Einhaltung einer VFR-Flughöhe oder sogar ein Steigflug über die minimale Sicherheitshöhe notwendig. Auch die Einhaltung eines Kurses kann dazu gehören. Dies wird allein dadurch bestimmt, wie weit sich der Pilot mittlerweile »hinter dem Flugzeug« befindet.
Dieser Schritt ist allein dazu da, das Flugzeug sicher in der Luft zu halten und die Situation nicht eskalieren zu lassen. Ist dies geschafft, wenden wir uns Schritt 2 zu.

Navigate
Nun ist es wichtig, die Orientierung wiederzuerlangen. Der gewünschte oder geforderte Kurs sollte nun eingenommen werden. Zur Orientierung ist die Nutzung aller verfügbaren Ressourcen hilfreich. Also Bodenreferenzen, Funkfeuer, TACAN, VOR, DME, NDB, GPS, usw. Manchmal hilft es auch, einfach nur aus dem Fenster zu schauen!

Communicate
Die Kommunikation mit dem Controller am Boden hat die niedrigste Priorität. Erst nachdem die ersten zwei Schritte erfolgreich waren, sollten wir die Kommunikation nach außen wieder aufnehmen. Falls das zu früh geschieht, kann das die Aufmerksamkeit zu sehr beeinträchtigen. Das bedeutet, dass sich unser Situationsbewusstsein nicht verbessert. Im Gegenteil. Ein ständig auf Sie einredender Flugsicherungscontroller kann einem ganz schön auf die Nerven gehen,

besonders wenn Sie sich gerade ein einer kritischen Situation befinden. Das ist mit Sicherheit keine böse Absicht, denn der kann ja nicht wissen, mit was für Problemen Sie sich gerade herumschlagen. Ein kurzes aber knackiges: »Stand by!«, kann da Wunder wirken. Erklären kann man die eigene Lage hinterher immer noch.
Ich möchte an dieser Stelle nochmals betonen, dass sich diese Regel für alle Situationen anwenden lässt. Ganz egal ob Luftnotlage oder Streckenflug. Es ist eine Universalregel – sie funktioniert immer!

Notverfahren

In der Welt der Militärfliegerei wird der junge Flugzeugführeranwärter vom ersten Tag an darauf trainiert, in Luftnotlagen richtig zu reagieren. Bevor er lernt, wie er sein Flugzeug taktisch einsetzt, muss er in der Lage sein, mit allen möglichen Problemen im Flug fertig zu werden. Zunächst gilt dies für Situationen, bei denen am Flugzeug technische Probleme auftauchen. Er wird schon bis zu seinem ersten Flug eine Vielzahl an Simulatorflügen absolviert haben. In manchen dieser »Sims« wird dann nichts anderes trainiert als Notverfahren. Bevor der junge Militärpilot also das erste Mal alleine in die Luft geht, hat er jede erdenkliche Luftnotlage zumindest schon einmal im Simulator trainiert (und gemeistert).

Vorbereitet sein

Die beste Chance in einer Luftnotlage zu bestehen, hat der Pilot, der gut vorbereitet ist. Das bedeutet, dass er (wenn möglich) alle für das Flugzeugmuster in Frage kommenden Notverfahren schon (mindestens) einmal, oder noch besser mehrfach, trainiert hat. So können Überraschungen vermieden und Handlungsroutinen erarbeitet werden. Der Fokus liegt dabei zunächst vermutlich auf den am häufigsten auftretenden Problemen oder besonders kritischen Notfällen. Dabei gibt es im Training verschiedene Übungsverfahren.

Üben von Notverfahren

BOLDFACE/Memory Items

Bei Notverfahren unterscheiden wir zwischen den sogenannten »Memory Items« (Militär: »BOLDFACE Items«) und normalen Notverfahren (Boldface bedeutet im Englischen: »Fettdruck«). Hier wird unterschieden, ob das Notverfahren zeitkritisch ist oder es keine sofortige Aktion benötigt. Bei den Memory- oder BOLDFACE-Verfahren hat der Pilot keine Zeit, die Check-

liste herauszuholen. Er muss die ersten, kritischen Punkte der Checkliste aus dem Gedächtnis parat haben (Memory) und schnell durchführen. Ist das geschehen, werden danach mit Hilfe der Checkliste alle anderen Punkte bearbeitet. Beim Militär wird auf die perfekte Ausführung der Boldfaces sehr viel Wert gelegt. Zu Beginn der Ausbildung schreiben die Flugschüler jeden Tag einen Test, bis alle ein 100%-Ergebnis erzielt haben. Danach schreiben sie nur noch jede Woche einen Test. Jeder Fehler wird sehr streng bewertet. In der zivilen Welt ist der Maßstab nicht ganz so streng, das Prinzip von Memory Items ist aber ähnlich.
BOLDFACE-Notverfahren erlernt der Flugschüler in der Regel als erstes. Dazu gehören je nach Flugzeugmuster in den meisten Fällen Triebwerksprobleme, Probleme beim Start, Startabbruch oder Feuer.
Wenn diese BOLDFACE Items erlernt werden, reicht es nicht aus, nur das Verfahren auswendig zu lernen. Dazu gehört auch, dass der Pilot weiß, wie die Handgriffe im Flugzeug ausgeführt werden, bzw. wo sich die dazugehörigen Schalter und Hebel befinden. Diese Handlungen sollten soweit gefestigt werden, dass sich hier Handlungsroutinen ausbilden. Das erleichtert und beschleunigt die Anwendung im Ernstfall. In der Luftwaffe absolviert jede Luftfahrzeugbesatzung in regelmäßigen Abständen ihren BOLDFACE-Test.
Sind diese Verfahren gefestigt, werden auch vermehrt die restlichen Notverfahren eingeführt und erlernt. Es ist empfehlenswert, jedes Notverfahren seines Flugzeugmusters einmal im Simulator geübt oder zumindest einmal (wenn kein Simulator vorhanden ist) in Gedanken durchgespielt zu haben.

Notverfahren im Simulator
Einer der besten Orte zum Üben von Notverfahren ist der Simulator. Hier können alle erdenklichen Notfälle simuliert und die dazugehörigen Verfahren in einem realistischen Szenario erlernt werden. Es existieren viele verschiedene Typen von Simulatoren in Flugschulen. Für die Simulation von Notfällen sollte der Simulator dem Flugverhalten und der technischen Ausstattung des realen Flugzeuges sehr nahe kommen. Nur so können die spezifischen Verfahren und Routinehandlungen sicher erlernt werden. Ist der Simulator für so etwas nicht ausgelegt, muss man sehr darauf achten, nicht versehentlich falsche Handlungsabläufe zu trainieren.
In der Ausbildung zum Militärpilot sind Notverfahren fester Bestandteil eines jeden Simulatorfluges. Ist das Notverfahren zu Beginn noch vorgegeben oder bekannt, so wird in der fortgeschrittenen Ausbildung das Notverfahren durch den Simulatorlehrer frei gewählt.

Der Standup
Für jeden Piloten, der ein amerikanisches Jetpilotentraining durchlaufen hat, ist der Begriff »Standup« für immer in sein Gedächtnis eingebrannt. Der Standup bezeichnet die Übung zur Lösung einer Luftnotlage im morgendlichen Briefing. Jeden morgen nach dem Wetterbriefing und der Vorstellung des Flugplanes, schildert ein Fluglehrer den Flugschülern eine mögliche Luftnotlage. Nachdem die Situation vorgestellt wurde, wird ein Schüler ausgewählt, der die Situation lösen muss. Dabei werden alle Handgriffe, Funksprüche, Flugmanöver und Entscheidungen genau beschrieben. Der Lehrer beschreibt den Zustand des Flugzeuges und simuliert evtl. Funksprüche. Der Schüler hat seine Handlungen so zu beschreiben, wie er es im Flugzeug auch tun würde. Die gesamte Situation übt gewollt einen gewissen Druck auf den Schüler aus: Nachdem ein Schüler ausgewählt wurde, muss dieser sich von seinem Stuhl erheben (Stan-

dup). Seine Checkliste darf er zur Lösung des Problems natürlich benutzen. Die anderen Schüler sehen die gesamte Zeit zu. Es kann jederzeit auch ein zweiter Schüler ausgewählt werden. So bleibt die Spannung in der Gruppe erhalten. Die Situation ist auch deshalb für den Schüler unangenehm, da er, falls er nicht zu einer zufriedenstellenden Lösung gelangt, vom Einsatzplan gestrichen wird, um seine theoretischen Kenntnisse zu verbessern. Am nächsten Tag »darf« er sich dann erneut beweisen.
Diese Art von Ausbildung hat natürlich einen sehr militärischen Hintergrund und eignet sich in dieser Form nicht unbedingt für eine zivile Flugschule. Jedoch ist die theoretische Behandlung einer Luftnotlage in vergleichbarer Weise durchaus sinnvoll. Man lernt so seine Checkliste kennen, und liest diese dann nicht erst im Notfall zum ersten Mal.

Notverfahren im Flugzeug üben

Mit dem Üben von Notverfahren im Flugzeug ist das so eine Sache. Sie können in der Regel keine reale Notfallsituation simulieren. Sie können zwar in einem Tornado einen simulierten Triebwerksausfall üben, jedoch schalten sie das Triebwerk nicht wirklich aus. Sie können nun das Anflugverfahren üben, jedoch produziert das »abgeschaltete« Triebwerk im Leerlauf immer noch Schub, somit ist das Flugverhalten nicht gleichzusetzen mit einem richtigen Triebwerksschaden. Auch bei einem simulierten Triebwerksausfall in Ihrer Cessna 152 schalten Sie das Triebwerk nicht aus. Es ist immer noch ein Unterschied, ob Sie den Propeller in Segelstellung haben und das Triebwerk noch läuft, oder eben nicht.
In der Privatfliegerei sind meistens schlechtes Wetter und Triebwerksausfälle die Hauptursache für Unfälle. Dies lässt sich im Flugzeug nur schwer realistisch simulieren. Den Einflug in schlechtes Wetter sollte man als VFR-PPL-Flieger wenn überhaupt nur mit einem qualifizierten Fluglehrer einmal sehen, bzw. üben. Das Verfahren dazu übt man vermutlich normalerweise nur bei schönem Wetter. Wenn man dies dann einmal unter realen Bedingungen durchführen muss, sieht das vermutlich ganz anders aus.
Ein Triebwerksausfall bei einem einmotorigen Flugzeug zu üben ist ein gängiges Verfahren. Der Lehrer zieht den Gashebel zurück, wir schauen uns nach einem geeigneten Platz für die Notlandung um und versuchen anschließend auch dorthin zu kommen. Das ist durchaus anspruchsvoll. Eine »No Power«-Landung führt man dann aber auf der Wiese verständlicherweise nicht durch. Diese passiert vermutlich nur an einem Flugplatz unter vorausgeplanten Übungsbedingungen. Leider passieren Triebwerksausfälle meistens dann, wenn ich gerade keinen Flugplatz (und keinen erfahrenen Fluglehrer) zur Hand habe. Eine Notlandung in der Wiese »übe« ich also das erste Mal, wenn ich wirklich einen Triebwerksausfall habe.

Chairflying

Leider haben wir nicht immer einen Simulator zu unserer Verfügung, um Verfahren im Flugzeug »Hands-On« zu üben. Aber es gibt einen einfachen Weg, wie sogar zu Hause im Wohnzimmer sinnvoll für die Verfahren im Cockpit trainiert werden kann. Und zwar mit der »Chairflying«-Technik. Chairflying ist im übertragenen Sinne nichts anderes als mentales Training. Der Name Chairflying leitet sich davon ab, weil der Pilot auf einem Stuhl sitzt und in Gedanken fliegt (er »fliegt« sozusagen seinen Stuhl).
In meiner Ausbildung zum Jetpiloten war diese Technik gerade zu Beginn des Trainings eine der wichtigsten und zugleich effektivsten Methoden um sich schnell im Cockpit zurechtzufinden.

Man hatte einfach nicht genug Zeit, im richtigen Cockpit oder Simulator alle Checklisten und Verfahren dort zu üben. Um auch während der unterrichtsfreien Zeit neben dem Lernen der Verfahren in den Büchern etwas »Praxis« üben zu können, musste man »stuhlfliegen«. Zu diesem Zweck konnte man sich aus der Bibliothek große Poster des Cockpits mit nach Hause nehmen. Dieses heftete man dann daheim auf dem Zimmer an eine Wand und setzte sich mit seiner Checkliste auf einen Stuhl davor und übte mental die geforderten Verfahren. Ich kenne keinen Kollegen, der nicht auf diese Technik zurückgegriffen hat. Man könnte sogar behaupten, dass man ohne Chairflying keine Chance hätte, den Lehrgang überhaupt zu bestehen.
Zu Beginn benutzte man Chairflying hauptsächlich dazu, die Checkliste für die Ground-Ops zu üben. Aber später wurden auch ganze Flüge inklusive aller nötigen Funksprüche so trainiert. Chairflying dient in erster Linie dazu, bestimmte Bewegungs- und Handlungsabläufe zu automatisieren.
Chairflying bietet dem Piloten auch die Möglichkeit Notverfahren zu trainieren. Auch wenn das wirkliche Feedback durch die Kontrolleingaben fehlen, und das Handling des Flugzeugs so nicht trainiert werden kann, können doch Verfahrensabläufe derart gefestigt werden, dass diese im Notfall beinahe automatisiert ablaufen können. Dadurch wird der Pilot im Ernstfall entlastet, da er sich verstärkt auf die Kontrolle der Maschine konzentrieren kann.
Sogar für erfahrene Piloten kann Chairflying nützlich sein. Gerade wenn bestimmte Manöver lange nicht mehr geflogen wurden, oder man erst auf einem neuen Flugzeugmuster begonnen hat. Hier kann Chairflying dabei helfen, Verfahrensabläufe wiederherzustellen und zu festigen. Sicherlich hat man als erfahrener Pilot nicht unbedingt ein Bedürfnis danach, sich zu Hause vor eine Wand mit einem gedruckten Flugzeugcockpit zu setzen. Aber ich kann Ihnen versichern, dass auch ich diese Technik während einer Umschulung für mich wiederentdeckt habe. Zu diesem Zeitpunkt war ich bereits seit über zehn Jahren aktiv und Fluglehrer. Konsequent trainiert lassen sich mit Chairflying beachtliche Erfolge erzielen. Probieren Sie es einmal aus.

Handhabung von Checklisten

Je nach Flugzeugmuster sind Checklisten (und Notverfahren) mehr oder weniger kompliziert oder umfangreich. Je einfacher das Flugzeug, desto simpler die Checkliste und übersichtlicher die Notverfahren. In einem Airbus A380 dagegen wälzen Sie eine Checkliste von der Größe eines Leitzordners.
Ganz gleich wie umfangreich Ihre Checkliste auch ist, Sie müssen Sie auch im Notfall benutzen können. Dazu sollten Sie sich über folgende Dinge Gedanken machen:

1. Falls Sie keine Checkliste auf dem Kniebrett haben sollten, muss Sie von Ihrem Sitz leicht und schnell erreichbar sein.

2. Sie sollten mit dem Inhalt der Checkliste vertraut sein. Sie sollten wissen, wo Sie finden, was Sie suchen.

3. Die Checkliste muss leicht lesbar sein. Falls eine selbsterstellte Checkliste verwendet wird, testen Sie diese auf Funktionalität und Benutzbarkeit.

4. Üben Sie das Fliegen und das gleichzeitige Bearbeiten der Checkliste. Sie werden feststellen, dass dies einiges mehr an Konzentration erfordert.

5. Nach Memory oder BOLDFACE Items: Gehen Sie diese mit der Checkliste nochmals durch, um sicherzugehen, dass Sie nichts vergessen haben.

Dass diese kleinen Hinweise durchaus ihre Bedeutung haben, soll folgende kleine Geschichte verdeutlichen:

Wir befanden uns auf einem Trainingsflug mit zwei Fluglehrern. Ich saß auf dem hinteren Sitz. Der Flug war zum Üben von Instrumentenanflügen gedacht. Kein wirklich spannender Flug, aber er war Teil unseres jährlichen Trainings. Wir führten einen PAR-Anflug (Precision Approach Radar) auf einen unserer Trainingsplätze durch. Der Pilot vorne war am Steuerknüppel, ich schaute zu. Alles lief optimal. Nach dem Durchstarten allerdings bekamen wir das Fahrwerk nicht wieder rein. Keine große Sache eigentlich. Wir hatten eine sichere Fahrwerksanzeige, der Heimatplatz war nur 40 Meilen entfernt und wir hatten mehr als genug Treibstoff. Also mit ausgefahrenem Fahrwerk zurück nach Hause. Würde eben nur ein wenig länger dauern. Nachdem wir Luftnotlage erklärt und einen Kurs nach Hause eingenommen hatten, wollten wir anhand der Checkliste überprüfen, ob wir alle Checklistenschritte richtig abgearbeitet hatten. Zu diesem Zweck sollte ich die Checkliste herausnehmen und meinen Kollegen im vorderen Cockpit vorlesen.
Leider hatte ich ein kleines Problem. Ich bekam die Checkliste nicht aus der Beintasche meiner Anti-G-Hose heraus. Ich zerrte bestimmt fünf Minuten an ihr herum, bis ich sie dann endlich, etwas zerrupft allerdings, herausbekam.
Wir landeten anschließend sicher zu Hause und hatten ein kurzes Debriefing. Diese Situation war natürlich etwas peinlich. Nicht wirklich kritisch oder gefährlich, aber was wäre denn in einer anderen Situation gewesen? Was wäre denn gewesen, wenn ich alleine im Flugzeug gesessen hätte, ohne Autopilot, vielleicht noch im Wetter unter IFR-Bedingungen? Fakt war jedenfalls: Die Checkliste in der AntiG-Hose zu haben war eine ziemlich schlechte Idee. Ich kam ja im Notfall nicht an sie heran.

Gekommen war es zu dem Ganzen letztlich wie folgt: Wir hatten kurz zuvor ein Upgrade für unsere T-38 erhalten. Die alte AT-38B war ein sehr simples, 60er-Jahre-Flugzeug. Zwei Triebwerke, zwei Generatoren, zwei Hydrauliksysteme, simple Avionik – fertig. Die Checkliste war dementsprechend relativ übersichtlich und dünn. Die neue T-38C besaß dagegen ein hochmodernes, neues Avioniksystem, mit dem Resultat, dass die Checkliste nun mehr als doppelt so dick war.

Alle Piloten meiner Staffel trugen ihre Checkliste in der Beintasche ihrer Anti-G-Hose herum. Die neue Checkliste passte allerdings kaum noch hinein und heraus ging sie dann noch viel weniger. Ab diesem Tag hatte ich meine Checkliste jedenfalls so organisiert, dass ich in jeder Lage leicht an sie herankam.
Wenn Sie alleine in einem Flugzeug sitzen, müssen Sie in der Lage sein, solche Dinge wie Ihre Checkliste selbst sicher handzuhaben. Gerade für den Piloten, der in seinem Flugzeug alleine ist, birgt dies eine nicht zu unterschätzende Herausforderung. Die Schwierigkeit liegt darin, das Flugzeug sicher in der Luft zu halten und gleichzeitig eine Checkliste während einer Stresssituation abarbeiten zu müssen. Falls auch noch der Faktor Zeit eine Rolle spielt, befindet sich der Pilot in einer Situation, in der die Fehlerwahrscheinlichkeit extrem zunimmt. Darum müssen wir versuchen, bestimmte Fehlerquellen zu minimieren.
Wenn ein Pilot ein Notverfahren mit Hilfe der Checkliste abarbeiten muss, sollte er auf folgende Dinge achten.

Cockpit-Organisation

Liegt die Checkliste auf dem Bein (Kniebrett, Navigationspult, o.ä.)? Wenn ja, auf welchem? Ein Pilot, der bevorzugt mit der rechten Hand am Steuerknüppel oder Steuerhorn fliegt, wird sich schwer tun, etwas zu lesen, was auf dem rechten Bein liegt. Sind Sie Rechts- oder Linkshänder, fliegen Sie beidhändig oder mit einer Hand, Sitzen Sie rechts oder links? Alle diese Faktoren haben Einfluss auf die Organisation Ihres Cockpits.
Wir benötigen mindestens eine Hand am Steuerhorn um das Flugzeug zu kontrollieren. Mit der anderen Hand bedienen wir die Leistungshebel, Avionik, Funkgerät, blättern die Checkliste um, usw. Diese Hand ist unsere Arbeitshand. Es ist wichtig, dass wir mit dieser Hand alle wichtigen Checklistschritte ausführen können. Falls wir das aufgrund des Cockpitlayouts nicht hinbekommen, müssen wir kurzzeitig die Hand wechseln.
Ich selbst bin Rechtshänder. Alle Cockpits von Kampfflugzeugen sind so gebaut, dass der Pilot mit der rechten Hand den Steuerknüppel, und mit der linken Hand den Gashebel bedient. Ansonsten sind die meisten wichtigen Bedienelemente so ausgelegt, dass sie mit der linken Hand erreicht oder über die Kontrollen eingegeben werden können (HOTAS – Hands on Throttle and Stick). Als Rechtshänder kommt mir diese Auslegung natürlich sehr entgegen. Auf der Beechcraft Bonanza allerdings saß ich als Schüler auf dem linken Sitz. Wir wurden aber dazu »erzogen« immer mit einer Hand am Gashebel zu fliegen, die befanden sich in der Mitte. Die ersten 20:00 Stunden meiner Fliegerlaufbahn flog ich also mit der linken Hand am Steuerhorn. Meinen ersten Kontakt mit einem Flugzeug fand ich damals dann auch »ergonomisch etwas ungünstig«. Da ich noch nichts anderes kannte, kam ich damit einigermaßen zurecht, zwangsweise. Allerdings gefiel mir später die klassische Auslegung als Rechtshänder doch sehr viel besser. Oft wird den Piloten die Entscheidung ob rechts oder links durch das Cockpitdesign abgenommen. In den meisten Kleinflugzeugen ist der linke Sitz derjenige mit der optimalen Instrumentierung. Es ist allerdings eher ungünstig, in einem Cockpit mit zwei nebeneinander liegenden Sitzen, bevorzugt die innere Hand am Steuerhorn zu haben. Wenn Sie die Wahl haben, wählen Sie den

Sitz auf der Seite Ihrer favorisierten Hand. Fliegen Sie mit rechts, rechter Sitz. Ist das Cockpitlayout bestimmend, sollte Sie sich dem anpassen. Zurechtkommen muss der Pilot im Ernstfall mit beidem.
Die steuerführende Hand bestimmt allerdings die Position der Checkliste. Es bietet sich für den Single Pilot an, eine Checkliste im Cockpit befestigen zu können damit diese im Ernstfall nicht auch noch in der Hand gehalten werden muss. Ich bin es gewöhnt, meine Checkliste mit Hilfe eines Kniebretts auf dem linken Bein zu haben. Da ich mit rechts fliege, kann ich so Dinge auf dem linken Bein leicht ablesen. Auf dem rechten Bein wäre ständig mein Arm im Weg. Auf dem rechten Bein befinden sich meine Flugdaten: Rufzeichen, Zeiten, Benzinberechnungen, Ausweichplätze und ein Feld für Notizen. Außerdem habe ich einen stärkeren Druckbleistift mit Hilfe eines breiten Gummibandes (eigene Konstruktion) an der rechten Hand fixiert. Da ich diese Flugdaten nicht ständig im Auge haben muss, hat sich diese Organisation für mich über die Jahre bewährt.

Flugplanung kann manchmal chaotisch sein – um so wichtiger ist die Organisation des Cockpits. Man beachte die Eigenkonstruktion des Bleistifthalters mit Textilstrap. Für einen Single Pilot kann so ein Tool sehr hilfreich sein. Man streift den Stift mit Hilfe des Gummibandes über die Schreibhand. So hat man den Stift immer zur Hand, er kann nicht verloren gehen und behindert beim Fliegen nicht.

Im Falle einer Notlage wird es nun interessant, wie ich meine Checkliste benutze. Ich möchte keine Punkte überspringen oder auslassen, und ich muss die einzelnen Schritte korrekt anwenden. Ich bevorzuge dabei, die einzelnen Schritte der Checkliste mit dem Finger abzuarbeiten. Das heißt, ich lege meinen Zeigefinger vor die entsprechende Nummer des durchzuführenden

Schrittes, lese mir den Schritt in Gedanken (oder auch laut) selbst vor, und führe dann die Handlung mit der linken Hand durch. Nachdem diese Handlung durchgeführt wurde, geht meine Hand wieder zur Checkliste zurück. Zunächst zum durchgeführten Schritt, dann zum nächsten. Entgegen anderer Meinungen lasse ich meine linke Hand nicht auf der Checkliste liegen und führe die Handlungen mit der rechten Hand aus. Mir ist die Kontrolle über das Flugzeug wichtiger. Es kostet unter Umständen mehr Aufmerksamkeit, die Flugparameter wieder einzufangen, als den nächsten Checklistenschritt wiederzufinden. Trotzdem ist eine konstante Kontrolle der Flugparameter vor und nach jedem Schritt ratsam.

Der richtige Schritt zu rechten Zeit

Ein weiterer wichtiger Punkt zur erfolgreichen Arbeit mit der Checkliste ist das Abarbeiten von Punkten in der Checkliste zur richtigen Zeit. Besonders wenn sich der Pilot auf die Landung vorbereitet, ist es nicht hilfreich die Checklistenschritte für die Landung erst während des Landeanfluges zu lesen. Der kluge Flieger macht sich vor einem schwierigen Anflug mit den wichtigsten Checklistenschritten vertraut. So kann die Zuhilfenahme der Checkliste im Landeanflug auf ein notwendiges Minimum reduziert werden.

Hilfe von Passagieren

Bei Notsituationen ist der verantwortliche Luftfahrzeugführer für seine Passagiere verantwortlich. Vermutlich sollte er in einer Notlage in der Lage sein, diese alleine zu bewältigen. Falls jedoch im Vorfeld genug Zeit ist kann man durchaus seinen Passagier in die Geheimnisse z.B. einer Notfallcheckliste einweisen. Er eignet sich vielleicht gut als Vorleser oder hält die Checkliste für den Piloten einfach nur in der Hand. Es ist kein Fehler, seine Fluggäste in Teile des Fluges oder bestimmte Verfahren ein wenig einzuweisen.
Falls der Pilot sich bei der Checkliste helfen lassen möchte, ist es von Vorteil kurz eine Vorlesetechnik bei Notverfahren abzusprechen. Es hat sich meiner Erfahrung nach folgende Technik bewährt:
Bei Notverfahren werden beide Seiten des Checklistenschrittes vorgelesen!

Beispiel Cessna 172 - Engine Failure in flight:

Vorlesen:

1. Airspeed - 65/70 KIAS

Pilot wiederholt bei Durchführung »Airspeed 70 KIAS«

Vorlesen:

2. Carb Heat - ON

Pilot wiederholt bei Ausführung »Carb Heat ON«

Die nachfolgenden Schritte werden dann in gleicher Art und Weise durchgeführt.
Es sollte ebenfalls besprochen werden, wann welche Schritte durchgeführt werden. Ein kurzes Gespräch vor dem Flug kann in brenzligen Situationen eine große Hilfe sein. Die meisten Privatpiloten werden in diese Lage nie kommen. Trotzdem ist es immer eine gute Idee vorbereitet zu sein und **alle** verfügbaren Ressourcen an Bord zu nutzen (Stichwort: »Crew Resource Management«)!

Luftnotlage

Für jeden Flieger kommt irgendwann der Tag, auf den er sich (hoffentlich) gut vorbereitet hat, von dem er sich aber wünschte, er würde nur anderen Piloten passieren: Der Tag der ersten Luftnotlage.
Je nach Schwere der Luftnotlage sind nun verschiedene Handlungen nötig, um Ihr Flugzeug und sich selbst wieder sicher auf den Boden zu bringen. Es gibt hierfür ein paar goldene Regeln, die auf jede erdenkliche Situation zutreffen:

1. Behalten Sie die Kontrolle über das Flugzeug!
Maintain Aircraft control!

2. Analysieren Sie die Situation!
Analyse the situation!

3. Führen Sie die notwendigen Handlungen aus!
Take the proper action!

4. Landen Sie, sobald es die Situation zulässt!
Land as soon as conditions permit!

Diese vier Schritte wird Ihnen jeder ENJJPT-Flugschüler auch nach über 20 Jahren noch fehlerfrei aufsagen können (ENJJPT = Euro Nato Joint Jet Pilot Training Program). Selbst dann, wenn er nachts um 03:00 Uhr aus dem Tiefschlaf geweckt wird. Konsequent angewendet, ist man mit dieser Regel bei jeder Luftnotlage erst einmal auf der sicheren Seite. Schauen wir diese vier Schritte einmal etwas genauer an.

Behalten Sie die Kontrolle über das Flugzeug
Zuerst einmal sollten Sie Ruhe bewahren (ja, ich weiß, dieser Ausspruch ist obligatorisch, macht aber Sinn – was hilft denn Panik?) und sich auf Ihre fliegerischen Fertigkeiten verlassen!

Die erste wichtige Aktion gilt unserem Flugzeug. Es ist absolut zwingend notwendig, das Flugzeug in einen stabilen Geradeausflug zu bringen (straight and level flight). Aus dieser Position heraus kann man alles Weitere überlegen. Tut man dies nicht, ist der Absturz schon fast vorprogrammiert.

Es ist ratsam, ein solches Manöver aus allen möglichen Fluglagen regelmäßig zu üben. Falls Sie sich in/über hügeligem Gelände befinden, müssen über die Sicherheitshöhe (Minimum Safe Altitude) für diese Region steigen, bevor Sie den Geradeausflug einnehmen. Wenn möglich, können Sie schon hier einen Kurs wählen, der das Flugzeug entweder aus dem kontrollierten Luftraum heraushält, oder in Richtung der nächsten möglichen Landebahn liegt. Darüber hinaus ist es sehr hilfreich, das Flugzeug jetzt perfekt auszutrimmen. Je eher man sich angewöhnt, sein Flugzeug immer gut getrimmt zu bewegen, desto leichter wird Ihnen dieser Schritt fallen. Umso schneller können Sie sich um das eigentliche Problem kümmern. Wie wichtig das ist, werden Sie merken, wenn Sie sich einmal länger mit Ihrer Checkliste beschäftigen müssen. Es kann hier sehr schnell zu Unaufmerksamkeiten kommen, so dass Sie für längere Zeit vom Fliegen abgelenkt werden. Ein gut getrimmtes Flugzeug wird den Kurs besser halten, und es werden nur kleine Korrekturen nötig sein. Sie können so also etwas mehr Aufmerksamkeit in ihre Checklistenarbeit investieren.

Zusätzlich möchte ich Ihnen noch einen weiteren Tipp für diesen Schritt mit auf den Weg geben. Wie wir im Kapitel Wahrnehmung gelernt haben, verlieren wir in hektischen Situationen schnell unser Zeitgefühl. Aus diesem Grunde sollten Sie sich angewöhnen, beim Auftreten eines Problems so schnell es geht die Stoppuhr zu betätigen. Für einige Notlagen ist dies vielleicht sogar zwingend notwendig, z.B. bei Verlust des Generators. Da müssen Sie nämlich wissen, wie lange die Batterie noch durchhält.

Eine andere hilfreiche Technik ist es zu wissen, mit welcher Gashebelstellung ich eine sichere Geschwindigkeit einhalten kann ohne ständig korrigieren zu müssen. Sie müssen hierbei nicht auf den Knoten genau sein. Es reicht wenn Sie die Geschwindigkeit so in einem akzeptablen Bereich halten können, und Sie nicht unbeabsichtigt in einen Stall geraten.

Falls Ihr Flugzeug mit einem Autopiloten ausgestattet ist, hängt es von der Natur des Problems ab, ob Sie den Autopiloten zur sicheren Kontrolle des Flugzeugs nutzen können. Unter Umständen verbietet die Checkliste den Einsatz des Autopiloten. Falls das Handbuch des Flugzeugs keine Einschränkungen angibt, kann die Nutzung des Autopiloten eine sinnvolle Unterstützung sein. Seien Sie sich trotzdem darüber bewusst, dass trotz Autopilot immer noch Kurs und Luftraum kontrolliert werden müssen. Es ist also nicht 100% »carefree«.

Wenn Sie das Flugzeug sicher unter Kontrolle haben, können Sie sich dem zweiten Schritt widmen!

Analysieren Sie die Situation

Nach der Kontrolle des Flugzeuges ist dieser Schritt der wichtigste zur erfolgreichen Bewältigung von Notfällen. Sie müssen herausfinden, was genau das Problem ist! Dazu müssen Sie Anzeigen und Instrumente genau analysieren. Erst nach der Analyse können Sie die ersten Gegenmaßnahmen ergreifen.

Ausnahme: Bei einem Triebwerksausfall in der Startphase werden Sie natürlich sofort die benötigten Handgriffe und Verfahren durchführen müssen. Dabei liegt die Priorität aber eindeutig auf der Kontrolle des Flugzeugs. Eine Analyse des Problems erfolgt dann erst danach.

Je nach Notlage ist die Analyse mehr oder weniger zeitkritisch. Ein brennendes Triebwerk ist sicherlich unangenehm, trotzdem wird das Flugzeug dadurch nicht plötzlich explodieren. Man muss hier also nicht unbedingt hektisch werden. Bei Bränden im Elektriksystem oder Rauch im Cockpit sieht das vielleicht ganz anders aus: Hier muss ich eventuell schnell handeln, um durch die sich entwickelnden Dämpfe oder Gase nicht handlungsunfähig zu werden. Und trotz all dieser Überlegungen ist es ratsam, sich die Situation und die damit verbundenen Anzeigen genau anzusehen.

Wir haben bereits erfahren, dass der Mensch unter Zeitdruck dazu neigt, in bestimmte Verhaltensmuster zu verfallen. Das muss nicht unbedingt schlecht sein, jedoch sind Entscheidungen, die auf Bauchgefühl oder Annahmen beruhen, mit Vorsicht zu genießen. Vergleichen Sie die Anzeigen und Symptome mit den in der Checkliste angebotenen Verfahren. So stellen Sie sicher, dass Sie auf der richtigen Checklistenseite landen. Es sollte vermieden werden, Notfallchecklisten (außer Memory Items und BOLDFACES) aus dem Gedächtnis heraus abzuarbeiten. Die Gefahr, Dinge zu vergessen ist dabei einfach zu groß.

Nachdem Sie das Problem analysiert und die Checkliste auf der korrekten Seite aufgeschlagen haben, ist es nun Zeit zu handeln.

Je nach Flugzeugmuster sind die Probleme, die entstehen können, mehr oder weniger kompliziert oder umfangreich. Die Notfallcheckliste für eine Cessna 172 ist ziemlich übersichtlich. Zum Vergleich: Die gleiche Checkliste für einen Tornado umfasst ca. 100 Seiten!

Noch ein weiterer kleiner Tipp: Es ist hilfreich zu wissen, welche Folgen identifizierte Notlagen für die Landung haben. So kann man sich schnell mental auf die Situation einstellen und die passenden Handlungsroutinen aktivieren. Auch ist es gut zu wissen, wie lange die Batterie nach Ausfall des Generators durchhält (unter Umständen muss ich dann schnell landen), oder welche Systeme durch bestimmte Ausfälle betroffen sind. All diese Dinge können die Art der Landung oder des Instrumentenanflugverfahrens beeinflussen. Je früher Sie sich hierüber im Klaren sind, desto besser und schneller können Sie in der Luft wichtige Entscheidungen treffen. Das entbindet jedoch nicht davon, die Checkliste zu Rate zu ziehen.

Es gibt natürlich auch Luftnotlagen anderer Natur. Wie schon mehrfach erwähnt, ist eine der Hauptursachen für Flugunfälle in der Privatfliegerei das Einfliegen in schlechtes Wetter. Zur Lösung dieses Problems benötigen Sie keine Checkliste. Die oben genannten vier Schritte bei Luftnotlagen können trotzdem angewandt werden. Die Analyse in einer Wettersituation basiert dann eher auf der Feststellung meiner eigenen Position und meinen daraus resultierenden Optionen.

Ausführen der notwendigen Handlungen

Mit diesem Punkt sind unterschiedliche Dinge gemeint. Zum einen beinhalten diese Handlungen die unmittelbaren Anweisungen der Checkliste. Zum anderen sind dies Dinge, die nicht unbedingt in der Checkliste zu finden sind, wie z.B. die Wahl des Landeplatzes oder die Wahl des Anflugverfahrens. Diese Handlungen sollten zum Teil parallel ablaufen. Die Wahl des Landeplatzes war vielleicht von Beginn an klar, weil es keine andere Option gibt, oder Sie sich schon nah am Platz befinden. Wenn das nicht der Fall ist, sollte dies einen relativ hohen Platz auf der Prioritätenliste einnehmen. Es ist keine gute Idee, zum Ende der Checkliste zu gelangen und sich nun erst darüber Gedanken zu machen, wo ich eigentlich hin will.

Die Checkliste muss präzise abgearbeitet werden. Gerade für den alleine fliegenden Privatpilot ist hier besondere Sorgfalt angebracht.

Landen Sie, sobald die Situation es zulässt

Die Wahl des Landeplatzes ist eine der wichtigsten Entscheidungen, die der Pilot treffen muss. Je nach Situation kann das ein Ort für eine Notlandung, eine Sicherheitslandung (beide außerhalb eines befestigten Flugplatzes), oder die Landung auf einem Ausweichflugplatz sein. Für mich als Militärflieger gab es die ersten beiden Optionen eigentlich nicht, denn die Notlandung mit einem Kampfjet außerhalb eines Flugplatzes galt (und gilt) eigentlich als nicht überlebbar. Wir ziehen in dieser Situation den Ausstieg mit dem Schleudersitz über unbewohntem Gebiet vor. Ein Militärpilot wird daher immer versuchen in einer Notsituation auf einem geeigneten Flugplatz zu landen.

Für den Privatpiloten sieht dies etwas anders aus. In ausweglosen Situationen kann die Landung auf der Wiese durchaus eine Option sein (z.B. bei sich rapide verschlechterten Wetterbedingungen).

Eine Sicherheitslandung infolge von schlechtem Wetter ist eigentlich immer vermeidbar. Falls dies wirklich einmal der Fall sein sollte, wurden bereits vorher einige simple Regeln bereits missachtet. Ein kluger Pilot kommt aber in der Regel nicht in solche Situationen. Das Flugzeug sollte seinem Piloten mehr wert sein, als es durch ein paar unüberlegte Handlungen in irgendeinem Acker zu versenken.

Falls ein Flugplatz erreichbar ist, sollte der (hoffentlich) alle Anforderungen erfüllen, die der Pilot für eine erfolgreiche Landung braucht. Mögliche Variablen die zu einer Entscheidung beitragen können sind z.B.:

- Flugplatz in der Nähe?
- Entfernung zum Platz
- Piste (Gras, Beton), Länge, Breite, Platzhöhe
- Platz bekannt/unbekannt
- Anflugverfahren bekannt/unbekannt
- Instrumentenanflug nötig/Verfahren
- Hindernisse
- NOTAMS
- Wetter

Falls der Flugplatz unbekannt ist, können nun zusätzliche Aufgaben auf den Piloten zukommen. Man muss sich nun eventuell auch noch mit den Anflugverfahren vertraut machen. Auch wenn man bei Luftnotlagen in der Regel Priorität hat, kann dies die situative Aufmerksamkeit durchaus beeinflussen. Der Anflug oder die Landung sollte aus diesem Grunde erst begonnen werden, wenn man alle nötigen Checklistenpunkte zuvor erledigt hat. Der Pilot sollte sich nun wieder primär um das Flugzeug und seine Parameter kümmern. Weitere Checklistschritte (falls zur Landung notwendig) werden dann zum adäquaten Zeitpunkt während des Anfluges ergänzt. Folgende Überlegungen können zusätzlich eine Rolle spielen:

- Falls man sich bereits nahe am Flugplatz befindet, sollte man sich nicht durch die Checkliste hetzen lassen. Je nachdem wie viele Punkte abzuarbeiten sind, kann das nämlich eine Weile dauern.
- Lassen Sie sich nicht durch die Bodenkontrolle in ihren Entscheidungen oder Ihrem Plan beeinflussen. Sie entscheiden, **was** Sie **wann** tun wollen!

- Der nächste Platz ist in den meisten Fällen die beste Wahl. Wir wollen mit einem Problem (oder in zu schlechtem Wetter) nicht unnötig lang in der Luft bleiben.
- Der Drang, zum Heimatplatz zurückzukehren, ist mit Sicherheit hoch. Hier kennen wir uns aus! Habe ich die Wahl, fliege ich dorthin – in den meisten Fällen schreibt allerdings die Checkliste die Landung am nächstgelegenen Flugplatz vor.

Meine fliegerische Eignungsfeststellung wurde in Arizona auf einer Beechcraft Bonanza durchgeführt. Zum Ausbildungsprogramm gehörten nicht nur das Fliegen der einzelnen Manöver wie »Steep Turns«, »Lazy Eight« oder »Chandelle«, sondern auch das Verhalten bei Triebwerksausfall. Unsere Fluglehrer würden an einer unbestimmten Stelle im Flug den Leistungshebel ziehen. Wir Schüler hatten nun die Aufgabe, in der Steppe von Arizona einen geeigneten »Dirtstrip« zu finden und das Flugzeug darauf zu landen. Kurz vor der Landung wurde dann natürlich wieder durchgestartet. Jedem Schüler wurde bewusst, dass dieser »Triebwerksausfall« jederzeit geschehen konnte. Man lernte schnell, dass es eine gute Idee war, in regelmäßigen Abständen nach möglichen Notlandeplätzen Ausschau zu halten. Man fragte sich praktisch ständig: »Wenn jetzt etwas passiert, wo wäre ein geeigneter Landeplatz?«. Dieses Handlungsschema wende ich heute immer noch an.
Die eben beschriebenen vier simplen Schritte sind allgemeingültig. Sie können in jeder Art von Luftnotlage als Grundverhalten genutzt werden. Werden sie richtig und konsequent angewendet, werden sie dem Piloten dabei helfen, in jeder Art von Notverfahren strukturiert vorzugehen.

Die häufigsten Unfallursachen

Zu den häufigsten Unfallursachen in der Privatfliegerei zählen Triebwerksausfälle und das Einfliegen in Schlechtwettergebiete. Beide Ursachen sind in den meisten Fällen auf einen Pilotenfehler zurückzuführen. Bei den meisten Triebwerksausfällen ist nach Auswertung vieler Unfalluntersuchungsberichte häufig trivialer Treibstoffmangel der Grund! Der Pilot hat entweder den Treibstoffstand vor dem Flug nicht kontrolliert oder während des Fluges vergessen, auf die andere Tankgruppe umzuschalten. Auch kommt es häufig vor, dass der Kraftstoffverbrauch in der Luft nicht kontrolliert wird. Fakt ist: Die meisten Triebwerksausfälle können bereits am Boden, vor dem eigentlichen Start, verhindert werden. Nämlich durch eine gründliche Flugvorbereitung. Wenn Sie in der Luft trotzdem mit Triebwerksproblemen konfrontiert werden, sollten Sie sofort Kurs auf den nächsten Ausweichflugplatz nehmen und beginnen, sich mit dem Gedanken einer Notlandung anzufreunden. Fangen Sie also in diesem Fall umgehend mit der Suche nach einem geeigneten Notlandeplatz an.
Eine weitere häufige Ursache von Unfällen ist das Einfliegen in schlechtes Wetter. Einige Verhaltensstrategien für das Fliegen bei schlechtem Wetter haben wir bereits im Kapitel Airmanship behandelt. Wetter ist und bleibt dynamisch und kann sich unerwartet ändern. Ich selbst habe die meisten negativen Erfahrungen mit schlechtem Wetter bei unsicheren Wetterlagen gemacht. Das bedeutet, dass ich für mich selbst gewisse Regeln aufgestellt habe, nach denen ich mich bei bestimmten Vorhersagen richte.

1. Bei Vorhersagen, die Aussagen wie »vereinzelte Gewitter (ISOL CB)« oder »PROB 30« enthalten, bin ich grundsätzlich sehr vorsichtig und plane entsprechend mit ein paar mehr Treibstoffreserven. Diese vereinzelten Gewitter haben nämlich die Tendenz immer dann aufzutauchen, wenn man sie gerade nicht gebrauchen kann.

2. Bei Vorhersagen von »Few Clouds« in Platzrundenhöhe sollte man darauf vorbereitet zu sein, den Anflug vielleicht nicht unter VFR-Bedingungen fliegen zu können. Wenn Sie sich nämlich ein einer der »Few Clouds« befinden, sehen Sie auch nichts!

3. Ich verlasse mich nie auf die Auflösung von Nebel/Eis zu einer bestimmten Zeit. Bei der Voraussage von Nebelbildung bin ich konservativ und versuche weit vorher an meinem Zielort zu sein. Trends können hier hilfreich sein. Hat die angekündigte Wetterverbesserung schon eingesetzt oder nicht?

Eine Wetterberatung hat grundsätzlich eine ziemlich hohe Trefferquote. Trotzdem sind die oben beschriebenen Situationen mehr von der persönlichen Einschätzung des Wetterberaters abhängig, als dass sie durch Fakten belegbar wären. Eine Garantie für die Korrektheit gibt es nicht.

Auch in Texas kann es im November kalt und nebelig sein. Die erste Flugperiode war bereits wegen Eisbildung abgesagt worden. »Klareis bis einschließlich 10:00 Uhr morgens« lautete die Vorhersage. Nach 10:00 lokal tauchte dann kein Eis mehr in der Vorhersage auf. Jetzt werden Sie sicherlich denken: »Die werden ja wohl nun nicht um 10:01 den ersten Flieger gestartet haben?« Nicht direkt, aber der Geschwaderkommandeur schnappte sich eine Maschine als »Wetterflugzeug« um »mal gucken zu gehen«. Mit dem Resultat, dass er 15 Minuten später mit massivem Eisansatz wieder am Boden war. In der Folge mussten die beiden Triebwerke auf Beschädigungen untersucht werden, der Flieger war also erstmal kaputt.
Der Start des Flugzeugs war völlig legal gewesen. Der Wetterbericht/Vorhersage ließ den Flugbetrieb durchaus zu. Seltsamerweise hatte sich das Wetter (Temperatur, Taupunkt, Winde) von 06:00 Uhr am Morgen auf 10:01 Uhr nicht wirklich verändert. Wie hätte sich das Eis also so schnell auflösen können?

Diese kleine Anekdote ist einerseits sicherlich amüsant (ist wirklich so passiert). Sie zeigt aber auch, dass man sich auf Vorhersagen nicht blind verlassen kann (in diesem Fall war das zugegeben offensichtlich), und trotzdem wurde der Flug angetreten. Schlau war das sicher nicht.

Zusammenfassend

Zum Abschluss dieses Kapitels sind die folgenden Dinge für Sie als Privatpilot am wichtigsten:

1. Sie sollten auf mögliche Notverfahren stets gut vorbereitet sein.

2. Ihr Cockpit sollte gut organisiert sein, damit Sie ihm Notfall die Informationen finden, die Sie brauchen.

3. Benutzen und befolgen Sie im Notfall die in diesem Kapitel vorgestellten Regeln und Hilfen.

4. Sie sollten immer vorausschauend fliegen, um sich verändernde Situationen in seine Entscheidungsprozesse einfließen zu lassen.

5. **KNOW YOUR AIRCRAFT! – Seien Sie mit Ihrem Flugzeug vertraut!**

Damit haben Sie bereits einen guten Grundstein gelegt. Die erfolgreiche Bewältigung einer Luftnotlage hängt letztendlich von einer guten Ausbildung ab. Ist das der Fall, gesellt sich dazu dann bestimmt auch noch das nötige Quäntchen Glück. Im Anhang finden Sie eine Zusammenfassung sämtlicher in diesem Buch vorgestellten kleinen Checklisten und Merkhilfen.

Kapitel 10

Pilot Ressource Management-Workshop (PRM)

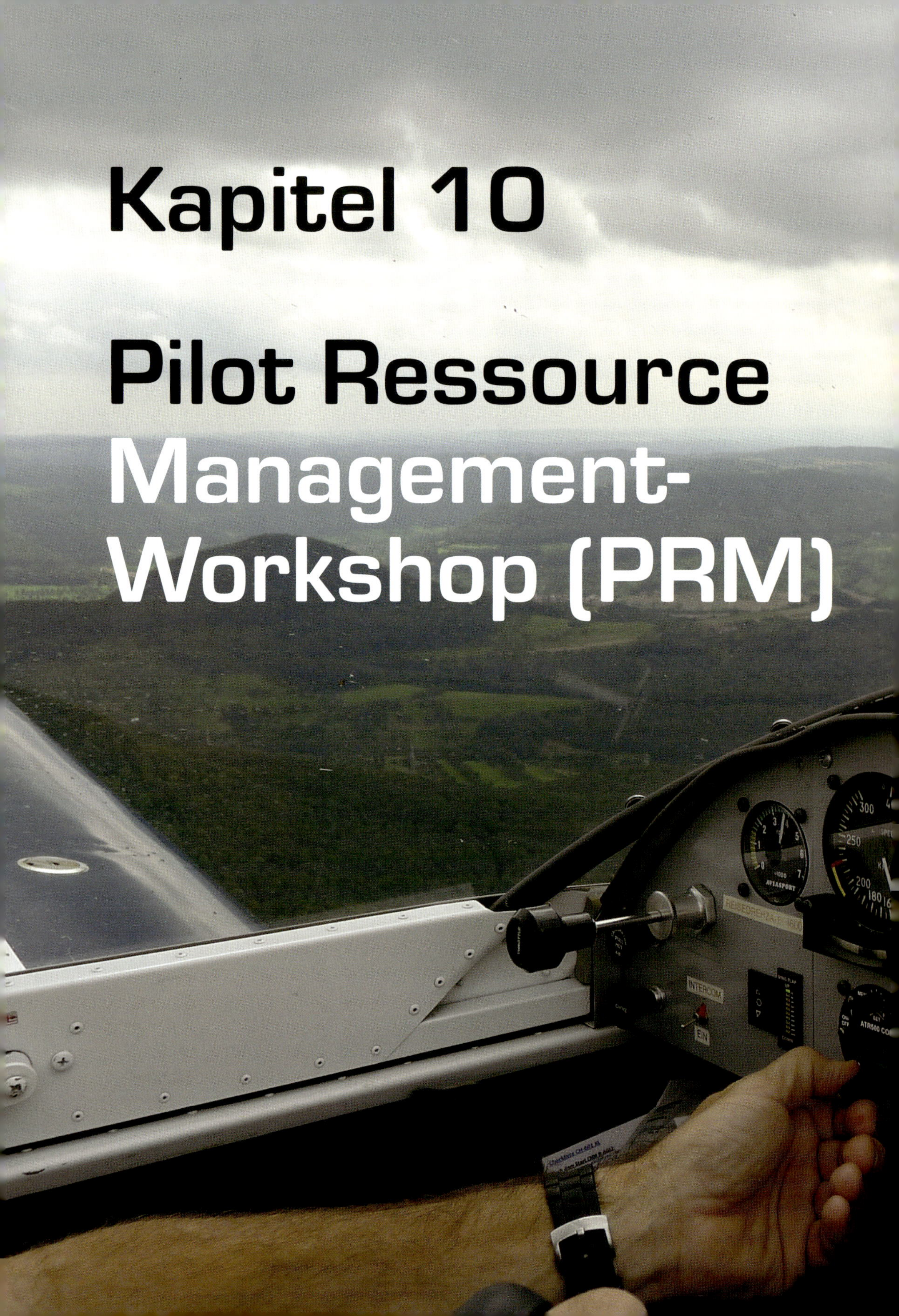

»Denken Sie immer daran: Ein Flugzeug fliegt man mit dem Kopf, nicht mit den Händen.«

Foto: Alexander [illegible]

> *Die Fähigkeit alle dem Privatpiloten verfügbaren Informationen (an Bord des Flugzeugs und von Außen) vor und während des Fluges so zu verarbeiten, dass an einer erfolgreichen und sicheren Ausführung nie Zweifel besteht.*

Sie haben diese Definition bereits in Kapitel 3 (CRM) kennengelernt. In der Theorie hört sich das immer alles sehr einleuchtend und einfach an. Ähnlich verhält es sich mit den gängigen CRM-Trainings der zivilen Luftfahrt. Eine der häufigsten Fragen die nach erfolgter Ausbildung allerdings fast immer gestellt wird, lautet: »Das ist ja alles schön und gut, aber wie genau wende ich das jetzt an?«
In diesem Kapitel werden wir versuchen, die bis hierher beschriebenen Inhalte für den Privatpiloten in eine anwendbare Form zu fügen. Zu diesem Zweck werden Sie in diesem Teil einige neue Verfahren und Techniken kennenlernen, die Ihnen im Flugbetrieb praktische Hilfestellung bieten können.
Viele Piloten erinnern sich bestimmt noch an Ihre ersten Fluglehrer. Manche vergessen sie, aber an einige wenige erinnern sie sich noch heute. Jeder von uns Fliegern hatte bestimmt auch den Fluglehrer, mit dem er am liebsten flog (und auch einen mit dem man überhaupt nicht gerne flog). Nicht nur, weil er gut fliegen konnte oder uns nicht die ganze Zeit mit Schimpfwörtern eindeckte (soll vorkommen!), sondern weil er uns schon damals Wege und Techniken zeigte, wie unvorhersehbare Situationen und Umstände gelöst werden können. Diese Fluglehrer von damals (und ich hoffe Sie alle hatten auch so einen Fluglehrer), haben uns im Grunde genommen nichts anderes beigebracht als Airmanship und PRM.
PRM bedeutet: Dem einzelnen Piloten zeigen, wie ich die nötigen Informationen bekomme, sie analysiere und die richtige Entscheidung treffe.
Für einen Fluglehrer ist es eine der schwierigsten Aufgaben, einem Flugschüler beizubringen, wie man Probleme identifiziert (oder vorhersieht), Situationen analysiert und zeitgerecht richtig handelt. Es ist vergleichbar einfacher, einem Schüler ein Flugmanöver durch Vormachen, Nachmachen und Üben einzutrichtern und bei Erfolg abzuzeichnen, als ihm ein solides Urteilsvermögen beizubringen. Das Problem des Lehrers dabei ist, dem Schüler nicht jede erdenkliche Situation in der wirklichen Welt zeigen zu können. Der Schüler erlernt vieles durch Zusehen. Er beobachtet Reaktionen und noch viel wichtiger, Aktionen des Lehrers in Ausbildungsflügen, die oftmals kopiert werden und ein Fliegerleben lang präsent bleiben.

Privatpilotenausbildung

Frühere Ausbildungsphilosophien in der Privatpilotenausbildung gingen davon aus, dass sich der neue Luftfahrzeugführer bevorzugt in der lokalen Umgebung des Flugplatzes aufhält. Im Zuge immer besserer Technik und dem Einzug von moderneren Avioniksystemen mit GPS und anderen nützlichen Funktionen in der privaten Fliegerei ist das heute nicht mehr der Fall. Neue Flugzeugmodelle und verbesserte Avionik führen zu besserer Leistung, größeren Reichweiten und mehr Genauigkeit bei der Navigation. Die Folge dieser Entwicklung ist, dass sich immer mehr unerfah-

rene Piloten in der Lage sehen, diese neuen Möglichkeiten für sich zu einem sehr frühen Zeitpunkt in ihrer Fliegerlaufbahn zu entdecken. Daraus entstehen aber unter Umständen auch Herausforderungen, denen der Neuling nur bedingt gewachsen ist. Flüge über größere Distanzen bergen ganz andere Risiken und Herausforderungen als die kleine Runde um den Flugplatz in vertrauter Umgebung. Nicht selten kommen bei Langstreckenflügen unerwartete Wetterveränderungen oder Routen durch schwieriges Gelände vor. Diese neuen Herausforderungen zu meistern erfordert eine viel intensivere Flugvorbereitung und in der Luft eine hohes Situationsbewusstsein.
Auch wenn die modernsten Avioniksysteme im Allgemeinen eine große Verbesserung darstellen, erfordern sie auch mehr technisches Verständnis und eine intensive Ausbildung. Sonst können die neuen Fähigkeiten dieser Systeme gar nicht im vollen Umfang genutzt werden. Ohne diese intensive Vorbereitung und Ausbildung steigt das Potenzial für Unfälle mit dem Faktor Mensch. Um diesem Trend entgegenzuwirken, muss die Pilotenausbildung dahingehend angepasst werden, um diese neuen benötigten Fertigkeiten (Skills) in besonderem Maße auszubilden.
Die Forschung zeigt uns, dass Lerneffekte verbessert werden, wenn das Training unter realistischen Bedingungen durchgeführt wird. Auch gute Entscheidungsfindung kann man lernen. In der professionellen Luftfahrt (zivil und militärisch) werden diese Prinzipien durch Line Oriented Flight Training (LOFT) und Crew Ressource Management (CRM)-Training abgebildet. In diesen Ausbildungsabschnitten werden die Piloten realistischen Szenarien ausgesetzt, die Sie an die wirkliche Welt heranführen sollen. Sie sollen hier die »echten« Verfahrensabläufe erlernen und bekommen die Möglichkeit, in kritischen Situationen Entscheidungen fällen zu müssen.
In der Pilotenausbildung, wie viele sie kennen, wird der Schwerpunkt auf das Erlernen bestimmter Manöver gelegt. Die zu erfüllenden Standards werden durch Regeln und Vorschriften festgelegt. Die Fähigkeit, das Flugzeug innerhalb vorgegebener Toleranzen zu halten und die erflogenen Flugstunden bestimmt die Kompetenz des Piloten. Der Schwerpunkt liegt eindeutig auf dem Erlernen der benötigten Motor-Programme (Skills), zum Fliegen der einzelnen Manöver. Auf Entscheidungsfindung wird weit weniger Wert gelegt.
Als Resultat bewegt sich der Privatpilot in der realen Welt ohne ausreichend auf plötzlich auftretende Gefahren und damit zusammenhängende kritische Entscheidungsfindungen vorbereitet zu sein. Hier setzt Pilot Ressource Management (PRM) an. Es verwendet die gleichen Techniken und Grundlagen wie LOFT der großen Luftfahrtgesellschaften oder Mission Readiness Training (MRT) beim Militär. Der Fokus von PRM liegt aber eindeutig auf den Ausbildungsbedürfnissen des Privatpiloten als Single Pilot. In realistischen Szenarien soll gezeigt werden, wie sich im Ver-

Rollen zum Start.

lauf, z.B. eines Langstreckenfluges, Situationen ergeben können, die eine schnelle und korrekte Entscheidungsfindung benötigen, um den Flug sicher zu beenden. Diese Szenarien können durch gezielte Fragestellungen erweitert werden. Die daraus folgende »Was wäre wenn?«-Diskussion bezieht sich im direkten Sinne auf das dargestellte Szenario. Das soll dabei helfen, Entscheidungsfindungsstrategien schneller zu erlernen. Erfahrungen aus den USA zeigen, dass diese Art von zusätzlicher Ausbildung hilft, den Fliegerneuling bei der Entwicklung von Entscheidungsfindungsstrategien zu unterstützen und sogar teilweise für fehlende Erfahrung kompensieren kann.

Die 5 P's

Proper Planing Prevents Poor Performance

Diesen Satz hat vermutlich fast jeder Flieger schon einmal gehört. Für diejenigen, die bisher noch keine Kenntnis darüber hatten (oder des Englischen nicht ganz so mächtig sind), hier die Übersetzung:

Gründliche Planung verhindert schlechte Leistung

Diese Feststellung ist vermutlich eine der goldenen Grundregeln der Fliegerei. Viele Unfälle hätten bei nur etwas gründlicherer Flugvorbereitung verhindert werden können. Mit den 5 P's in diesem Kapitel ist jedoch etwas anderes gemeint.
PRM hört sich auf dem Papier sicherlich gut an, aber Piloten müssen verstehen wie sie die Prinzipien von PRM beim Flugbetrieb anwenden können. Als Hilfsmittel wurde bei der Single Pilot Ressource Management-Ausbildung (SPRM) in den USA ein Werkzeug entwickelt, das bei der Anwendung von PRM im Flug helfen soll.
Es basiert auf der Idee, dass das Umfeld eines Pilot grundsätzlich durch fünf Variablen beeinflusst wird. Dies können ihn dazu zwingen, entweder eine ganz entscheidende oder mehrere kleine Entscheidungen während des Fluges treffen zu müssen. Das Resultat daraus kann sich zu einer mehr oder weniger kritischen Situation entwickeln. Diese fünf Variablen sind die eigentlichen 5 P's und bedeuten:

- **Plan** **(Der Plan)**
- **Plane** **(Das Flugzeug)**
- **Pilot** **(Der Pilot)**
- **Passengers** **(Die Passagiere)**
- **Programming** **(Die Programmierung)**

Jeder dieser Punkte stellt bestimmte Herausforderungen und Möglichkeiten für den Single Pilot dar. Sogleich kann auch jeder dieser Punkte mögliche Risiken im Flug erhöhen oder mindern und hat somit, abhängig von den Entscheidungen des Piloten, unmittelbaren Einfluss auf den Erfolg des Fluges. Im Detail bedeuten die fünf Variablen:

Der Plan

Der Plan kann durchaus auch als Fluginhalt, Auftrag oder Mission verstanden werden. Der Plan beinhaltet alle Elemente der normalen Flugvorbereitung wie Flugroute, Wetter, NOTAMs, Treibstoffberechnung, Flugplan, Vorschriften, Karten, usw. Der Unterschied der 5 P's im Gegensatz zu beispielsweise einem wie in Kapitel 7 Vorgestellten Risk Management Sheet ist der, dass der Inhalt des Plans während des Fluges in regelmäßigen Abständen überprüft werden sollte. Stimmt die Realität noch mit dem ursprünglichen Plan überein? Oder haben sich schon Änderungen ergeben? Musste z.B. der Start aufgrund eines kleinen Problems mit dem Flugzeug verschoben werden? Ergeben sich dadurch vielleicht Veränderungen mit dem Wetter? Das könnte den Plan massiv beeinflussen. Die 5 P's sollen den Piloten dazu bringen, die geplante Situation ständig mit der Realität zu vergleichen. Gerade weil die Realität zuweilen einer gewissen Dynamik unterliegt. Das Wetter spielt hierbei eine ernstzunehmende Rolle. Heute gibt es, der modernen Technik sei Dank, diverse Möglichkeiten, Echtzeit-Wetterdaten mit ins Flugzeug zu nehmen. Ein Tabletcomputer mit einer entsprechenden »App« z.B. So können Wetterdaten während des Fluges ohne Zeitverzögerung aktualisiert werden. Natürlich sollte der Pilot auch in der Lage sein, diese neuen Informationen zu verarbeiten ohne dabei die Kontrolle über das Flugzeug zu vernachlässigen. Wetter ist vermutlich einer der Faktoren, der den größten Einfluss darauf hat, ob der Plan funktioniert oder geändert werden muss.

Das Flugzeug

An unser Fluggerät stellen wir natürlich gewisse Anforderungen. Wir müssen das Flughandbuch kennen, aber auch darüber Bescheid wissen, ob es vielleicht das eine oder andere technische Problem gibt. Funktioniert alles so, wie es funktionieren soll? Und wenn nicht, ist dies für den Flug akzeptabel? Auch kleine Privatflugzeuge sind heute immer öfter mit sehr modernen Avionik- und Autopilotsystemen ausgestattet. Wie vertraut sind Sie mit der Funktionsweise dieser Geräte? Sie dienen ja eigentlich dazu, dem Piloten das Fliegen zu erleichtern. Das funktioniert aber nur, wenn er bis ins Detail mit der Funktionsweise der Systeme vertraut ist, sonst ist das Gegenteil der Fall.

Der Pilot

Der Pilot selbst ist nicht nur an Flugerfahrung, Übungsstand oder dem fliegerischen Können zu messen. Hinzu kommen unter diesem Punkt auch die physiologischen Einflüsse auf den Menschen. Die Fragen, die dabei zu beantworten sind, können z.B. die Länge des Fluges oder die geplante Reiseflughöhe sein. Flugzeuge mit moderner Technik und großem Leistungsvermögen veranlassen Piloten immer öfter dazu, neue Grenzen auszuloten. So wurde z.B. in einer kleinen Studie in den USA die Problematik von Hypoxie in geringen Höhen behandelt. Es wurde festgestellt, das Piloten bei einer Kombination von Ermüdung, Nachtflug und längerem Reiseflug über 5000 ft MSL Schwierigkeiten bei Entscheidungsfindungsprozessen hatten und vermehrt fehlerhafte Flugparameter akzeptierten, ohne Korrekturen vorzunehmen. Dies passierte häufig gerade in den kritischsten Phasen des Fluges. Unter IFR-/IMC-Bedingungen mitten im Anflug auf den Zielflugplatz. Das ist wirklich der denkbar schlechteste Zeitpunkt, um nun nicht hellwach zu sein. Mit dem 5 P-Prozess soll der Pilot seine eigene physiologische Situation kontinuierlich überprüfen. Stellt er dabei negative Veränderungen fest, ist es an der Zeit, nach einer sicheren Alternative zu suchen.

Bis hierher unterscheidet sich unser 5P Modell noch recht wenig von unserem 5 M-Modell, das wir im Kapitel Risikomanagement dazu genutzt haben, unser Risikomanagement-Sheet zu konstruieren. Mit den nächsten beiden Faktoren wird sich dies ändern. Bisher haben unsere Passagiere relativ wenig Beachtung gefunden. Das ist einer der bedeutendsten Unterschiede zwischen herkömmlichem CRM-Training und PRM nach den 5 P's.

Der Passagier

Der oder die Passagier(e) ist durchaus ein wichtiger Bestandteil der Besatzung in einem Kleinflugzeug. Im Linienverkehr kauft der Passagier ein Ticket, setzt sich hinten in die Kabine und vertraut darauf, dass die Besatzung das Flugzeug sicher und pünktlich zum gewünschten Zielort bringt. Das Verhältnis des Passagiers zur Flugzeugbesatzung beschränkt sich eher auf den Service des Bordpersonals und die Begrüßungsworte des Kapitäns aus dem Cockpit.

In der privaten Luftfahrt ist das anders. Das Verhältnis des Piloten mit seinen Passagieren ist viel enger. Allein dadurch, dass der Passagier in unmittelbarer Nähe des Piloten sitzt und alle Vorgänge hautnah mitbekommt. Hat der Passagier keine oder nur geringe Kenntnisse über die Fliegerei, so sollte der Pilot verstehen, dass sein Gast vermutlich nicht einschätzen kann, ob das was gerade passiert mit einem erhöhten Risiko verbunden ist oder nicht. Aus Sicht des Piloten läuft alles reibungslos und er hat alles unter Kontrolle, währenddessen der Fluggast eine völlig andere Einschätzung der Situation hat und dies den Piloten auch unter Umständen durchaus wissen lässt. Entsteht aus einer Situation ein Angstzustand, gehen Menschen damit sehr unterschiedlich um. Manche Menschen werden dann ganz ruhig und sagen kein Wort mehr, andere wiederum werden hysterisch oder reden ununterbrochen. Das ist sicherlich das Letzte was man in einer kritischen Flugphase oder kurz vor der Landung als Pilot gebrauchen kann.

Ein Passagier kann aber selbst auch ein Pilot sein. Zu meiner Bundeswehrzeit haben wir öfters Scherze gemacht, wenn eine Formation ausschließlich aus sehr erfahrenen Fluglehrern mit mehreren tausend Flugstunden bestand. Es wäre eine gute Idee, ein fliegendes NOTAM anzumelden, damit uns ja niemand zu nahe käme. Nun, dieser kleine Scherz ist durchaus ernst zu nehmen: In Situationen wie dieser sind unter Umständen die Verantwortlichkeiten im Flugzeug nicht klar verteilt. Das kann dazu führen, dass Entscheidungen in bestimmten Situationen durch Konflikte zwischen den einzelnen erfahrenen Piloten verhindert werden. Das ist besonders dann ein Problem, wenn der eigentlich verantwortliche Flugzeugführer durch einen sehr selbstbewussten Mitflieger negativ beeinflusst wird. Hier müssen die Verantwortlichkeiten vor dem Flug ganz klar abgesteckt werden.

Ein weiteres Problem kann der Mitflug eines Fluglehrers sein, der jedoch nur als Passagier an Bord ist. Der Pilot könnte jetzt den Druck verspüren, vor dem Fluglehrer auf dem anderen Sitz besonders gut und fehlerfrei fliegen zu müssen. Vielleicht sogar über die eigenen Grenzen hinaus. Der Fluglehrer seinerseits wollte vielleicht nur zum Vergnügen mitfliegen und greift in einer entstehenden kritischen Situation vielleicht gerade deshalb zu spät ein, weil er keine Lehrer-/ Schüler-Situation entstehen lassen wollte. Auch diese Problematik lässt sich am besten vor dem Flug klären.

Die Verantwortlichkeiten müssen glasklar sein, bevor das Triebwerk gestartet wird. Sicherlich ist das etwas, was unter reinem CRM zu sehen ist. Kommunikation ist hierzu der Schlüssel. Das Treffen von Annahmen ist hier absolut fehl am Platz. Dazu kurz eine kleine Anekdote, die sich tatsächlich genauso zugetragen hat:

Fluglehrerausbildung: Der »Schüler« ist ein Waffensystemoffizier (WSO – sitzt im Tornado hinten), der die Fluglehrberechtigung im Rahmen des Lehrgangs erwerben möchte. Er darf dann einen bereits im Flugzeug qualifizierten Flugschüler in waffenspezifischen Aufgaben ausbilden. Selbst Fliegen gehört nicht zur Aufgabe.
Für den Flug sollte der Fluglehrer (im vorderen Sitz) den Schüler simulieren. Der WSO übernimmt die Rolle des Lehrers. Der Flug wurde normal gebrieft, allerdings wurde nicht im Detail auf Verantwortlichkeiten eingegangen. Nach ca. einer Stunde Flugzeit fragte der Lehrer den WSO ob er nicht langsam mal selbst fliegen möchte. Etwas verdutzt übernahm der WSO daraufhin die Kontrolle über das Flugzeug. Er dachte, dass dies wohl zu seinem Ausbildungsprogramm gehörte. Da er keine Pilotenausbildung besaß waren seine Flugkünste natürlich etwas eingeschränkt. Das bemerkte selbstverständlich auch der Lehrer, der sich wunderte, wie es jemand mit diesem fliegerischen »Können« zum Fluglehrerlehrgang schaffen konnte. Gegen Ende des Fluges sollten nun noch Platzrunden mit Landungen (Touch & Go) geübt werden. Dem WSO wurde nun leicht mulmig, denn das würde er mit Sicherheit nicht hinbekommen. Er fragte daraufhin zögerlich nach, ob nicht der Lehrer das Flugzeug wieder übernehmen könnte. Dieser verneinte: »Wenn du Lehrer werden willst, musst du den Flieger von hinten auch landen können!«
Wie zu erwarten war, sahen die Platzrunden nicht schön aus und Landen klappte gar nicht. Nach drei misslungenen Versuchen brach der Fluglehrer den Flug ab. Er übernahm wieder die Kontrolle und landete den Flieger. Im anschließenden Debriefing machte der Lehrer dem WSO klar, dass er mit dieser fliegerischen Leistung keine Chance haben würde, den Lehrgang zu bestehen. Der WSO war daraufhin doch etwas überrascht. Als er fragte, warum er als Lehr-WSO in der Lage sein müsse, den Tornado von hinten zu landen und wo das im Lehrplan auftauchen würde, verschlug es dem Lehrer die Sprache.
Der Fluglehrer hatte es versäumt, sich vor dem Flug genau nach dem Missionsinhalt zu erkundigen. Aufgrund der Tatsache, dass für den Flug ein Tornado-Trainer (mit Doppelsteuer) eingeteilt war, nahm er an, dass sein Schüler ein Pilot und kein WSO war. So verschlechterte sich seine Laune denn auch zusehends, als die von ihm erwartete fliegerische Leistung nicht eintrat. Eine einfache Frage zu Beginn oder sogar noch eine klare Kommunikation im Flug hätte die ganze Situation leicht klären können. Durch eine falsche Erwartungshaltung auf beiden Seiten wurde die Situation so überhaupt erst möglich. Verantwortlich ist hier natürlich in erster Linie der Fluglehrer gewesen. Er hätte sich besser informieren müssen. Aber auch der WSO hätte zur Aufklärung der Situation schon vor dem Flug beitragen können.

Man sieht auch hier: Kommunikation ist der Schlüssel. Es kann für den Privatpiloten durchaus hilfreich sein, seine Passagiere in den Entscheidungsfindungsprozess miteinzubeziehen. Auch eine Erklärung, wann der Pilot einer hohen Workload ausgesetzt ist und wann eher nicht, kann das Verständnis für die Situation innerhalb des Cockpits erhöhen. Ist es an der Zeit kritische Entscheidungen treffen zu müssen, (etwa der Abbruch des Fluges oder Flug zum Ausweichflugplatz) ist es ratsam die Fakten darzulegen und Risiken offen anzusprechen. In einem kurzen Gespräch kann der Pilot dann herausfinden, was sein Passagier wirklich will und nicht nur annehmen was er vielleicht will. Das kann dabei helfen den Druck vom Piloten zu nehmen und eine gute (und sichere) Entscheidung zu treffen.

Die Programmierung
Glas-Cockpits, GPS und Autopiloten eröffnen Privatpiloten von Kleinflugzeugen heute eine Vielzahl von Möglichkeiten. Diese Dinge sollen dabei helfen die Workload auf den Piloten zu reduzieren und die Situationsbewusstsein zu erhöhen. Das setzt allerdings voraus, dass der Pilot genau weiß, wie diese Geräte zu bedienen sind. Tut er das nicht, schlagen die oben erwähnten Vorteile ganz schnell in Nachteile um. Ein anderer Gesichtspunkt ist der, dass diese Geräte einerseits die SA erhöhen, aber der Pilot dazu neigt, sich auf diese Geräte über einen längeren Zeitraum zu konzentrieren. Der Pilot sollte sich genau überlegen, wann ein GPS oder FMS im Flug programmiert wird und wann lieber nicht! Alles was vor dem Flug gemacht werden kann, sollte auch schon am Boden eingegeben werden. Müssen im Flug kurzfristig Änderungen vorgenommen werden, sollte der Pilot wissen, wie diese durchzuführen sind (Re-programming). Da diese Funktionen von Hersteller zu Hersteller verschieden sind, sollte sich am Boden genug Zeit genommen werden, um sich mit dem Gerät vertraut zu machen. Die Vertrautheit des Piloten mit seiner Ausrüstung im Flugzeug und seiner Umgebung bestimmt wann, wo und wie Autopilot und GPS-Programmierung benutzt werden.

Benutzen der 5 P's

Das Konzept der 5 P's basiert darauf, in regelmäßigen Abständen zu überprüfen, ob die aktuellen Umstände noch zu der Planung vor oder im Flug passen. Die erste Frage, die man sich bei Anwendung der 5 P's stellen sollte ist:
»Was war der ursprüngliche Plan, und was hat sich bis jetzt verändert?«
Gibt es Umstände die vielleicht eine Go-Entscheidung in eine No Go-Entscheidung geändert hätten? Was sind mögliche negative Folgen der Veränderungen, z.B.:

- Eisbildung
- Triebwerksausfall
- Treibstoffknappheit
- Avionikausfall
- Pilot Overload
- Loss of Control in IMC

Hinzu kommt die Frage, was getan werden kann, um evtl. Risiken im Flug zu mindern. Kann ich z.B. den Autopiloten benutzen, um meine Workload zu reduzieren? Kann ich meine Avioniksysteme nutzen, um meine SA zu erhöhen? Kann ich meinen Passagier nutzen, um Systeme zu beobachten und somit Workload zu reduzieren? Kann ich mir das Leben leichter machen in dem ich:

- Einen einfacheren Anflug auswähle?
- Bei ATC nach einer Abkürzung oder einer anderen Höhe frage?
- Vektoren erbitte
- Einen »Single Frequency Approach« erbitte
- Auf ATC requests mit »Unable« oder »Stand by« antworte

Um sich die Dinge etwas leichter zu machen, kann man sich auch im Vergleich des Plans mit Realsituation die 4WAW-Frage stellen. Übersetzt bedeutet das in etwa:

> **W**as sind die Risiken: neue/alte?
> **W**as weiß ich, das die Situation verbessert?
> **W**as weiß ich nicht, das die Situation verbessert?
> **W**as kann ich tun, um die Situation zu verbessern?
> **A**bbruch oder **W**eiterfliegen?

Zusammengefasst also **4xW +AW = 4WAW**

Dazu orientieren sich die Abstände der Überprüfung an kritischen Entscheidungsphasen während eines Fluges. Diese kritischen Punkte sind:

Vor dem Start – unser Flugzeug wartet während der Planung auf der Ramp.

Vor dem Flug (Pre Flight)
Bei der Flugplanung sollten alle nötigen Informationen im Planungsraum verfügbar sein. Hier fällt also die erste Entscheidung, nämlich die, den Flug überhaupt anzutreten. Bei einer schlech-

ten Wettervorhersage ist die Entscheidung an dieser Stelle einfach. Hier können evtl. auch Alternativen geplant werden. Mögliche Fragen, die an dieser Stelle gestellt werden könnten, sind z.B.:

Plan:
- Lässt das Wetter den geplanten Flug zu?
- Haben wir für den Plan genug Treibstoff?
- Sind NOTAMs gecheckt?
- Route IFR/Direkt/VFR?
- Nachtflug/längere Strecken über Wasser/in IMC (= Rule of three's)?

Plane:
- Wartungszustand?
- Avionik-Ausrüstung bekannt?
- Treibstoff überprüft?
- Beladung?

Pilot:
- Trainingsstand?
- Letzter Flug?
- IM SAFE-Check?

Passagier(e):
- Flugerfahren?
- Selbst Pilot?
- Flugangst?
- Besonderheiten (Zeitdruck, Krankheiten, sonstige Einschränkungen)?

Programming:
- Avionik bekannt?
- Karten/GPS gültig und auf neuestem Stand?
- Was soll am Boden programmiert werden?

Vor dem Start (Pre Take Off)
Der nächste kritische Entscheidungspunkt ist unmittelbar vor dem Start. Die wenigsten von Ihnen werden hoffentlich je eine kritische Situation beim Start erleben. Der 5 P-Check soll Ihnen dabei helfen, auf eine potenziell schwierige Situation beim Start vorbereitet zu sein. Die Entscheidung, die dabei getroffen wird, ist in der Regel eine Go-/No Go-Entscheidung. Für diese Entscheidung sollten klare Kriterien gelten, die schon vor dem Lösen der Bremsen klar sind: Wann wird der Start abgebrochen – wann gehen wir in die Luft? Flughandbuch und Startbahnlänge sind beitragende Faktoren, die es selbstverständlich zu berücksichtigen gilt.

5 P-Überlegungen vor dem Start:

Plan:
- Klar definierte Go-/No Go-Kriterien?
- Abflugroute review?

Plane:
- Alle Pre T/O Checklisten abgeschlossen?
- Triebwerksanzeigen im Limit?

Pilot:
- T/O Notfallbriefing durchgeführt?

Passagier(e):
- Alle angeschnallt?
- Verhalten im Notfall bekannt?

Programming:
- Abflugroute eingegeben?
- Funkfrequenzen vorbereitet?
- Navaids korrekt eingestellt?

Enroute in high level.

Mindestens stündlich o. in der Mitte des Fluges

Viele Piloten neigen dazu, erst in der Nähe des Zielflugplatzes wichtige Informationen wie z.B. über das Wetter einzuholen. An diesem Punkt kann es für eine Entscheidung eigentlich schon zu spät sein. Gerade bei sich schnell verändernden Wetterlagen ist dieses Verhalten sehr risikoreich. Die Chance auf eine frühere und bessere Entscheidung ist dann meist schon vertan. Zusätzlich zum Wetter können Ermüdung oder Hypoxie in niedrigen Höhen gerade bei längeren Flügen die Leistungsfähigkeit des Piloten gefährden. Deshalb sollte in regelmäßigen Abständen ein 5 P-Check durchgeführt werden.

Bei längeren Flügen sollte ein halbstündiger Check durchgeführt werden. Die Grenze dafür kann natürlich selbst bestimmt werden. Eine Zwei-Stunden-Grenze macht aus meiner Sicht durchaus Sinn.

Mögliche 5 P-Checkpunkte während des Fluges:

Plan:
- Route wie geplant oder abweichend?
- Wetter wie vorhergesagt?
- Treibstoffplan stimmt dem Restkraftstoff überein?
- Winde wie vorhergesagt/Zeitplan/Flugzeit wie geplant?

Plane:
- OPS Check – Alle Systeme funktionsfähig?
- Treibstoff (siehe bereits oben)
- Temperatur/Icing?

Pilot:
- Zeichen von Müdigkeit?

Passagier(e):
- Stimmung?
- Bedürfnisse/Wünsche?
- Luftkrank?

Programming:
- Sind Änderungen notwendig?
- Route review?

Vor Verlassen der Reiseflughöhe (Pre Descent)

Die letzten beiden Entscheidungspunkte unseres 5 P-Konzeptes beschäftigen sich mit dem Verlassen der Reiseflughöhe und die Vorbereitung auf den Anflug zum Zielflugplatz. Dabei wird zwischen IFR- oder VFR-Anflügen unterschieden. Für das Verlassen der Reiseflughöhe könnten folgende Checkpunkte wichtig sein:

Plan:
- Anflug wie geplant?
- Treibstoffreserven?

Plane:
- Checkliste für Sinkflug?
- Instrumente/Systeme/Triebwerk checked?

Pilot:
- Anflugverfahren reviewed/bekannt?

Passagier(e):
- Stimmung?
- Bedürfnisse/Wünsche?
- Luftkrank?
- Landung Notverfahren gebrieft?

Programming:
- Anflug programmiert?
- Navaids eingestellt und überprüft?

Unmittelbar vor dem Endanflugspunkt (Just prior FAF) – IFR Ops
Unmittelbar vor Einflug in die Platzrunde – VFR Ops

Viele Piloten gehen davon aus, dass sie aus jedem Anflug landen können. Die Möglichkeit eines »Missed Approach« wird gar nicht erst in Betracht gezogen. Diese Einstellung ist weit verbreitet, aber nicht unbedingt empfehlenswert. Ein guter Pilot sollte immer zumindest die Möglichkeit in Betracht ziehen, dass auch kurz vor dem Endanflug Dinge geschehen können, die dazu führen, den Anflug abbrechen zu müssen. Die Durchführung eines Missed Approach ist für den Piloten anspruchsvoll. Gerade unter IMC-Bedingungen kann ein solches Manöver durchaus stressig werden. Flugzeug fliegen, Heading, Höhe, Radial/DME, Funkfrequenzen wechseln und unser trügerisches Innenohr (räumliche Orientierung!) verlangen in dieser Situation unsere ganze Aufmerksamkeit. Gut, wenn der Missed Approach schon im GPS programmiert ist und die richtige Funkfrequenz schon vorbereitet war.
Bei VFR-Bedingungen/Anflügen muss sich der Pilot nach draußen orientieren. Ein GPS kann dabei helfen, jedoch sollten die Augen vielmehr nach Verkehr Ausschau halten, als im Cockpit zu sein. Hat der Pilot Schwierigkeiten die Meldepunkte am Boden zu identifizieren, muss der Luftraum trotzdem nach anderen Flugzeugen abgesucht werden. Auch hier gilt: Je besser die Planung und Vorbereitung, umso weniger Überraschungen gibt es bei der Ankunft am Platz.

Sicher gelandet – auf großen Flugplätzen wie hier in Dallas Forth-Worth ist der Rollweg zum Parkplatz ebenfalls noch eine kleine Herausforderung.

Auf dem Anflug

Viele der folgenden Checkpunkte für unsere 5 P's sind kurz vor dem Anflug zumeist nur noch Überprüfungen oder Reviews. Der Pilot sollte zu dieser Phase des Fluges nicht mehr mit zu vielen Checks belastet werden. Die Kontrolle des Flugzeuges auf dem Anflug hat Priorität.

Mögliche 5 P-Checkpunkte für den Anflug:

Plan:
- Anflug Review
- Missed Approach Review

Plane:
- Checklisten abgearbeitet?
- Fahrwerk/Klappen/Anfluggeschwindigkeit?

Pilot:
- Anflug Review (siehe oben)
- Missed Approach Review (siehe oben)
- Minimums Review

Passagier(e):
- Sprechen mit Pilot erlaubt Ja/Nein? Vorher klar kommunizieren!
- Stimmung?

Programmierung:
- Anflug/Meldepunkte programmiert?
- Navaids/Frequenzen eingestellt?
- Missed Approach programmiert?

Die hier dargestellten Checkpunkte sind beispielhaft gewählt und dienen der Orientierung. Flughandbücher oder andere offizielle Vorschriften/Checklisten haben Vorrang. Sie werden festgestellt haben, dass es bei den Checkpunkten des 5 P-Konzeptes und unserem in Kapitel 7 behandelten ORM-Sheet durchaus Überschneidungen gibt. Mit der vermehrten Anwendung von Risikomanagement-Modellen wird versucht, viele Entscheidungen schon im Vorfeld des Fluges, also proaktiv, zu treffen. Unser Riskoanalyse-Blatt ist dafür ein durchaus probates Mittel. Untersuchungen aus den USA zeigen allerdings, dass diese Tools zwar ein sehr nützliches Hilfsmittel sind, aber im täglichen Gebrauch von Piloten nicht genutzt werden. Solange der Pilot sich noch in einem Ausbildungsprogramm befindet, werden solche Tools genutzt. Nach erfolgter Ausbildung leider nicht mehr. Mit den 5 P's soll versucht werden, die Informationen von Risikoanalyse-Blättern noch praxisnäher zu gestalten.

Der Aufbau eines 5 P-Checks ist denkbar einfach. Sie führen vermutlich viele der genannten Punkte auch schon so oder in leicht abgewandelter Form durch, vielleicht sind aber auch ein paar neue Aspekte hinzugekommen. Sie sollten sich daran gewöhnen, in regelmäßigen Abständen einen 5 P-Check durchzuführen, um zum richtigen Zeitpunkt eine angemessene Entscheidung treffen zu können. Sogar wenn durch eine gute Flugvorbereitung und Durchführung keine kritischen Entscheidungen oder Veränderungen notwendig werden, haben Sie vermutlich schon eine korrekte Entscheidung durch die Abschätzung aller Faktoren und möglicher Risiken getroffen.

Szenario-basiertes Training (SBT)

Wir werden nun versuchen, ein Szenario für einen fiktiven Langstreckenflug zu konstruieren und zu bearbeiten.

In der Regel findet SBT im Rahmen einer Schüler/Lehrer-Ausbildung oder auch innerhalb eines Seminars statt. Für diesen Teil des Buches werde ich den Teil des Lehrers übernehmen. Den Teil des »Piloten« können Sie entweder selbst übernehmen, oder den Verlauf im Buch weiterverfolgen (der auch nur eine von vielen ist). Obgleich wir nicht miteinander reden können, werden Sie im Verlauf des Szenarios feststellen, dass für einen bloßen Einstieg in SBT diese Konstellation nicht hinderlich sein wird.

Damit SBT Erfolg hat, muss der (fiktive) Flug einen bestimmten Zweck erfüllen. Falls dieser Zweck nicht erfüllt werden kann, ist mit (fiktiven) Konsequenzen zu rechnen.

Wir wollen versuchen, das Szenario so realistisch wie möglich zu gestalten. Das bedeutet, Sie werden genau wissen, wohin Sie fliegen und auch warum. Vor dem SBT stellen wir das Szenario vor. Nach dem Briefing wird genug Zeit sein, um den Flug realistisch (d. h. real) zu planen. Dieser Plan sollte folgendes enthalten:

- Zweck des Fluges
- Flugroute
- Zielflugplatz (Zielflugplätze)
- Wetter
- NOTAMs
- Erwünschter Lernerfolg für den Piloten
- Mögliche Notverfahren und Alternativszenarios

Hier noch ein verdeutlichendes Beispiel dazu:

Der Flugschüler bekommt die Aufgabe, die Ankunft an einem unbekannten Flugplatz unter VFR-Bedingungen zu planen. Die Planung sollte die Windsituation, Anflugverfahren, Flugplatzinformationen, Kommunikationsverfahren, mögliche Landebahnen, Platzrundenverfahren und Verhalten bei unvorhersehbaren Situationen beinhalten. Bei der nun folgenden »fiktiven« Ankunft am Flugplatz trifft der Flugschüler die entsprechenden Entscheidungen (optimalerweise basierend auf dem Feedback des Lehrers), um sicher in die Platzrunde einzufliegen und dabei die korrekten Windkorrekturen zu benutzen. Im Anschluss daran würde sich eine Diskussion anschließen, in der genau besprochen würde was, warum, wann gemacht wurde, die entsprechenden Konsequenzen, die daraus entstehen können und wie sich das eventuell auch auf andere Flugplätze anwenden lassen könnte.

Danach sollte der Flugschüler in der Lage sein, die sichere Ankunft an jedem beliebigen VFR-Flugplatz, bei beliebigen Windverhältnissen erklären zu können.

Das Szenario

Für unseren PRM-Workshop steigen wir nun in ein fiktives Szenario ein. Sie sollten sich an jeder Stelle fragen, wie sie evtl. reagiert hätten, oder welche Fragen sie sich an bestimmten Stellen im Flug gestellt hätten. Natürlich ist so etwas als unbeteiligter immer etwas schwierig. Versuchen Sie trotzdem den Flug so zu begleiten, als säßen sie selbst im Cockpit. Es geht nicht darum ein Szenario so zu konstruieren, dass es am Ende keinen Ausweg gibt und immer wieder neue negative Einflüsse eingespielt werden (so wie ich das in so mancher Schüler/Lehrer-Situation erlebt habe). Es geht um eine durchaus realistische Situation wie sie jeden Tag vorkommen kann.

Der geplante Flug erfolgt von Kiel (EDHK) nach München (EDDM) mit Alternate Oberpfaffenhofen. Da wir tagsüber noch eine Fortbildung besucht haben, kann der Start nicht vor 16:00 Uhr stattfinden. Wir haben auf diesem Flug zwei Passagiere. Einer von ihnen ist ein guter Bekannter und besitzt eine PPL. Der andere Fluggast ist Ihnen nicht bekannt und selbst kein Pilot. Er fühlt sich nicht besonders gut. Alle Personen müssen am heutigen Abend nach München um morgen an einem Geschäftstermin teilzunehmen. Es ist wichtig noch heute Abend in München anzukommen, da der morgige Termin keinen Aufschub erlaubt. Mit drei Personen und Gepäck ist unsere Cirrus SR22 nahezu voll beladen. Das Wetter ist MVFR/IFR. Für die Ankunft in München sind Regenschauer vorhergesagt. Eine Front mit Gewitteraktivität sollte bis zur Ankunft durchgezogen sein. Zusätzlich zu den TAF/METAR-Daten werden wir für unser Szenario allerdings die Temperaturen etwas nach unten korrigieren. Die Temperatur für München beträgt für unser Szenario also nicht 15°C sonder nur 9°C. Für die Route ist kein Eis vorhergesagt, allerdings ist Eisbildung in dieser Wettersituation durchaus möglich. Wir fliegen wie gesagt eine Cirrus SR22. Sie ist voll IFR-tauglich und mit Datalink Wetter und Traffic ausgestattet. Der Wartungsstand ist zufriedenstellend. Allerdings gab es bereits ein kleines Problem mit der Außenbeleuchtung, das noch behoben werden musste. Deshalb sind wir ein wenig unter Zeitdruck, da wir die Slotzeit für München einhalten müssen. Unsere geplant Abflugzeit ist 17:00 lokal. Die Flugzeit soll ca. zwei Stunden und 40 Minuten betragen. Somit ist unsere geplante Ankunft um ca. 19:40 Uhr. Zu diesem Zeitpunkt wird es bereits dunkel sein. Wir (der Pilot) haben alle nötigen Berechtigungen um diesen Flug unter den aktuellen Gegebenheiten legal antreten zu dürfen.

METAR/TAF

APT	Type	Info
EDHK	METAR	EDHK 151420Z 25004KT 5000 -RA SCT006 OVC016 10/10 Q1005
EDHK	TAF	TAF EDHK 151400Z 1515/1518 25005KT 6000 SCT004 BKN020 TEMPO 1515/1518 3500 RADZ BKN004
EDDM	METAR	EDDM 151420Z 26007KT 9999 FEW030 BKN100 15/09 Q1010 NOSIG
EDDM	TAF	TAF EDDM 151100Z 1512/1618 26013KT 9999 BKN045 TEMPO 1515/1517 30015G25KT SHRA BKN020TCU BECMG 1517/1519 RA BKN012 TEMPO 1520/1522 3000 +RA BKN005 BECMG 1600/1602 NSW BKN020 TEMPO 1604/1608 BKN012
EDMO	METAR	EDMO 151420Z 24008KT 9999 SCT018 SCT053 BKN092 14/08 Q1011
EDMO	TAF	TAF EDMO 151400Z 1515/1520 25015G25KT 9999 BKN030 BECMG 1517/1519 4000 RA BKN014

Das Wetter für unseren Flug.

Wir haben die Flugroute über ein Internetbasiertes Planungstool erarbeitet. Die Route führt uns an Braunschweig vorbei in Richtung des bayrischen Waldes um dann nach rechts in Richtung München abzubiegen.

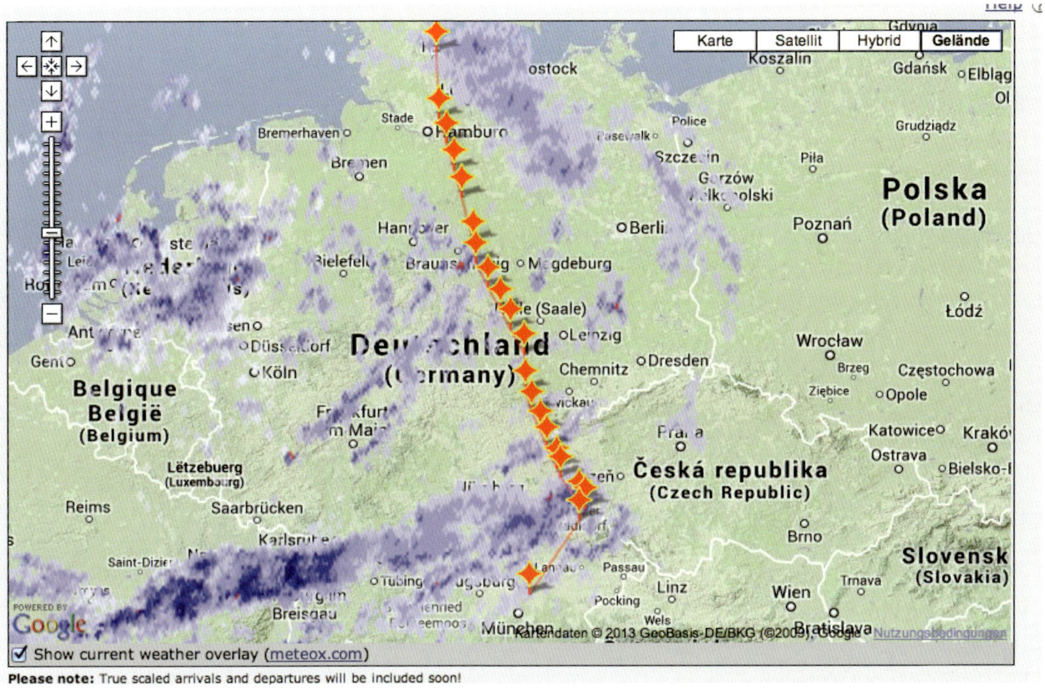

Die geplante Flugroute mit dem aktuellen Radarbild der gegenwärtigen Niederschläge.

Auf der Karte ist die leichte Front deutlich zu erkennen. Diese bewegt sich langsam in Richtung Südosten. Die geplante Flughöhe ist FL 90. Unsere SR22 besitzt keine Druckkabine und Sauerstoff haben wir nicht an Bord. Aus diesem Grund entscheiden wir uns unter FL 100 zu bleiben.

Risikoeinschätzung/Planung

Anhand unseres ORM-Sheets aus Kapitel 7 machen wir eine kurze Risikoanalyse. Wir kommen aufgrund des Charakters des Fluges, des gecharterten Flugzeugs, des Wetters, der Ankunft bei Dunkelheit und ein paar anderer kleinerer Gründe auf 22 Punkte. Das bedeutet, das Risiko ist leicht erhöht, was sich mit der subjektiven Einschätzung deckt. Wir kennen die kritischen Punkte und sind uns dieser bewusst. Es spricht aber nichts dagegen, den Flug wie geplant anzutreten. Die Planung war aufgrund des Problems mit der Beleuchtung etwas hektisch, aber alle notwendigen Dinge wurden zeitgerecht erledigt. Über Wetter und NOTAMs wissen wir Bescheid. Allerdings ist die GPS-Datenbank im Flugzeug nicht auf dem neuesten Stand.

5 P-Check – Planung

Plan:

- Route – Automatik oder Manuell?
- Nonstop – 1 Stopper?
- Treibstoffreserve – Mehr als ausreichend
- Nacht-Ankunft IFR – Übungsstand Pilot?

Plane:

- Wartungszustand?

Pilot:

- Wann bin ich aufgestanden?
- Wie Müde bin ich (IM SAFE-Regel)?
- Wann habe ich das zum letzten Mal gemacht?

Passagiere:

- Wie werden die Sitzplätze belegt (Pilot/Nicht-Pilot)?
- Kann mir der PPL-Inhaber helfen?
- Wie wichtig ist der Flug wirklich?
- Sicherheitsbriefing durchgeführt?
- Wie geht es dem anderen Gast?

Programmierung:

- Sind alle Flugunterlagen gültig?
- Was brauchen wir um, legal zu sein (Database/Hardcopies)?

Es spricht nichts gegen die Durchführung des Fluges. Allerdings sollten das Wetter und der Zustand des zweiten Passagiers im Auge behalten werden. Auch müssen vermutlich die Karten und die Anflugverfahren hauptsächlich als Hardcopy genutzt werden, da die Datenbasis des Flugzeugs nicht mehr gültig ist.
Nach Abschluss der Planung machen wir uns an den Preflight-Check des Flugzeugs. Dabei stellen wir fest, dass der Motor etwas wenig Öl hat. Es ist innerhalb des Limits, aber niedriger als erwartet. Der zweite Passagier musste in der Zwischenzeit diverse Male auf das WC verschwinden. Allerdings meint er, dass dem Flug nichts im Wege steht. Beim Einholen der IFR-Freigabe ergibt sich eine Verzögerung von zehn Minuten.

5 P-Check – Pre Take Off

Plan:

- Hat Verzögerung Auswirkungen auf den Slot in München?
- Wird Wetter nun ein Faktor?

Plane:

- Verliert/verbraucht der Motor zu viel Öl?

Pilot:

- Steigt mein Stresslevel wegen der weiteren Verzögerung an?

Passagiere:

- Wie schlecht geht es dem Passagier?
- Was ist, wenn wir unterwegs landen müssen?

Progammierung:

- Ohne gültige Datenbank ist ein GPS-Anflug illegal!
- Soll ich die Datenbank manuell mit den Karten vergleichen?

Durch diese für sich allein eigentlich nicht schwerwiegenden Umstände wurden einige Punkte unseres Plans durchaus negativ beeinflusst. Was sollen wir tun? Ist es immer noch »sicher« den

Flug anzutreten, oder neigen Sie doch schon dazu, erst morgen bei besseren Wetterbedingungen am Tage zu fliegen?

Würden wir uns dazu entscheiden den Flug hier abzubrechen, würde unser 5 P-Zyklus für den nächsten Flug wieder von vorn beginnen. Im Grunde genommen spricht immer noch nichts gegen den Flug. Die Slotzeit in München würde unter gegenwärtigen Bedingungen noch erreicht. Auch kann die Reisegeschwindigkeit noch etwas erhöht werden. Wir entschließen uns dazu, den Flug anzutreten.

Eine Stunde nach dem Start

Wir befinden uns nun im Reiseflug in Flugfläche 90. Wir fliegen derzeit in VMC, aber vor uns können wir schon die Ausläufer der Front erkennen. Wir werden bald in IMC-Bedingungen einfliegen. Die Triebwerksinstrumente zeigen an, dass der Öldruck um 2 lbs gestiegen ist. Die Öltemperatur ist minimal gesunken. Das Wetter in München ist derzeit IFR bei 2500 BKN1200 RA. Die Winde halten sich noch in Grenzen. Die Flugsicherung gibt uns die Anweisung, von unserer geplanten Route abzuweichen und über GALMA nach TABAT abzukürzen.

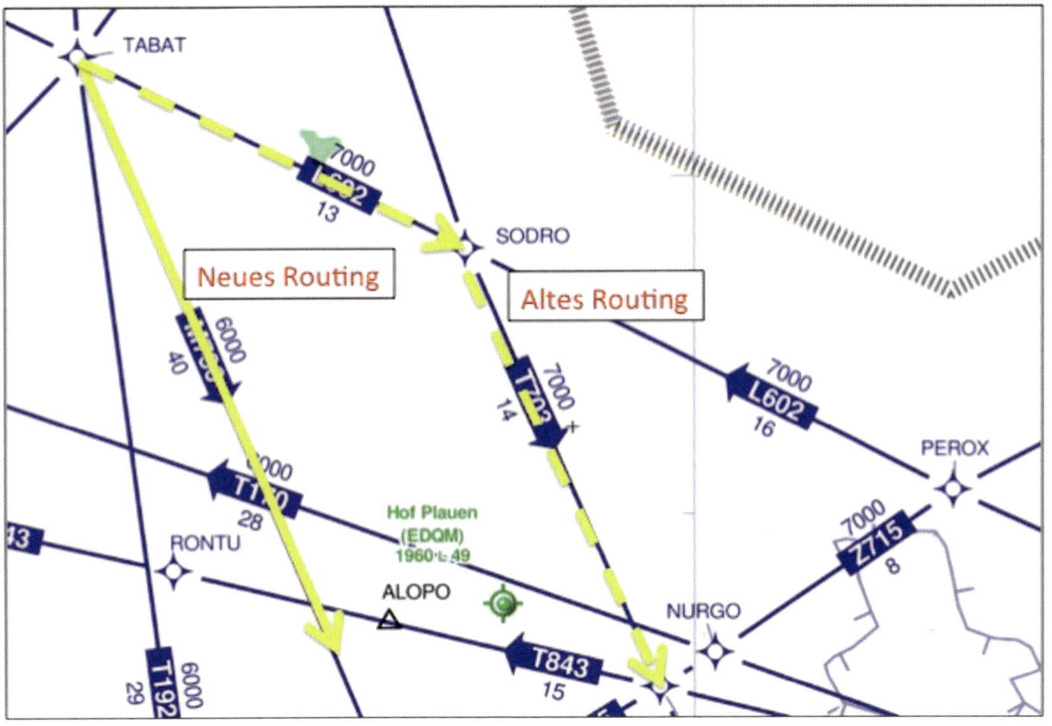

Grafische Darstellung unseres neuen Routings auf der IFR Chart.

Das gibt uns etwas Luft und erspart uns fast 15 Minuten Flugzeit. Daraus ergibt sich aber auch ein anderes Folgerouting. Unsere neue Route lautet nun TABAT – RONIG – NIKUS – AKOSI – RUDNO – RDG – GOMAX – VESIX – LANDU.

Für den Anflug entscheiden wir uns für die NAMUG-Transition und einen GPS-Anflug auf die 26R. Unser Backup ist der ILS-Anflug auf die 26R über das FAF GUDEG.

5 P-Check – Enroute

Plan:
- Hat Abkürzung Auswirkungen auf den Slot in München?
- Wird Wetter nun ein Faktor?
- Treibstoff ist kein Faktor mehr!

Plane:
- Verbraucht der Motor zuviel Öl?
- Temperaturproblem oder Eisbildung?

Pilot:
- Müdigkeit?

Passagiere:
- Wie schlecht geht es dem Passagier?

Progammierung:
- Ohne gültige Datenbank ist ein GPS Anflug illegal!
- Die Wahl sollte das ILS sein!
- Das komplette neue Routing muss programmiert werden!
- Darf ich die GPS-Transition fliegen oder doch lieber Radar-Vektoren?

Eigentlich ist das Rerouting für uns eher gut. Es spart Zeit und Kraftstoff. Allerdings sind wir jetzt einige Zeit mit der Umprogrammierung des GPS beschäftigt, da praktisch die komplette Route jetzt neu eingegeben werden muss. Den Motor werden wir weiter im Auge behalten. Die Außentemperatur beträgt 2°C.

Nach zwei Stunden Flugzeit
Wir fliegen seit geraumer Zeit im IMC-Bedingungen. Die Flugsicherung erbittet von uns eine Änderung der Flughöhe. Wir haben die Wahl zwischen einem Sinkflug auf FL 70 oder einem Steigflug auf FL 130. Die Wolkenobergrenze befindet sich in Flugfläche 115. Wir wären also in FL 130 in VMC. Dem angeschlagenen Passagier geht es nicht so gut, er klagt über leichte Übelkeit und fragt, wie lange der Flug noch dauert. Es ist mittlerweile dunkel geworden und die Sicht nach draußen ist praktisch gleich Null.
Aktuelle Fragen:
- Ist die Situation noch unter Kontrolle?
- Läuft alles noch nach Plan?
- Entstehen gerade Risiken, für die wir einen neuen Plan brauchen?

5 P-Check – Nach zwei Stunden

Plan:
- Neue Höhe: FL 70 oder FL 130? VMC aber ohne Sauerstoff?
- Warum die Routen und die Höhenänderung?

Plane:
- Verbraucht der Motor zuviel Öl?
- Temperaturproblem oder Eisbildung?

Pilot

- FL 130 Sauerstoff im Dunkeln?
- Müdigkeit?

Passagiere

- Wie schlecht geht es dem Passagier?
- Vielleicht ist er in FL 130 ruhiger (Sauerstoff)?

Progammierung

- Fliegen und Programmieren!
- Autopilot immer noch OK?

Die Situation hat sich ein wenig verschärft. Unsere Hauptsorge gilt vermutlich dem Passagier und der Frage nach dem Motor. Auch wundern wir uns über die Höhenänderung. Noch scheinen wir aber alles unter Kontrolle zu haben und unsere größten Sorgen wie Treibstoff, Zeit und Wetter scheinen kein Problem darzustellen. Die Frage nach der »richtigen« Höhe bleibt Ihnen überlassen.

Vor dem Sinkflug

Während der Programmierung des GPS ist Ihnen aufgefallen, dass der Autopilot nicht zufriedenstellend arbeitet. Immer wieder gerät das Flugzeug in leichte Schräglage. Der Passagier im Rücksitz fragt immer wieder nach, wie lange der Flug noch dauert. Der Öldruck des Motors ist nochmals leicht gestiegen. Die Außentemperatur ist weiter gesunken. Wir befinden uns nun in Bedingungen, in denen sich Eis bilden kann.

5 P-Check – Vor dem Sinkflug

Plan:

- Ist der Plan noch gut genug, um uns nach München zu bringen?

Plane:

- Fliegen in Eis-Bedingungen legal?
- Anti Ice funktionsfähig?
- Autopilotproblem vielleicht durch Eisansatz?

Pilot:

- Müdigkeit?
- Single Pilot unter IFR/Nacht/IMC?

Passagiere:

- Wie schlecht geht es dem Passagier wirklich, braucht er jetzt eine Toilette?
- Noch ca. 25 min Flugzeit?

Progammierung:

- Ist die Route und der Anflug programmiert? Und double checked?
- Gibt es noch Alternate-Optionen?

Beginn des Anfluges

München Approach teilt uns mit, dass wir uns auf Vektoren für das ILS auf Landebahn 26R einstellen sollen.

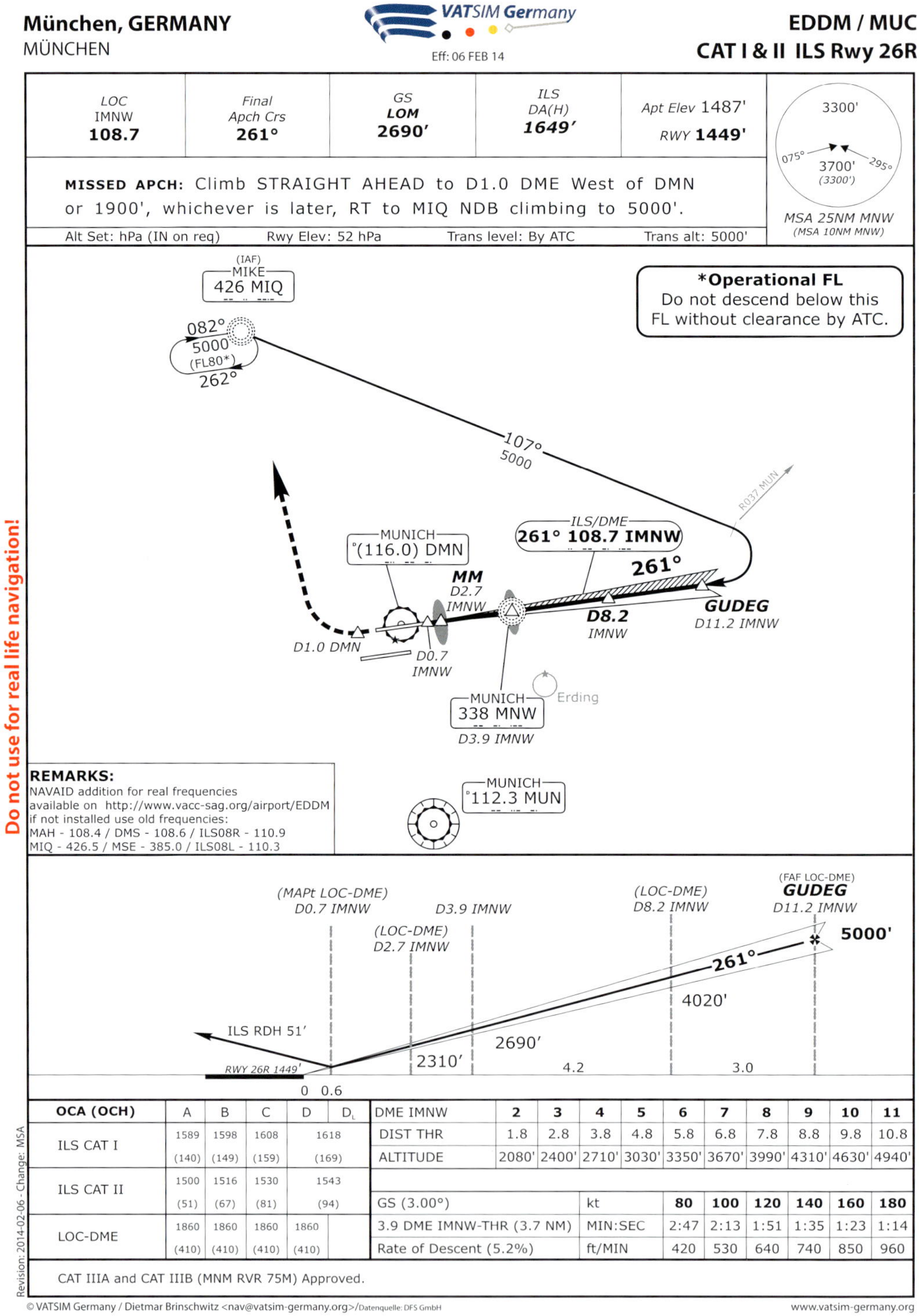

OCA (OCH)	A	B	C	D	D_L
ILS CAT I	1589 (140)	1598 (149)	1608 (159)	1618 (169)	
ILS CAT II	1500 (51)	1516 (67)	1530 (81)	1543 (94)	
LOC-DME	1860 (410)	1860 (410)	1860 (410)	1860 (410)	

DME IMNW	2	3	4	5	6	7	8	9	10	11
DIST THR	1.8	2.8	3.8	4.8	5.8	6.8	7.8	8.8	9.8	10.8
ALTITUDE	2080'	2400'	2710'	3030'	3350'	3670'	3990'	4310'	4630'	4940'

GS (3.00°)	kt	80	100	120	140	160	180
3.9 DME IMNW-THR (3.7 NM)	MIN:SEC	2:47	2:13	1:51	1:35	1:23	1:14
Rate of Descent (5.2%)	ft/MIN	420	530	640	740	850	960

Der Anflug für das ILS CAT I & II oder Localizer für die Landebahn 26R in München.

Allerdings sollen wir aufgrund von Verkehr noch zehn Minuten warten. Wir werden dann in den Anflugverkehr eingereiht. Wir sind Nummer 5 für den Anflug auf die 26R. Das Flugzeug vor uns ist ein Airbus A340. Der Passagier mit PPL neben uns sagt, ihm ist etwas mulmig.

5 P-Check – Vor dem Anflug

Plan:

- ILS 26R – Wetter ok?

Plane:

- Autopilotproblem vielleicht durch Eisansatz?
- Wake Turbulence durch A340 vor uns, denkt der Controller daran?
- Was tue ich, wenn der Anflug abgebrochen werden muss?
- Kann ich dem Autopiloten noch trauen?

Pilot:

- Müdigkeit?
- Single Pilot unter IFR/Nacht/IMC?
- Habe ich noch alles unter Kontrolle?
- Sind alle Checklisten abgearbeitet?
- Ich muss den Anflug manuell fliegen, wenn der Autopilot versagt!

Passagiere:

- Wie schlecht geht es dem Passagier wirklich, braucht er jetzt eine Toilette?
- Wie kann ich ihn etwas beruhigen?
- Kann der PPL-Inhaber mir helfen?

Progammierung:

- Fliege den Plan, sei auf Go-Around vorbereitet – programmiert?
- Navaids für das ILS korrekt?

Auf dem Anflug

Der Anflug ist vermutlich in dieser Situation der kritischste Punkt unseres Fluges. Hier entscheidet sich letztlich, ob wir unser Flugzeug sicher landen können oder durch einen möglichen Go-Around zusätzliche Herausforderungen entstehen. Der Pilot ist in dieser Situation sicher sehr gefordert. Komplikationen können wir an dieser Stelle nicht unbedingt gebrauchen. Um uns abzusichern, können wir bei der Anflugkontrolle nochmals die aktuellen Wetterbedingungen und den Abstand zum Airbus vor uns erfragen. Ist das Wetter für unsere Landung in Ordnung und der Abstand ausreichend, kann das die Situation etwas entspannen. Wir müssen dann »nur« noch einen sauberen Anflug hinbekommen, unter Umständen zwar manuell geflogen, aber das schaffen wir schon!

Trotzdem ist an dieser Stelle nochmals ein 5P Check angebracht:

5 P-Check – Anflug

Plan:
- Wetter ok für den Anflug?
- Was, wenn wir dennoch zum Ausweichplatz müssten?

Plane:
- Fliegen in Eis-Bedingungen legal?
- Anti Ice funktionsfähig?
- Autopilotproblem vielleicht durch Eisansatz?

Pilot:
- Herausforderung ILS in Nacht-/IMC-Bedingungen?
- Single Pilot unter IFR/Nacht/IMC?
- Checklisten?
- Worauf konzentriere ich mich am meisten/am besten?

Passagiere:
- Wie kann der PPL-Inhaber mir helfen (vielleicht Monitor Airspeed)?
- Wie schlecht geht es dem Passagier wirklich, braucht er jetzt eine Toilette?

Progammierung:
- Ist die Route und der Anflug programmiert & double checked?
- Ist das Wetter ok?
- Bevorzugt fragen nach Vektoren bei Missed Approach!

Zusammenfassung

An dieser Stelle wollen wir unseren Flug verlassen. Den Ausgang überlasse ich Ihrer Phantasie. Zugegeben war dieses Szenario etwas konstruiert. Trotzdem erfüllt es den Zweck zu verdeutlichen, wie wichtig es ist, während des Fluges kontinuierliche, strukturierte Checks durchzuführen, um festzustellen, ob ich als Pilot noch alles unter Kontrolle habe, oder sich die Situation zunehmend verschlechtert und ich aktiv handeln muss. Was hätte noch alles passieren können? Ein Flug zum Alternate hätte sicherlich noch andere Konsequenzen nach sich gezogen. Nach einer sicheren Landung hätte der Weg nach München im Mietwagen oder Zug zurückgelegt werden müssen. Das wäre zwar eine »sichere« Lösung, aber wie sehen das Ihre beiden Passagiere. Wäre das eine Blamage für Sie? Gerade vor Ihrem Bekannten mit PPL. Hätte das dazu führen können, dass Sie sich in eine Lage bringen, die Sie nicht mehr unter Kontrolle haben? Eine sichere Landung kann also durchaus dem Nichterfolg des Fluges (Erreichen von München) gegenüberstehen. Es ist schließlich schwer zu sagen, ob nicht doch alles nach Plan gelaufen wäre. Aber ein »Hätte; Wäre; Wenn« bringt uns an dieser Stelle nicht weiter. An einem bestimmten Punkt dieses Fluges musste eine Entscheidung getroffen werden. In diesem Fall war das der Weiterflug nach München, und vermutlich war diese Entscheidung anhand der zur Verfügung stehenden Informationen in Ordnung. Die Frage nach der richtigen Entscheidung fällt nicht immer leicht. Meiner Meinung nach ist einer sicheren Landung am Ende fast immer eine gute (richtige) Entscheidung vorausgegangen. Manchmal braucht man durchaus auch ein wenig Glück, nur sollte man das nicht zu oft herausfordern.

Anhang

Dieser Anhang dient dazu, die wichtigsten Checklisten und Hilfen nochmals in einer kleinen Zusammenfassung zur Verfügung zu stellen. Sie können so alle im Buch vorgestellten Checklisten hier schnell wiederfinden, ohne sie im ganzen Buch suchen zu müssen. Der Aufbau ähnelt dem einer Checkliste für Notverfahren.

1 - Wetter

1. Vor jedem Flug wird ein Flugwetter benötigt. Dieses muss aus einer offiziellen Quelle stammen. Benutzen Sie vertraute Quellen.

2. Machen Sie sich mit der allgemeinen Wetterlage vertraut. Verschaffen Sie sich einen generellen Überblick.

3. Schauen Sie sich die Wetterentwicklung bis zur Startzeit genau an. Versuchen Sie bereits hier, Tendenzen zu erkennen.

4. Machen Sie sich intensiv mit dem zu erwartenden Flugwetter und Ihren Wetterdaten vertraut.

5. Machen Sie sich bei schlechteren Wetterverhältnissen schon auf dem Boden Gedanken über einen »Plan B« (oder auch Plan C, D, E...).

6. Versuchen Sie im Flug Updates über die Wetterlage zu bekommen, gerade wenn Sie im Flug Veränderungen beobachten. Je früher dies geschieht, desto mehr Zeit haben Sie, eine gute Entscheidung zu treffen. Und denken Sie daran: **Always trust your instruments!**

7. Nehmen Sie sich nach der Landung ein wenig Zeit und vergleichen Sie Ihre Wetterdaten mit der realen Wetterentwicklung. Falls Sie beobachten, dass zwischen der Vorhersage und dem realen Flugwetter Differenzen bestanden, fragen Sie sich, ob Ihre Daten (die Vorhersage) unpräzise waren oder Sie diese vielleicht falsch interpretiert haben.

2 - Erkennen von Regelverstößen

Erinnern Sie sich an diese »Zutaten«, wenn Sie kurz davor sind, selbst »Opfer« einer Violation zu werden:

Erwartung – Die Erwartungshaltung, dass Regeln gebrochen werden müssen, um die Aufgaben erfüllen zu können.

Überlegenheit – Das Gefühl, die Fähigkeiten und das Können zu besitzen die Aufgabe ohne das Beachten von Regeln und Vorschriften bewältigen zu können.

Möglichkeiten – Erkennen der Möglichkeiten für Abkürzungen und »Optimierungen« mit dem Ziel, Dinge zu »verbessern«.

Planung – Unzureichende Planung und Vorbereitung, was dazu führt die auftauchenden Probleme »nebenbei« lösen zu müssen.

3 – Gefährliche Verhaltensweisen

Pressing
Vermeiden durch:

1. Halten Sie sich an bestehende Regeln und Vorschriften!
   Das ist leichter als Sie denken!
2. Bleiben Sie innerhalb der Limits Ihres Flugzeuges!
   Voraussetzung dafür ist natürlich, diese auch zu kennen!
3. Haben Sie immer einen Plan B!
   Wirklich IMMER! Dieser erfüllt dann natürlich auch die ersten beiden Regeln!

Macho-Verhalten
Fühlen Sie den Zwang gerade besonders cool sein zu müssen? Dann läuft etwas falsch!

Resignation
Geben Sie niemals auf – es gibt immer einen Ausweg!

Complacency
Sind wir uns unserer Sache zu sicher, machen wir Fehler. Deshalb:

1. Bereiten Sie sich immer gründlich vor!
2. Planen Sie immer voraus!
3. Bilden Sie sich weiter und trainieren Sie Ihre Defizite!

Get-homitis
Wie wichtig ist es wirklich, heute noch nach Hause zu kommen?

Selbstüberschätzung
Gehen Sie keine unnötigen Risiken ein!

Flugshowsyndrom
Gehen Sie nie über das Limit – dafür gibt es keinen extra Applaus!

4 – Red Flag-Warnungen für niedrige SA!

- *Uneindeutigkeiten/ungelöste Diskrepanzen*
  Informationen weichen voneinander ab oder machen keinen Sinn.

- *Leeres Gefühl oder Konfusion*
  Man hat das Gefühl, alles läuft an einem vorbei, man hat keine Kontrolle und lässt Dinge einfach geschehen.

- *Fixierung und Voreingenommenheit*
  Tunnelblick, Voreingenommenheit verschleiert die eigentliche Realität.

- *Schlechte Kommunikation*
  Keine, uneindeutige, unvollständige oder nicht erwartete Kommunikation.

- *Regelverletzungen*
  Unterschreiten von Minima, nichteinhalten von Vorschriften.

- *Nichteinhalten von Parametern*
  Höhen, Geschwindigkeiten, Richtungen werden nicht eingehalten.

5 – Erhöhte Fehleranfälligkeit

Wir sind besonders anfällig Fehler zu machen bei:

- Unbekannten Situationen
- Unter Zeitdruck
- Bei schlechten Mensch-Maschine-Schnittstellen
- Bei Informationsflut/Überlastung
- Bei einer falschen Risikoanalyse
- Unerfahrenheit
- Schlechter Aufmerksamkeit
- Ausbildungsmängeln
- Fatigue und erhöhtem Stress

6 - Situational Awareness

Zeichen für den Verlust von SA:

- *Mehrdeutigkeit – Informationen aus mehreren Quellen stimmen nicht überein.*
- *Tunnelblick – Fokus auf einen einzelnen Aspekt und Ausblendung anderer wichtiger Informationen.*
- *Verwirrung – Wachsende Unsicherheit oder überrascht sein über die entstehende Situation.*
- *Irgendetwas fühlt sich nicht gut an/entstehende Angst – Ignorieren Sie dieses Gefühl nicht!*
- *Zunehmende Fehler bei der Kontrolle des Flugzeugs – Durch Fokussierung auf andere Aufgaben*
- *Unfähigkeit »vor« dem Flugzeug zu bleiben – gekennzeichnet durch Reaktion auf Abweichungen als vielmehr aktives Fliegen*
- *Kopf vertieft im Cockpit (Heads Down) – gerade bei VFR-Flügen oder kritischen Situationen*
- *Geplante Ziele des Flugprofils oder Plans können nicht eingehalten werden (Navigation, Zeit, Kraftstoffverbrauch, usw.)*
- *Abweichen von Verfahren und Regeln*
- *Nichteinhalten der Leistungsgrenzen des Flugzeugs*
- *Auf den ersten Blick nicht lösbare Diskrepanzen oder widersprüchliche Daten*
- *Verlust von vollständiger und effektiver Kommunikation mit der Außenwelt*

Erkennen Sie den Verlust von SA:

Fly the Aircraft!

Control the Situation to buy some time!

Concentrate on the important things!

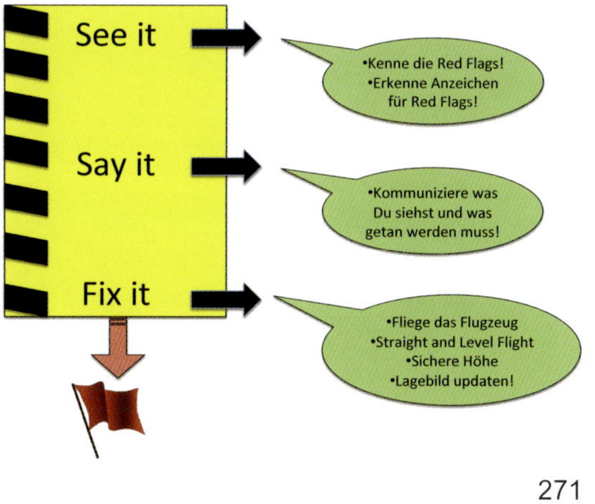

7 - Aeronautical Decision Making (ADM)

FOR-DEC-Modell

F – Facts (Fakten)
Was ist das Problem?
Welche Informationen benötige ich?
Wie viel Zeit habe ich zur Verfügung?
O – Options (Optionen)
Entwickeln Sie verschiedene Optionen
R – Risks (Risiken)
Wägen Sie die Risiken der Optionen ab
D – Decision (Entscheidung)
Treffen Sie eine Entscheidung
E – Execution (Handlung)
Setzen Sie Ihre Entscheidung um
C – Check (Kontrolle)
Prüfen Sie, ob der gewünschte Erfolg eintritt

Führen Sie die ersten drei Schritte während des Fluges kontinuierlich durch!

Setzen Sie sich Go/No Go-Kriterien!
Das kann den ADM-Prozess erleichtern!

8 - Risikomanagement

ORM mit dem 5 M-Modell (modifiziert)

Ausfüllanleitung ORM-Blatt:
Werden Risiken identifizier, die sich in rosa Feldern befinden, bedeutet das automatisch ein:

NO FLY!

1. Punkte werden entsprechend der angegebenen Bewertungsvorgaben in die Spalte »Punkte« eingetragen.
2. Es werden die Punkte für jedes »M« und die Gesamtpunkte notiert.
3. Das Ergebnis spiegelt den Risikowert des geplanten Fluges wieder.
4. Ist der Wert für das totale Risiko orange oder rot, sollte über eine Veränderung der Fluginhalte nachgedacht werden.
5. Gleiches gilt, wenn die kritische Schwelle durch ein einzelnes »M« überschritten wird.

ORM-Bewertungsblatt (Vor jedem Flug auszufüllen)					
Risiko Faktoren	Risiko-Bewertungsskala				Punkte
	Niedrig 0 Punkte	Moderat 1 Punkt	Hoch 2 Punkte	Kritisch 3 Punkte	
Man/Pilot					
Crew Rest	> 8 Std.	8 – 6 Std.	6 – 4 Std.	< 4 Std.	
Pilot Stress empfinden	Niedrig	Erhöht	Hoch	Kritisch	
Pilot für Flug Qualifiziert	Ja, uneingeschränkt	Ja, eingeschränkt	Nur mit Fluglehrer	Nein	
Letzter Flug	< 14 Tage	< 30 Tage	< 60 Tage	< 90 Tage	
Stunden auf Muster	> 300	< 300	< 100	< 20	
Erfahrung	> 1000 Std	< 1000 Std	< 100 Std		
Letzter IFR Anflug (IFR Rating)	< 14 Tage	< 30 Tage	< 60 Tage	< 90 Tage	
Passagiere (wenn ja)	Flugerfahren	nicht Flugerfahren	gesundheitl. eingeschränkt		
				Wert Man	
Machine/ Flugzeug	Niedrig 0 Punkte	Moderat 1 Punkt	Hoch 2 Punkte	Kritisch 3 Punkte	
Flugzeug bekannt	ja	nein			
Instrumentierung	vertraut/ technisch auf neuestem Stand	Kein GPS	nicht vertraut		
Betankung	vollbetankt	bekannte Restmenge	unbekannte Restmenge	unbekannt	
Optischer Eindruck	sehr gut	in Ordnung	ungepflegt	schlecht	
Wartungszustand	sehr gut	in Ordnung	demnächst fällig	überfällig	
Für Flugprofil geeignet	ja			nein	
Weight and Balance	weit unter Limit	nahe am Limit	ausgereizt	über dem Limit	
				Wert Machine	
Media/Wetter und Umwelt	Niedrig 0 Punkte	Moderat 1 Punkt	Hoch 2 Punkte	Kritisch 3 Punkte	
Wetter für VFR-Flug	uneingeschränkt VFR	eingeschränkt VFR	marginal VFR	kein VFR-Wetter	
Wetter für IFR-Flug	700/3,7 km	400/1,6 km	CAT I -Minimums	unter CAT I-Minimums	
Nachtflug	nein	ja			
Wetter Hazards	keine	möglich	wahrscheinlich	ja	

Flugplatz (Start)	Heimatplatz sehr vertraut	bekannt	unbekannt		
Wetter Ausweichflugplatz	VFR	700/3,7 km	400/1,6 km	CAT I-Minimums	
				Wert Media	
Mission/ Flugprofil	Niedrig 0 Punkte	Moderat 1 Punkt	Hoch 2 Punkte	Kritisch 3 Punkte	
Flugprofil I	einfach; bekannte Inhalte	herausfordernd; neue Inhalte; Checkflug	schwer; komplexe Inhalte	sehr schwer; so noch nie geflogen	
Flugprofil II	Rundflug	out & back	Langstreckenreise		
Profil zuletzt geflogen	< 14 Tage	< 30 Tage	< 90 Tage	> 90 Tage	
Zielflugplatz	Heimatplatz sehr vertraut	bekannt	unbekannt		
Geplante Flugdauer	< 2 Std	< 4 Std	> 4 Std	> 6 Std	
Terrain/ Temperatur	flach/keine Hazards	wenige Hazards	Gebirge		
				Wert Mission	
Management/ Flugvorbereitung	Niedrig 0 Punkte	Moderat 1 Punkt	Hoch 2 Punkte	Kritisch 3 Punkte	
Zeit zur Vorbereitung	ausreichend	gerade ausreichend	hektisch	nicht ausreichend	
Karten/Anflugverfahren	alle vorhanden & gültig	benötigte vorhanden & gültig	abgelaufen	unvollständig; abgelaufen	
Wetterberatung	persönlich	Internet		keine	
Treibstoffberechnung	ja, mehr als genug vorh.	ja, reicht	ja, reicht gerade eben	keine	
				Wert Management	
Risiko Profil des Fluges	Totale Risiko Werte	Berechneter Wert	Faktoren Einzelbewertung		Kritische Schwelle
			Man		> 16
Niedrig	00 – 13		Machine		> 14
Erhöht	14 – 36		Media		> 10
Hoch	37 – 61		Mission		> 13
Kritisch	62 – 82		Management		> 8

9 - Verhalten bei Notfällen

Die goldene Regel Nr.1:

Aviate

Navigate

Communicate

Bevor Sie sich in die Checkliste stürzen!

Die goldene Regel Nr. 2:

1. **Behalten Sie die Kontrolle über das Flugzeug!**
   Maintain Aircraft control!

2. **Analysieren Sie die Situation!**
   ***Analyse the situation*!**

3. **Führen Sie die entsprechenden Handlungen aus!**
   Take the proper action!

4. **Landen Sie sobald es die Situation zulässt!**
   Land as soon as conditions permit!

10 – Pilot Resource Management

Rule of 3's – Vorsicht bei:

Nacht/IMC/Über Wasser

Die 5 P's:

Check

PLAN
PLANE
PILOT
PASSAGIER
PROGRAMMIERUNG

Wann?

Vor dem Flug
Vor dem Start
Nach Mitte des Fluges (oder halbstündlich)
Vor dem Sinkflug
Vor dem Anflug (FAF/Platzrunde)

Fragen zu den 5 P's?

4xW+AW

Was sind die Risiken; neue/alte?
Was weiß ich, das die Situation verbessert?
Was weiß ich nicht, das die Situation verbessert?
Was kann ich tun, um die Situation zu verbessern?
Abbruch oder **W**eiterfliegen?

11 – Personal Mission Briefing Guide

In der Militärfliegerei gelten strikte Regeln für die Flugvorbereitung. Den größten Stellenwert hat dabei das Briefing. Auch wenn Sie allein unterwegs sind, ist dieser Briefing Guide ein nützliches Werkzeug, um zu kontrollieren, ob Sie wirklich an alles gedacht haben. Dieser Briefing Guide erhebt keinen Anspruch auf Vollständigkeit – falls Sie noch andere, für Sie wichtige Punkte hinzufügen wollen, nur zu!

Domestics

- Ziel des Fluges
- ORM
- Flugübersicht
- Rufzeichen
- Flugplan
- Material/Karten/Flightlog
- Startzeit

Wetter

- Sichten/Winde/Bewölkung/QNH für:
  - Start/Route
  - Luftraum
  - Zielflugplatz
  - Ausweichplatz
- Eis
- Turbulenzen

Einschränkungen

- NOTAMs
- Andere

Treibstoff

- Bingo/Joker/laufender Verbrauch
- Ausweichflugplatz

Kommunikation

- Funkfrequenzen
- IFF
- Navaids
- GPS Programmierung

Start/Taxi/Take Off (STTO)

- Ground Ops
- Rollverfahren
- Hot/Cold Weather Ops
- Akitve Startbahn
- Take Off Type
- Abflugverfahren (VFR/IFR/Radar Vectors)

Route

- Navigationspunkte
- Höhen/Minimum Höhen
- Geplante Geschwindigkeit
- Hindernisse/Restricted Airspace/Controlled Airspace
- Ops Checks (Flugzeugsysteme/Kraftstoff/Position)

Area Work

- Luftraum
- Höhen/Minimum Höhe
- Starthöhe
- Geplante Manöver/Anfangsparameter

Return to Base (RTB) – Rückflug zum Platz

- Art des geplanten Anfluges
- Einflug in die Platzrunde
- Geplante IFR-Anflugverfahren
- Flugplatz Layout
- Durchstarten/Missed Approach
- Ausweichflugplatz

Nach der Landung

- Rollverfahren
- Abstellen des Flugzeuges

Spezielle Überlegungen

- Flug No Go's
- Disorientierung im Wetter
- Erkennen von kritischen Flugzuständen
- Nachtflug specials/Beleuchtung
- Ausfall von Systemen

Notfälle und Flugsicherheit

- Notfall beim Start
- Notfall im Flug
- Ausweichflugplätze/Notlandeplätze auf der Route
- Vogelschlag
- Funkverlust
- Wetter Abbruchverfahren/Funkfrequenzen/Sicherheitshöhen
- Notfall beim Anflug
- Passagiere/Verhalten/Aufgaben

12 - Personal Mission Debriefing Guide

Ein Flugschüler lernt vor allen Dingen durch ein gutes Debriefing. Warum sollten nicht auch Sie davon profitieren? Fragen Sie sich nach dem Flug, ob alles so gelaufen ist, wie Sie sich das vorgestellt haben. Und wenn nicht, warum nicht?

Kritische/Flugsicherheitsrelevante Punkte?

Planung
- Material: Vorhanden und vollständig?
- Plan: Geflogen wie geplant?

STTO
- Geflogen wie geplant?
- Abweichungen/Verzögerungen/Parameter
- Checklisten komplett?
- Wetterprobleme?

Route
- Geflogen wie geplant?
- Navigation: Punkte erkannt?
- Abweichungen?
- Treibstoffberechnung ok?
- Wetterprobleme? Wenn ja, warum?

Area Work
- Geflogene Manöver: Kritikpunkte?
- Planung der Manöver effizient?
- Wetterprobleme?

RTB
- Geflogen wie geplant?
- Abweichungen?
- IFR-Anflug: Eigene Kritik?

Zusammenfassung
- Würde ich alles wieder genauso machen?
- Was kann ich noch besser machen?
- Was werde ich das nächste Mal üben?
- War das Wetter wie geplant?
- Was sind meine »Lessons learned«?

Quellen

Zum Thema CRM und Airmanship existieren die verschiedensten Quellen. Für den Bereich CRM sind die Inhalte und genutzten Modelle weit verbreitet und allgemein bekannt und in den verschiedensten Vorschriften wir dem EASA Guidance Manual festgelegt. Alle für dieses Buch genutzten Quellen werden in diesem Quellenverzeichnis aufgelistet. Es erhebt allerdings keinen Anspruch auf Vollständigkeit und wurde nach besten Wissen und Gewissen angelegt.

Kern, Tony,1996. Redefining Airmanship, Macgraw-Hill

Jack Barker; Tony Kern; Controlling Pilot Error, Culture Environment & CRM

Aymar, Brandt, 1990. Men in the Air: The Best Flight Stories of all Time from Greek Mythologie to the Space Age. New York: Crown Publishers

Hallion, Richard, und Bildstein, Roger.1978. The Wright Brothers: Heirs of Prometheus. Smithsonian Press.

Helmreich, Robert. L., Roy E. Butler, William R. Taggert, and John A.Wilhelm. 1995. Behavioral Markers in accidents and incedents.

1995. What ist Airmanship? A survey of miltary aviators. United States Air Force Academy.

Wells, Mark K. 1995. Courage and Air Warfare. London: Cass Publishing.

Bühler J., Ebermann H.J., Hamm F., Vereinigung Cockpit – Human Factor Concept, Aeronautical

FAA Accident Prevention Program, FAA-P-8740-53 AFS-21-0491; 2/6/97; Wiedemann R./Sulzer R., Vereinigung Cockpit – Human Factor Concept, Human Error and Reliability Decision Finding

NASA, Ames Research Center Dryden Flight Research Facility, Edwards, California; »The crash of United Flight 232« by Capt. Al Haynes

Kern, Tony, 1995. Darker Shades of Blue: A Case Study of failed Leadership

GZ. 85.007/0001-FUS/2006 Untersuchungsbericht, Flugunfall mit dem Motorflugzeug Type Airbus A310 am 12. Juli 2000 am Flughafen Wien-Schwechat, Niederösterreich

Badke-Schaub, P., Hofinger, G., Lauche, K.. 2008. Human Factors – Psychologie sicheren Handelns in Risikobranchen

Erich Hartmann, 1993. Das letzte Interview

Olds, Robin, 2011. Fighter Pilot: The Memoirs of Legendary Ace Robin Olds. Griffin.

Childs, J.M., W.D. Spears, nd W.W. Prophet. 1983. Privat pilot flight skill retention 8, 16, and 24 months following certification. Atlantic City Technical Center: New Jersey Department of Transportation/FAA

Wilson, W.B. 1973. The effect of prolonged nonflying periods on Pilot skill in performance of simulated carrier landing task. Master thesis. Monterey Calif.: Naval Post Graduate School.

Luftwaffenführungskommando Flugbetriebshandbuch III, Neuausgabe 2012

Untersuchungsbericht 3X329-0/98, Bundesstelle für Flugunfalluntersuchung (BFU)

Untersuchungsbericht 3X033-10, Bundesstelle für Flugunfalluntersuchung (BFU)

Untersuchungsbericht CX001-0/00, Bundesstelle für Flugunfalluntersuchung (BFU)

Untersuchungsbericht 3X008-011, Bundesstelle für Flugunfalluntersuchung (BFU)

Untersuchungsbericht 3X237-0/03, Bundesstelle für Flugunfalluntersuchung (BFU)

Untersuchungsbericht 3X237-0/00, Bundesstelle für Flugunfalluntersuchung (BFU)

Untersuchungsbericht 3X056-08, Bundesstelle für Flugunfalluntersuchung (BFU)

Untersuchungsbericht CX007-10, Bundesstelle für Flugunfalluntersuchung (BFU)

Untersuchungsbericht 08_3X140, Bundesstelle für Flugunfalluntersuchung (BFU)

Untersuchungsbericht 97_4X003, Bundesstelle für Flugunfalluntersuchung (BFU)

Buck, Robert. 1978. Weather Flying. New York: Macmillan

Reinhard, Richard. 1993. Fit to Fly: A Pilots Guide to Health and Safety. Blue Ridge Summit, Pa.: TAB/McGraw-Hill

Stewart, J. 1995. A little bit of all of us. Torch Magazine (USAF). May

NTSB Report / AAR-79-07, DC-8-61, N8082U, Portland, Oregon, December 28, 1978

NTSB Report / AAR-90/06, UA Flight 232, McDonnel Douglas DC-10-10, Sioux Gateway Airport, Sioux City, Iowa, July 19, 1989.

NTSB Safety Study, NTSB/SS-05/01, Risk Factors Associated with Weather-Related General Aviation Accidents, September 2005.

Robert L. Helmreich, Ashleigh C. Merritt & John A. Wilhelm, Department of Psychology, Aerospace Crew Research Project, The University of Texas at Austin, The Evolution of Crew Resource Management in commercial Avitation, 1999.

Robert L. Helmreich, John A. Wilhelm, James R. Klinect, & Ashleigh C. Merritt, Department of Psychology, The University of Texas at Austin, Culture, Error, and Crew Resource Management, 1990.

Robert L. Helmreich, Ph.D. Professor and Director, University of Texas Aerospace Crew Research Project, Austin, Texas, USA Building Safety on the Three Cultures of Aviation

Helmreich, R.L., & Foushee, H.C. (1993). Why Crew Resource Management? Empirical and theoretical bases of human factors training in aviation.

FAA, Advisory Circular, Aeronautical Descision Making, 1991.

Happell, Scott A. , FAA Civil Aeromedical Institute, Oklahoma City, OK 73125

Douglas A. Wiegmann, University of Illinois at Urbana-Champaign, Institute of Aviation, Savoy, IL 61874, The Human Factors Analysis and Classification System–HFACS. Feb 2000.

Reason, J. (1990). Human Error. New York: Cambridge University Press.

Reason, J. (2008). The Human Contribution – Unsafe Acts, Accidents and Heroic Recoveries, Ashgate Publishing.

Reason, J. (1997). Managing the risks of organisational accidents, Ashgate Publishing.

Farsch, Dirk, 2010, Menschliches Leistungsvermögen, K.L.S. Publishing.

Summers-Halleran, Michele, 2010, Single Pilot Resource Management (SRM), NBAA Single Pilot Safety Standdown. Embry Riddle Aeronautical University

Robert E. Breiling Associates, Business Aircraft Accident Analysis, www.breilinginc.com.

Appendix 1 to JAR-OPS 1.965, Recurrent training and checking – Pilots (a) (4)

Alan Diehl, former accident investigator, NTSB and USAF; in T. Kern; Redefining Airmanship; 1997

Joint Report KLM – PAA, 12.07.1978, Ministerio de Transportes Y Comunicaciones, Subsecretaria de Aviation Civil, Madrid.

Schaub, Harald, Dr., Menschliches Versagen – Die Rolle des Menschen bei großtechnischen Katastrophen aus psychologischer Sicht. Universität Bamberg, 1999.

Wason, Peter C. (1968), »Reasoning about a rule«, Quarterly Journal of Experimental Psychology (Psychology Press) 20 (3): 273–28

Stolte, W., Dangerous Attitudes / Crew Resource Management, Luftwaffe 2007

Aircraft Accident Report 4/90, Air Accidents Investigation Branch, Department of Transport, Report on the accident to Boeing 737-400 G-OBME near Kegworth, Leicestershire, 8 January 1989.

Wiegmann/Shappell; A Human Error Approach to Aviation Accident Analysis; 2003; p. 34

J. Williams; A Data Based Method for Assessing and Reducing Human Error to Improve Operational Performance;1988.

Dekker, S., 2006, The Field Guide to Human Error Investigation, Ashgate Publishing.

NTSB, Safety Recommendation, July 2006, Runway incursions.

Wiegmann/Shappell; A Human Error Approach to Aviation Accident Analysis; 2003.

Slatky, Harald (1992): Algorithmen zur richtungsselektiven Verarbeitung von Schallsignalen – die Realisierung eines binauralen Cocktail-Party-Prozessor-Systems, Dissertation, Ruhr-Universität Bochum

Attkinson-Shiffrin Theorie, 1986 Wissensarten und Gedächtnissysteme

Lee, F.J. & Taatgen, N.A., Multi-tasking as Skill Acquisition. Proceedings of the twenty-fourth annual conference of the cognitive science society, 2002, Mahwah, NJ: Erlbaum. Fairfax, VA, pp. 572-57

Salvucci, D. D., A multitasking general executive for compound continuous tasks. Cognitive Science, 2005, S. 457-492,

Adams et al., Situation Awareness and the Cognitive Management of Complex Systems

Human Factors: The Journal of the Human Factors and Ergonomics Society March 1995

HF Solutions, CRM Trainer – Trainingshandbuch, 2009.

Endsley, M.R. (1995a). Measurement of situation awareness in dynamic systems. Human Factors.

Endsley, M.R. (1995b). Toward a theory of situation awareness in dynamic systems. Human Factors.

March, James / Simon, Herbert A.: Organizations. New York: Wiley, 1958, S.140/141

Gary A. Klein, (1998) »Sources of Power: How People Make Decisions«, MIT Press, Cambridge, Mass, pp. 1-30.

Crandall, B., Klein, G. & Hoffman, R.R. (2006). Working Minds: a practitioner's Guide to cognitive Task Analysis. Cambridge, MA: MIT Press.

Hörmann, H.-J. (1994). Urteilsverhalten und Entscheidungsfindung. In H. Eißfeldt, K.-M. Goeters, H.-J. Hörmann, P. Maschke & A. Schiewe (Hrsg.) »Effektives Arbeiten im Team: Crew Resource-Management-Training für Piloten und Fluglotsen«. Hamburg: Deutsches Zentrum für Luft- und Raumfahrt. ISSN 0939-298X.

Hörmann, H.-J. (1995). FOR-DEC. A prescriptive model for aeronautical decision making. In R. Fuller, N. Johnston, N. McDonald (Eds.) »Human Factors in Aviation Operations«. Proceedings of the 21 st Conference of the European Association for Aviation Psychology (EAAP) (Vol. 3) (pp. 17-23). Aldershot Hampshire, Avebury Aviation. ISBN 0-291-39825-1.

Orasanu, J. Shared problem models and flight crew performance. In: Johnston, N., McDonald, N., Fuller, R. (Eds.), Aviation pysychology in practice. Ashgate, Aldershot, UK.

Daniel Kahneman, Paul Slovic u. A. Tversky (Hgg.): Judgment under uncertainty: Heuristics and biases. Cambridge University Press 1982

Richard I. Cook, David D. Woods: operating the sharp end: The complexity of human Error.

Patel, V.L. & Arocha, J.F. (1995) Methods of Investigating Clinical Reasoning.

Judith M. Orasanu 1994, SHARED PROBLEM MODELS AND FLIGHT CREW PERFORMANCE.

The Frustrations of Fra Mauro: Part I from the Apollo Lunar Surface Journal edited by Eric M. Jones and Ken Glover 1995

www.raes-hfg.com/xsitass.htm Royal Aeronautical Society conference on SA

Flin, R. (1996) Sitting in the Hot Seat.

Flin, R., O'Connor, P., Crichton, M. (in press). Safety at the Sharp End.

Gladwell, M. (2005) Blink.

Klein, G. (1999). Sources of Power: How People Make Decisions.

Civil Aviation Authority (2006). Crew Resource Management. www.caa.co.uk/docs/33/CAP737.PDF

NTSB Accident Report NTSB/AAR-10/03 PB2010-910403. »Loss of Thrust in both Engines after encoutering a flock of birds and subsequent ditching on the Hudson River«, US Airways Flight 1549, Airbus A320-214, N106US, Weehawkwn, New Jersey, January 15, 2009.

NTSB REPORT AAR-94/04, ADOPTED 5/10/94

Königs, H.-P. (2006). IT-Risiko-Management mit System. Vieweg Verlag.

Callies, P. (1991). Volkswirtschaftliche Schriften Heft 415. Duncker & Humblot.

Malkiel, B. (2000). Börsenerfolg ist kein Zufall – Die besten Investmentstrategien für das neue Jahrtausend. FinanzbuchBuch Verlag GmbH.

Knust, A. (2005). Darstellung und kritische Analyse des Risikomanagements in der unternehmerischen Wohnungswirtschaft. Grin Verlag.

Stöckel, S. & Walter, U. (2002). Prävention im 20. Jahrhundert – Historische Grundlagen und aktuelle Entwicklungen in Deutschland. Juventa Verlag.

Red Bulletin, Ausgabe März 2013, Herbert Nitsch – Zurück aus der Tauchhölle.

R.D. Campbell & M. Bagshaw; Human Performance and Limitations in Aviation, 3rd Edition 2002

Greg Alston, How Safe is Safe Enough?, 2003

US Air Force Research Lab's Dr. James Miller

Paulsen, S., Human Factors und Fatigue im Cockpit, Deutsche Gesellschaft für Schlafforschung und Schlafmedizin 2013

Vereinigung Cockpit, Human Factor Concept

Kapazitätenmodell nach A. Richter, Dipl. Psych.

Yerkes, R.M. & Dodson, J.D.: The relation of strength of stimulus to rapidity of habit-formation. Journal of Comparative Neurology and Psychology, 18 (1908) 459-482

www.Mentalmed.de, Stress und Leistung, Dr. Johannes Koepchen

NASA Study Stress, Cognition and Human Performance: A literature Review and conceptual Framework. Mark A. Stahl, Ames Research Center, Moffet Field, California, 2004

Rode, C., Sämtliche Erfahrungen und Erinnerungen aus 21 Jahren professioneller Fliegerei und CRM Ausbildung. Juli 1992–Juli 2013.

Dank

Zwei Jahre dauerte das Schreiben und die Fertigstellung dieses Buches und so ist es jetzt an der Zeit, auch ein paar Personen zu danken, die zum Gelingen dieses Projektes beigetragen haben. Da wäre natürlich an erster Stelle meine Familie zu nennen, die mich immer wieder unterstützt und angetrieben hat, wenn es mal nicht so richtig voran ging oder eine eher unkreative Phase einsetzte.

Besonders ist an dieser Stelle auch meine Frau zu nennen, die sich sogar »todesmutig« für mich mit Don Bohn in eines seiner Flugzeuge gesetzt hat, um viele der Bilder in diesem Buch selbst zu machen, wenn ich zeitlich verhindert war. Sie fliegt nämlich gar nicht so gerne, besonders nicht mit etwas, das nur einen Propeller hat. Wider Erwarten hat es dann aber wohl doch unheimlich viel Spaß gemacht. Dank dafür!

Ein ganz besonderer Dank geht auch an meinen Freund Martin »Don« Bohn, der in Wichita Falls, Texas, die »Cobra Kai Flight Academy« betreibt. Ohne dich, Don, wären einige schöne Bilder nicht entstanden. Ich finde, deshalb hast du deinen Platz auf dem Titelbild auch mehr als verdient – und Copilot Randy natürlich auch. War ein toller Trip!

Alexander Burden vom Motorbuch Verlag danke ich herzlich für sein Engagement und den Enthusiasmus, den er dem Projekt immer entgegengebracht hat. Danke für den Einsatz rund um das Thema!

Zuletzt bin ich dankbar dafür, dass ich rund 23 Jahre professionelle Fliegerei gesund und ohne Unfälle überstanden habe. Fliegen ist für mich mehr als nur ein Hobby, ich durfte das 23 Jahre lang meinen Beruf nennen – und zwar in einer Art und Weise wie es nur wenige tun können.

Kontakt:
Auf der Internetseite *www.fly-safe.info* können Sie noch mehr zum Buch erfahren. Auch können Sie mich bei Fragen oder Anregungen unter *buch@fly-safe.info* gerne direkt kontaktieren. Ich freue mich auf Ihr Feedback.